Der Planet Erde

ERDBEBEN

TIME
LIFE
BÜCHER

WUNDER DER WISSENSCHAFT
SYSTEM ERDE
BIBLIOTHEK ERSTAUNLICHER FAKTEN
UND PHÄNOMENE
LERNEN IST LUSTIG
KINDER ENTDECKEN...
REISE DURCH DAS UNIVERSUM
GEHEIMNISSE DES UNBEKANNTEN
SPEKTRUM DER WELTGESCHICHTE
FIT UND GESUND
GESUNDE KÜCHE FÜR GENIESSER
COMPUTER VERSTEHEN
VERZAUBERTE WELTEN
LÄNDER DER ERDE
DER PLANET ERDE
HANDBUCH DES HEIMWERKERS
DIE KUNST DES KOCHENS
WILDNISSE DER WELT

Dieser Band gehört zu einer Reihe, die sich mit Naturphänomenen des Planeten Erde befaßt – von den geologischen Veränderungen seiner Kontinente bis zu den vielfältigen Erscheinungen in der Atmosphäre und in den Tiefen der Meere.

Einband
Zerstörte Häuser und aufgerissene, mit Trümmern übersäte Straßen in der italienischen Stadt Calitri vermitteln einen Eindruck von der Instabilität menschlicher Werke bei Einwirkung eines Erdbebens. Nach dem schweren Beben, das Italien am 23. November 1980 erschütterte, boten nicht weniger als 179 Ortschaften in einem 12 000 Quadratkilometer großen Gebiet ein ähnliches Bild.

Der Planet Erde

ERDBEBEN

von Bryce Walker
und der Redaktion der Time-Life Bücher

Time-Life Bücher, Amsterdam

DER PLANET ERDE

Chefredakteur: George G. Daniels
Redaktionsstab des Bandes *Erdbeben*
Textredakteur: Thomas A. Lewis
Designer: Donald Komai, Raymond Ripper
Leiterin der Dokumentation: Pat S. Good
Bildredakteur: Richard Kenin
Vertragsautoren: Deborah Berger-Turnbull; Jan Leslie Cook; John Newton; Peter Pocock; David Thiemann
Dokumentation: Feroline Burrage und Elizabeth B. Friedberg (verantwortlich); Therese A. Daubner, Barbara Moir, Oliver G. A. M. Payne, Deborah Lee Rose
Assistentin des Designers: Susan K. White
Textkoordination: Victoria Lee, Brian Miller
Bildkoordination: Jane Martin
Redaktionsassistentinnen: Kathy J. Wicks, Annette T. Wilkerson

Leitung der deutschen Redaktion:
Marianne Tölle
Textredaktion: Claus-Peter Dechau

Fachberater für die deutsche Ausgabe:
Prof. Dr. Wolfgang Frisch

Aus dem Englischen übertragen von
Wiebke Schmaltz

Korrespondenten: Elisabeth Kraemer (Bonn); Margot Hapgood, Dorothy Bacon (London); Susan Jonas, Lucy T. Voulgaris (New York); Maria Vincenza Aloisi, Josephine du Brusle (Paris); Ann Natanson (Rom). Wertvolle Hilfe leisteten außerdem: Wibo van de Linde, Amsterdam; Jeanne Abbott, Anchorage; Tom Ross, Bogota; Helga Kohl, Bonn; Selwyn Parker, Dublin; Martha de la Cal, Lissabon; Millicent Trowbridge, London; Maria Odone, Neapel; M. T. Hirschkoff, Paris; Robin Raffer, New York; Mimi Murphy, Rom; Janet Zich, San Francisco; Ed Rhiengold, Katsuko Yamazaki, Tokio.

Eleventh German printing 1992.

ISBN 90-6182-481-8

DER AUTOR

Bryce Walker, Herausgeber früherer Time-Life Bücher, hat lange in erdbebengefährdeten Gebieten gelebt und sie ausgiebig bereist. Dieses Buch stellt eine Zusammenfassung seiner langjährigen Beschäftigung mit geologischen Problemen dar. Sein Interesse an diesen Fragen wurde geweckt, als er an dem Band *Die Rocky Mountains* aus der Reihe „Die Wildnisse der Welt“ arbeitete.

DIE BERATER

Keiiti Aki, Professor für Geophysik am Massachusetts Institute of Technology, hat an der Universität Tokio promoviert. Er ist einer der Berater der Nuclear Regulatory Commission und des Los Alamos National Laboratory sowie Autor beziehungsweise Koautor von über 100 Publikationen über Fragen der Erdbebenforschung und verwandte Themen.

Bruce A. Bolt, Professor für Seismologie an der University of California in Berkeley und Direktor der dortigen Erdbebenwarte, war Gastprofessor an neun Universitäten in der ganzen Welt. Er hat zahlreiche Bücher über Erdbeben und damit verbundene Themen geschrieben.

Sidney Horenstein ist Geologe am Department of Invertebrates des American Museum of Natural History und Fakultätsmitglied des Department of Geology der City University of New York. Er richtete das Environmental Information Center des American Museum ein und war als dessen Koordinator tätig.

INHALT

DIE VERHEERENDE KRAFT EINES ERDBEBENS

„Es ist bitter und demütigend zu sehen", bemerkte Charles Darwin 1835 angesichts der Auswirkungen eines großen Erdbebens in Chile, „wie Werke, die die Menschen so viel Zeit und Mühe gekostet haben, in einer Minute vernichtet werden." Wie Darwin hat die Menschheit zu allen Zeiten immer wieder erfahren, daß „sich die Erde, dieses Symbol der Beständigkeit, unter unseren Füßen wie eine dünne Kruste auf einer Flüssigkeit bewegt". Denn das gefürchtete Beben der Erde gehört zu den häufigsten Naturkatastrophen.

Innerhalb weniger Augenblicke kann sich die Landschaft, wie die Bilder auf dieser und den folgenden Seiten zeigen, in extremer Weise verändern. In den Jahren 1811 und 1812 wurde durch Erdbeben in Missouri der Lauf des Mississippi verschoben. Und die Folgen für die Bevölkerung können katastrophal sein: 1976 forderten zwei in nur 16 Stunden Abstand einsetzende Erdbeben im chinesischen Tangschan Hunderttausende von Menschenleben.

Jahrhundertelang haben Wissenschaftler sich bemüht, zu begreifen, welche Rolle diese furchtbare Kraft in der natürlichen Ordnung der Dinge spielt. Doch Erfolg hatten sie erst, als genaue Geräte ihnen ermöglichten, die inneren Bewegungen der Erdkugel zu messen, mit nie gekannter Präzision die Hebung von Gebirgen zu ermitteln und die größten Tiefen der Meere zu erforschen. Die Entdeckungen waren verblüffend: Ozeane waren imstande, sich zu öffnen und zu schließen, und Kontinente konnten auseinandergerissen und anderswo mit titanischer Kraft zusammengeschoben werden.

Die zusammengetragenen Beobachtungen enthüllten eine unerwartete Erkenntnis: Die Erde, die man einst für eine feste Kugel aus starrem Material gehalten hatte, ist in Wirklichkeit ein vielschichtiges Gemenge geschmolzener und fester Materialien, gepanzert mit sich verdrehenden und verschiebenden Gesteinsplatten. Der Mensch klammert sich an die Haut eines Planeten, der noch immer von den elementaren Kräften des Schöpfungsprozesses in rastloser Bewegung gehalten wird.

Dieses Wissen läßt uns auch die Erdbeben aus neuer Sicht betrachten und hoffen, daß man sie vorhersagen, überleben und eines Tages vielleicht sogar kontrollieren kann. Doch heute und wohl noch auf lange Zeit hinaus müssen die Menschen in dem unausweichlichen Bewußtsein leben, daß, wie der Historiker Will Durant sagte, „die Zivilisation nur von Gnaden der Natur existiert, die sich das Recht auf Eingriffe ohne vorherige Warnung vorbehält".

Wie gelähmt vor Entsetzen, das Schlimmste fürchtend, sucht ein junger italienischer Priester nach dem Erdbeben vom 23. November 1980 im Schutt einer Straße von Lioni nach einem vermißten Freund. Dieses Erdbeben tötete 3000 Menschen und machte 300 000 obdachlos. Wenig später wurde der Freund des Priesters tot aufgefunden.

Ein Hang der italienischen Stadt Teora bietet einen erschreckenden Anblick – die unberechenbaren Kräfte, die hier während des Erdbebens von 1980 am Werk waren, zerstörten viele Häuser bis auf die Grundmauern, während die in unmittelbarer Nähe befindlichen neueren Gebäude nahezu unbeschädigt blieben.

Bei dem Erdbeben von 1968 wurden diese fruchtbaren Felder in der japanischen Präfektur Aomori durch tiefe Risse zerstört. Die Erschütterung eines schweren Erdbebens kann einen Untergrund von bestimmter Zusammensetzung in eine zähflüssige Masse verwandeln und Oberflächenformationen ihrer Unterlage berauben.

Nach einem Erdbeben im San-Fernando-Tal in Kalifornien im Morgengrauen des 9. Februar 1971 liegen die Trümmer einer zerstörten Überführung quer über den durchtrennten Spuren der Schnellstraßen. Obwohl fünf Überführungen zusammenbrachen, gab es wegen der geringen Verkehrsdichte relativ wenig Todesfälle.

Vor den Türen, die einst auf eine stille Gasse von Calitri führten, einer kleinen Stadt auf einem Hügel in Süditalien, tut sich jetzt ein gähnender Abbruch auf, der durch das Erdbeben im November 1980 entstand. Ein alter Riß im Gestein des Untergrunds gab den Erdstößen nach, und die Erdschichten rutschten drei Meter tief ab.

Bei einem Nachbeben des großen Erdbebens von Montana im August 1959 schüttelt der 2750 Meter hohe Mount Jackson im Yellowstone-Park Tausende von Tonnen von Felsgestein in staubigen Kaskaden von sich ab. Neun Stunden zuvor hatte das Hauptbeben ein Gebiet von 1 300 000 Quadratkilometern Ausdehnung erschüttert.

Kapitel 1

DAS ERDBEBEN VON ALASKA 1964

Ein Kombi hängt gefährlich über den klaffenden Spalten, die sich bei dem großen Erdbeben von Alaska am 27. März 1964 in einem Wohnviertel von Anchorage öffneten. Wellenstöße des Erdbebens wurden noch in 1300 Kilometer Entfernung wahrgenommen.

Anchorage in Alaska war 1964 eine aufstrebende Stadt, voller Leben, urwüchsig und optimistisch. Die Zahl der Einwohner hatte sich in knapp zehn Jahren auf 64 000 vervierfacht und umfaßte jetzt fast ein Viertel der Bevölkerung des 49. US-Bundesstaates. Im Geschäftsviertel der Stadt wimmelte es von Ölarbeitern, Buschpiloten, Holzfällern, Krabben- und Lachsfischern, Bauarbeitern, Geologen und Naturschutzbeauftragten – Vertretern jener Berufssparten, die überall in solchen schnell expandierenden Vorposten der Zivilisation anzutreffen sind. Die Stadt zeichnete sich darüber hinaus durch ein reges Geschäftsleben aus: In ihren Büros, Hafen- und Bahnhofsanlagen und auf dem internationalen Flughafen wurden jährlich über 140 Millionen Dollar Umsatz gemacht. Wenn nicht die politische, so war sie doch zumindest die finanzielle Metropole Alaskas.

Die Stadt hatte sich so ungestüm entwickelt, daß sie nur mit Mühe mit dem eigenen Wachstum Schritt halten konnte. Ihren Architekturstil bezeichnete man am besten als „pragmatisch“: ein buntes Durcheinander moderner Bürohochhäuser, aus dem Boden gestampfter Läden und Kneipen, Hohlziegelbauten und baumbestandener, noch unbebauter Grundstücke, die auf den Bulldozer des Bauunternehmers warteten. Hier und da drängten sich noch einige windschiefe Holzhütten aus den Pioniertagen aneinander. Wurde ein neues Gebäude gebraucht, zog man es im Handumdrehen hoch. In dieser Atmosphäre blühenden Wachstums hatte man weder Zeit noch Lust, innezuhalten und sich über die gelegentlichen leisen Bodenerschütterungen Gedanken zu machen oder über die Sagen der Indianer und Aleuten, die man manchmal hörte und die von früheren Verwüstungen durch bebende Berge und die wild wogende See erzählten.

Dieses florierende Gewirr menschlicher Geschäftigkeit entfaltete sich inmitten einer Natur von unvergleichlicher Schönheit. Anchorage lag am Ende einer tiefen, fjordähnlichen Bucht, dem Cook Inlet, einem über 250 Kilometer weit nach Nordosten verlaufenden Einschnitt in der Südküste Alaskas. Zwischen der Stadt und dem offenen Meer, auf der Halbinsel zwischen der Bucht und dem Golf von Alaska, erhoben sich die zerklüfteten Ketten der Kenai und Chugach Mountains, von Gletschern bedeckt und von immergrünen Pflanzen überzogen. Im Norden grenzte die Stadt an die fast noch eindrucksvollere Alaska Range, deren höchster Gipfel, der 6193 m hohe Mount McKinley, an klaren Tagen gut zu sehen war. Verglichen mit der majestätisch schönen umliegenden Landschaft wirkte Anchorage geradezu zwergenhaft klein.

In jenem schicksalhaften Frühling sollte sich zeigen, daß die heitere Ruhe der Umgebung täuschte und Anchorage selbst gefährlich exponiert war. Der zentrale Abschnitt der Südküste Alaskas befand sich in einem mit dem menschlichen Auge nicht wahrnehmbaren Prozeß langsamer, doch unaufhörlicher geologischer Veränderung. Die jungen, wild zerklüfteten Berge der Chugach Mountains und der Alaska Range waren noch immer in Hebung begriffen; wie bei einem langsamen Gärungsprozeß im Erdinnern wurden sie von riesigen unterirdischen Kräften hochgetrieben.

Entlang der Südküste Alaskas schoben immense Kräfte den Boden des Pazifischen Ozeans unmerklich, aber stetig unter die Landmasse von Alaska. Die Bewegung betrug nur einige Zentimeter pro Jahr, aber im Laufe der Jahrhunderte hatte sich an den Rändern der riesigen Platten, wo die unaufhaltsame Kraft des langsam vorrückenden Ozeanbodens auf das nahezu unbewegliche Objekt – den amerikanischen Kontinent – traf, eine Spannung bis zum kritischen Punkt angestaut. Es war, als würde eine Stahlfeder langsam immer fester eingedreht und gespannt; irgendwo, irgendwann würde die Bruchgrenze schließlich erreicht sein. Unter bestimmten Bedingungen kann die Freisetzung der Energie langsam und schrittweise vor sich gehen, bemerkt allein von den empfindlichsten Instrumenten. Der Abbau der Spannungen kann aber auch schlagartig erfolgen und eine der verheerendsten Naturkatastrophen nach sich ziehen, die die Menschheit kennt – ein schweres Erdbeben.

Im Frühjahr 1964 näherte sich das überbeanspruchte Gestein tief unter dem Prince William Sound und entlang der gesamten meerzugewandten Seite der Kenai und Chugach Mountains seiner Bruchgrenze. Es herrschten Bedingungen, die eine schwächere Form der Spannungsentlastung nicht mehr zuließen. Am Nachmittag des 27. März 1964, es war Karfreitag, verspürte Anchorage gerade das erste Aufatmen nach sechs Wintermonaten. Die Temperatur hielt sich bei erträglichen −2° C, und vom tiefhängen-

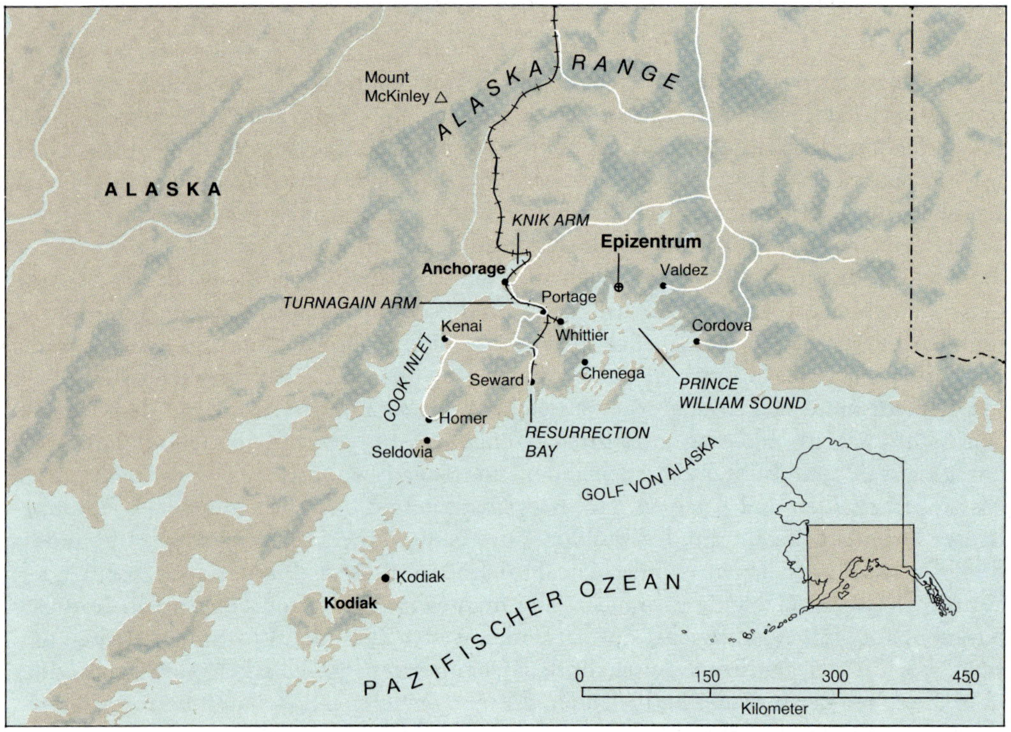

Das große Erdbeben von Alaska fand in einer geologisch komplexen Region mit schroffen Felsgipfeln, Gletschern und Fjorden am Nordende des Prince William Sound im mittleren Süden des Staates statt. In einem riesigen Gebiet, das sich halbmondförmig von den Chugach Mountains im Norden bis zur Insel Kodiak im Süden hinzog, traten schwere Schäden an Bauwerken auf.

den Himmel kamen ab und zu Schnee- oder Regenschauer herab. Die Schulen hatten über die Feiertage geschlossen, die Büros hatten sich früh geleert, und obwohl die Läden noch geöffnet waren, traf man in ihnen nur wenige Käufer an. Die meisten Menschen bereiteten sich zu Hause auf das Abendessen und das bevorstehende Osterwochenende vor. Es war 17.36 Uhr – der kritische Punkt war erreicht.

Entlang des gesamten mittleren Abschnitts der Südküste Alaskas zuckte die Erde wie ein riesiges Tier, das sich im Schlaf wälzt. Die Erschütterung lief mit furchterregender Kraft und Geschwindigkeit über das Festland von Alaska und hinterließ einen 800 Kilometer langen Streifen der Zerstörung, der sich vom Fischerhafen Cordova im Osten bis zur Insel Kodiak im Westen hinzog. Erdrutsche und Felslawinen kamen die Berge herunter. Straßen sackten ab, Brücken stürzten ein, und ganze Ortschaften wurden verwüstet. Für viele tausend Einwohner Alaskas wurde der Karfreitag 1964 zu einem Tag nie gekannten Schreckens. Dennoch ging das Erdbeben von Alaska nicht als eine der großen Katastrophen der Menschheit in die Geschichte ein. Die Zahl der Todesopfer war wegen der geringen Bevölkerungsdichte relativ niedrig. Vielmehr erinnerte man sich später des Karfreitagsbebens als eines bedeutenden geologischen Ereignisses. Da ein verhältnismäßig großes Gebiet betroffen und die Intensität des Bebens außergewöhnlich stark war, hatten Wissenschaftler aus aller Welt im nachhinein die einmalige Gelegenheit, die geheimnisvollen Kräfte zu erforschen, die in der Tiefe der Erde am Werk waren.

Zuerst schwankte etwa zehn Sekunden lang der Boden. Die Hausfrau Carol Tucker bummelte gerade durch die Porzellanabteilung im 3. Stock des neuen J.-C.-Penney-Kaufhauses im Zentrum von Anchorage. Plötzlich sah sie, wie ein paar Porzellanfiguren auf einer Verkaufstheke ins Wanken gerieten. Zuerst war sie nicht weiter besorgt; sie hatte schon viele schwächere Beben erlebt, etwa ein halbes Dutzend pro Jahr, und hatte gelernt, sie als ein Element des Lebens im rauhen Norden nicht weiter zu beachten. Aber dieses Beben war anders. Statt abzuebben, wurde das Vibrieren stärker und stärker. Das ganze Gebäude fing an zu zittern.

Draußen begann sich der Boden in langen, wellenförmigen Bewegungen zu heben und zu senken, Stoß auf Stoß. Ganze Häuserblocks verrutschten, das Straßenpflaster brach auf, und bis zu 10 Meter breite Spalten öffneten und schlossen sich wie gähnende Mäuler. „Die Erde begann zu wogen, mindestens fünf Minuten lang", sagte eine Frau. „Die Leute klammerten sich aneinander, an Straßenlaternen und Gebäude."

Im Kaufhaus zersprangen Spiegel und Glasvitrinen in tausend Splitter; von der Deckenverkleidung fielen große Stücke herunter. Dann erloschen die Lampen. Carol Tucker tastete sich zu einer stehengebliebenen Rolltreppe vor, stolperte hinunter und hielt die Hände über den Kopf, um sich vor den herabfallenden Brocken zu schützen. Plötzlich stürzte sie kopfüber nach vorn und zog sich einen Bänderriß zu. Dennoch schaffte sie es, die nächste Treppe bis ins Parterre hinunterzukommen. Bevor sie aus dem Haupteingang trat, hielt sie ohne besonderen Grund einen Moment inne.

In diesem Augenblick lösten sich die massiven, zwölf Zentimeter dicken Betonplatten der Fassadenverkleidung. Ein junger Mann, der auf dem Trottoir hockte und versuchte, auf der schwankenden Erde das Gleichgewicht zu halten, wurde erschlagen. Eine im Auto vorbeifahrende Frau wurde tödlich verletzt, und ein parkender Kombiwagen wurde völlig zermalmt. Carol Tucker gelangte durch einen Hinterausgang ins Freie und erreichte den Parkplatz, wo sie halbwegs in Sicherheit war.

Die Stöße trafen Anchorage mit besonderer Heftigkeit; die Stadt wurde schwerer als alle anderen Orte erschüttert. Ein neues fünfstöckiges, zum Glück menschenleeres Wohnhaus brach in sich zusammen. Ein tiefer Spalt öffnete sich gähnend unter der Government-Hill-Grundschule und riß das ganze Gebäude in die Tiefe, als ein Flügel um sechs Meter absackte. Die Fourth Avenue, die Hauptgeschäftsstraße, brach über eine Länge von 400 Metern auf; Bars, Läden, Leihhäuser und Autos stürzten auf der einen Seite der Straße über drei Meter tief und bildeten ein Gewirr von Splittern und Trümmern. Durch eine unerklärliche Laune der Natur war die andere Straßenseite von Zerstörungen verschont geblieben.

Es gab noch andere Beispiele für die Unberechenbarkeit der Natur. Im Nordwesten von Anchorage verschob sich ein ganzes Viertel von 30 Häuserblocks bei einem von Geologen so genannten Blockrutsch (der Ausdruck „Block" bezieht sich hier nicht auf einen Häuserblock, sondern auf eine Scholle der Erdkruste). Gebäude am Rande des Viertels wurden zerstört, aber die zur Stadtmitte hin blieben stehen. Ein fünfstöckiges Wohnhaus wurde fast unbeschädigt um drei Meter versetzt. An der Hauptgeschäftsstraße des Vororts Spenard hingegen wurden sämtliche Gebäude zertrümmert, die einstöckig oder höher waren. Auf dem internationalen Flughafen von Anchorage kippte der 20 Meter hohe Kontrollturm aus Beton um und erschlug einen Fluglotsen.

Die Katastrophe wurde von eigenartigen Geräuschen begleitet. Als sich in Anchorage das Haus von Betzi Woodman immer stärker neigte, hörte sie „ein Dröhnen, als bräche hartgefrorene Erde knarrend auseinander. Lampen schaukelten hin und her, Geschirr fiel krachend aus den Regalen, Möbel schlitterten durchs Zimmer – und unter uns immer das drohende Geräusch." Sie rannte ins Freie. „Das Bellen der Hunde hatte einen irren Unterton, und Vögel flatterten verwirrt umher." Sie sah, wie die erschreckten Nachbarn aus ihren Häusern kamen und nicht wußten, was sie tun sollten. Einer von ihnen versuchte, zu seinem Auto zu gelangen, „das wie besessen auf und ab hüpfte. Als das Beben plötzlich noch stärker wurde, fielen wir in den kalten, nassen Schnee. Ich hörte mich selbst völlig sinnlos, aber voller Inbrunst rufen: ‚Junge, Junge, Junge!' Ich konnte keinen klaren Gedanken mehr fassen."

Einer der gefährlichsten Orte während des Erdbebens war das vornehme neue Wohnviertel von Anchorage, Turnagain Heights, eine Anzahl teurer Villen, die oben am Rande eines Steilufers südwestlich der Innenstadt gebaut waren. Sie boten einen schönen Ausblick auf die Mündung des Knik Arm und das Cook Inlet. Dort hatte sich Robert B.

Atwood, Verleger der *Anchorage Daily Times,* in seinem geräumigen, modernen Haus gerade etwas ausruhen wollen. Bei den ersten Erschütterungen rannte er ins Freie hinaus und erblickte eine Landschaft im Chaos: Bäume stürzten um, und der Boden brach in gegeneinandergekippte gefrorene Schollen auf.

Atwood erinnert sich, daß er sich „umwandte und sah, wie das Haus in Mitleidenschaft gezogen wurde. Der Untergrund bewegte sich und verdrehte zwei gegenüberliegende Außenwände in entgegengesetzter Richtung. Das Haus schien unter gewaltigem Getöse in die Länge gezogen und dann wieder zusammengepreßt zu werden. Scheiben zerbrachen, Holz gab krachend und splitternd nach, alles wurde auseinandergerissen. Dann begann sich die Erde zu öffnen. Ich stürzte in die Tiefe, und es schien schrecklich lange zu dauern. Aber ich landete in weichem, trockenem Sand an der tiefsten Stelle eines V-förmigen Spaltes, der sich immer weiter öffnete. Bäume, Strünke, Zaunpfähle und schwere Brocken gefrorener Erde fielen auf mich herab. Ich mußte mich hastig auf allen vieren nach oben arbeiten, um nicht darunter begraben zu werden. Kurz darauf kletterte ich an einer Seite der Erdspalte wieder hoch, sah mich um und erblickte ringsum nichts als Verwüstung. Häuser standen schief und krumm, und außer dem letzten Krachen und Brechen hörte man keinen Laut. Mein Haus war praktisch nur noch Feuerholz. Es befand sich draußen am Strand. Vorher hatte es in ungefähr 30 Meter Höhe über dem Meeresspiegel gestanden, jetzt war es auf Meeresniveau."

Die Landzunge hatte sich über eine Länge von zweieinhalb Kilometern gesenkt, war auseinandergebrochen und zusammen mit über 70 Häusern in Richtung auf das Meer bis zum Ufer des Knik Arm abgeglitten.

Eine Nachbarin von Atwood war Tay Thomas, die Frau des Journalisten Lowell Thomas jr.. Ihr Mann war geschäftlich in Fairbanks, und sie saß an diesem Abend mit ihren Kindern, dem sechsjährigen David und der achtjährigen Anne, vor dem Fernsehapparat. Alle drei hatten ihre Schuhe ausgezogen. Ihre erste Warnung war ein Geräusch, das ihr wie das Grollen entfernter Artillerie vorkam. Mrs. Thomas griff nach den Kindern und stürzte barfuß zur Tür hinaus in den Schnee. Ein heftiges Beben warf sie zu Boden, und ein sich unter ihrem Haus öffnender Spalt riß es auseinander. Ein zweiter Riß bildete sich genau an der Stelle, wo sie lagen, und trennte Anne von Mutter und Bruder. Tay Thomas streckte den Arm aus und zog ihre Tochter über die immer breiter werdende Kluft. Die Familie befand sich nun auf einer etwa 1,50 Meter breiten, mit vereistem Rasen bedeckten Erdscholle, die schon ganz schief lag und ruckweise abwärtsschlingerte. „Es schien uns, als wären wir auf einem rückwärts laufenden Riesenrad – oder als fielen wir direkt ins Meer", sagte sie später. „Dann stand plötzlich alles still; nicht ein Laut war zu hören. Ich hatte das Gefühl, wir wären die einzigen Menschen auf der Welt."

Tay Thomas wußte, daß sie schleunigst nach oben klettern mußten, um nicht von der Flut überrascht zu werden. „Ich dachte, das Wasser würde sehr bald kommen." Sie nahm David an die Hand, ermahnte Anne, ganz dicht bei ihr zu bleiben, und kroch über die riesigen Schollen immer noch auseinanderbröckelnder Erde. Etwa 20 Minuten lang quälten sich die drei auf der Suche nach einer Stelle zum Emporklettern am Fuß des Kliffs entlang; ihre Füße waren gefühllos vom Schnee. Dann sahen sie einen Mann oben über den Rand blicken und riefen um Hilfe. Er drehte sich um und verschwand. Nach kurzer Zeit sah die angsterfüllte Familie ihn mit einigen anderen Männern und einem Seil zurückkommen. Mrs. Thomas und ihre Kinder wurden in Sicherheit gebracht.

Robert Atwood, die Familie Thomas und die meisten ihrer Nachbarn hatten Glück. Eine Familie aber, die des Neurochirurgen Perry Mead, erlebte eine Tragödie. Der zwölfjährige Perry Mead III hatte allein seine zwei jüngeren Brüder und seine Schwester beaufsichtigt. Als das Erdbeben sich ankündigte, brachte er alle ins Freie. Gerade als sie scheinbar in Sicherheit waren, öffnete sich der Boden unter Perry und seinem zweijährigen Bruder Merrell, und sie versanken vor den Augen von Bruder und Schwester, die auf festem Grund danebenstanden. Die Leichen der beiden wurden nie gefunden.

Auf der Turnagain Heights gegenüberliegenden Seite der Stadt, in der Nähe des Militärstützpunkts Fort Richardson, waren die Zerstörungen nicht so schwer, wenn auch nicht weniger angsteinflößend. Zwei der Bewohner, die Frau eines Sergeants und ihre 16jährige Tochter, waren bei den ersten Erdstößen in den Vorgarten gerannt. Dort standen sie, während sich der Boden unter ihnen nicht enden wollende Minuten lang hob und senkte, bis das Mädchen sich plötzlich mit einem leisen Stoßgebet an Gott wandte: „Herr, jetzt ist es genug! Bitte laß es aufhören."

Nur mit knapper Not entgehen die drei Männer der Gefahr, von den Betonplatten erschlagen zu werden, die von der Fassade des J.-C.-Penney-Kaufhauses herunterfallen; das Kaufhaus war erst ein Jahr alt und der Stolz des Geschäftszentrums von Anchorage. Als das Schwanken des Bodens noch stärker wurde, stürzte das Gebäude innerhalb weniger Minuten völlig in sich zusammen.

Vom Zentrum des Erdbebens östlich von Anchorage aus liefen die Stöße mit einer Geschwindigkeit von gut drei Kilometern pro Sekunde die Küste entlang, verschoben Straßenstücke, verbogen Bahngleise, verwüsteten Hafenanlagen und schnitten vorübergehend die Verbindung zwischen den schwer getroffenen Gemeinden und der Außenwelt ab. Erdrutsche, die bis ins Meer stürzten, erzeugten gewaltige Flutwellen, die an die Küsten brandeten. An manchen Stellen erreichten sie eine Höhe von bis zu 30 Metern über dem mittleren Hochwasserstand.

Der Hafen von Valdez lag 200 Kilometer östlich von Anchorage im Schutze einer schmalen, tiefen Bucht weit hinten im Prince William Sound. Er war auf drei Seiten von Bergen umgeben und wurde deshalb die „Schweiz von Alaska" genannt. An jenem Freitag waren die 1000 Einwohner in Hochstimmung: Ein 10 000-Tonnen-Frachter, die *Chena,* hatte am Kai festgemacht und löschte dringend erwartete Waren. Viele Schaulustige waren zur Begrüßung des Schiffes gekommen und verstopften zusammen mit Lattenkisten, Ölfässern, Gabelstaplern, Matrosen und Schauerleuten die Kaianlagen. Etwa um 17.40 Uhr, kurz vor Arbeitsschluß, nahm ein Arbeiter an Bord der *Chena* ein plötzliches Schlingern wahr, als käme das Schiff in Fahrt. Er blickte zum Kai hinüber und sah nur noch, wie dieser in sich zusammenbrach und im Wasser versank.

Jetzt war auch der Kapitän der *Chena,* M. D. Stewart, vom drei Deck tiefer gelegenen Speisesaal auf die Brücke des wie wild tanzenden Schiffes gelangt – wie, weiß er selbst nicht mehr. „Das Schiff hob sich etwa zehn Meter auf einer heranrollenden Woge und neigte sich um etwa 50 Grad nach Backbord", berichtete er später. „Dann wurde es mit aller Wucht genau dahin geschleudert, wo wenige Augenblicke vorher noch die Kaimauer gestanden hatte. Ich sah die Menschen um ihr Leben laufen, doch es gab für sie kein Entkommen. Sie wurden einfach von zusammenstürzenden Gebäuden, Wasser, Schlamm und allem übrigen verschlungen. Die *Chena* fiel genau dahin, wo die Leute gewesen waren. Das hat mich nächtelang nicht schlafen lassen."

Die 28 Menschen, die auf der Kaimauer gestanden hatten, waren im Strudel verschwunden. Keiner überlebte. Die ganze Uferbefestigung war zusammengebrochen, und Piers, Gebäude und Millionen Kubikmeter Erde waren in das Hafenbecken gestürzt. Die gewaltsam verdrängten Wassermassen wogten in der schmalen Bucht von Valdez als riesige Flutwellen hin und her, die derjenigen ähnlich waren, die wenige Augenblicke zuvor die *Chena* auf den Kai geschleudert hatte.

„Dann wurde das Schiff nach Steuerbord zurückgeworfen", erinnerte sich Kapitän Stewart, „und richtete sich senkrecht auf. Kurz darauf wurden wir wieder mit aller Wucht nach Backbord geschleudert. Ich sah, wie das Land in furchtbarer Weise bebte und zitterte." Die *Chena* wurde in den Bootshafen getragen, und als die Welle zurückwich, lag das Schiff völlig auf dem Trockenen. Als das Wasser wiederkam, gab Kapitän Stewart ungeachtet dessen, daß das Heck zwischen zerbrochenen Pfählen, Felsbrocken und Schlamm festsaß, dem Maschinenraum das Signal, die Maschine in Gang zu setzen, und überraschenderweise funktionierte sie noch. Nach einigen qualvollen Minuten hatten die Wellen das Schiff teilweise wieder flottgemacht, und es begann sich aus eigener Kraft in Bewegung zu setzen. Aber die *Chena* war manövrierunfähig, sie pflügte mit dem Kiel durch den Schlamm und bahnte sich schäumend ihren Weg durch das seichte Wasser entlang der Küste. Schließlich drückte eine von Land kommende Strömung den Bug seewärts. Das Schiff kam frei, trieb zwischen umhertreibenden Überresten einer Konservenfabrik hindurch und glitt sicher in die Bucht hinaus. Zum Erstaunen des Kapitäns war es nicht einmal leckgeschlagen.

Im Ort Valdez aber bewegte sich die Erde, als habe das Land sich in Wasser verwandelt. Der Boden hob und senkte sich in wellenförmigen Bewegungen. Zwischen Wellenkamm und Wellental lagen nach Schätzung eines Mannes jeweils ein Meter; er sah, wie sein 1,80 Meter großer Sohn fast bis zur Gürtellinie verschwand, als die Bodenwellen zwischen ihnen hindurchliefen. Lange Risse bildeten sich, schlossen sich abrupt wieder und schleuderten dabei bis zu sechs Meter hohe Wasser- und Schlammfontänen empor.

Durch eine gewaltige Absenkung des Untergrunds liegt die Nordseite der Fourth Avenue von Anchorage völlig zerstört unterhalb der fast unversehrten Südseite. Als das Erdbeben einsetzte, flüchteten die erschrockenen Kneipenbesucher auf die Straße. „Sie taumelten, fielen hin und versuchten, sich an Autos zu klammern", berichtete ein Augenzeuge. „Aber die Autos schaukelten und rollten durcheinander und boten keinen Halt."

Ein klaffender Spalt zieht sich als Zickzacklinie über den Seward Highway am Turnagain Arm, 55 Kilometer südöstlich von Anchorage, hin. Von den 1330 Kilometern Schnell- und Landstraßen im vom Erdbeben erschütterten Gebiet wurden über 300 Kilometer beschädigt, und fast die Hälfte der Brücken war zerstört und mußte wieder aufgebaut werden.

Mauern sackten ein, abgerissene Stromkabel pendelten hin und her, und der Inhalt gebrochener Abwasserleitungen schwappte durch die Straßen.

Dann überfluteten die Wellen, die die *Chena* hin und her geworfen hatten, den Ort selbst. Eine zum offenen Meer zurücklaufende Welle, die in der schmalen Bucht von Valdez aufgestaut wurde, riß den Leuchtturm, der in der Mitte der Fahrrinne stand, von seinem 10 Meter hohen Sockel.

Noch immer hatte das Erdbeben nicht seinen Höhepunkt erreicht. Die starke Bewegung tief unter dem Ozean hatte eine neue Gefahr erzeugt – eine verheerende Serie seismischer Meereswellen, Tsunamis genannt. Es war, als hätten die Wassermassen im Golf von Alaska von unten mächtige Schläge von einem Riesenpaddel erhalten. Fünf Stunden nach den Hauptstößen des Bebens, als die Bewohner, die vom Ablauf eines Erdbebens nichts verstanden, denken mochten, nun sei alles vorbei, brachen Tsunamis mit vernichtender Kraft über Valdez herein.

Die erste Welle war fast unbemerkt 30 Minuten nach dem Erdbeben gekommen. Da Ebbe herrschte und die Stadt am Ende einer schmalen, gekrümmten Bucht lag, erreichte die Welle kaum die normale Hochwasserlinie. Erst viel später, um 22.30 Uhr, bauten sich die Wellen mit steigender Flut auf und suchten Valdez erneut heim. Bis fast 2 Uhr morgens strömte das Wasser in Intervallen von etwa 30 Minuten lautlos die enge Bucht hinauf und überflutete große Teile des Ortes. Zum Glück hatten sich bis zum Abend die meisten Leute schon in die Berge geflüchtet. Sie verbrachten die Nacht voller Sorge um vermißte Angehörige bei Temperaturen unter Null Grad im Freien. Beim ersten Morgengrauen fanden sie sich zu traurigen Arbeiten unten im Ort wieder ein: Sie bargen insgesamt 32 Tote.

Das Erdbeben und die folgenden Flutwellen hatten die Hafenanlagen von Valdez völlig zerstört und die meisten großen Geschäftshäuser der Stadt sowie fast die Hälfte der Wohnhäuser vernichtet oder unbewohnbar gemacht. 68 Fischerboote waren zerstört worden. Der Sachschaden belief sich auf über elf Millionen Dollar.

Der wichtige Ölhafen und Kopfbahnhof Seward, auf der Halbinsel Kenai 130 Kilometer südlich von Anchorage gelegen, wurde ebenfalls vom Erdbeben und den verheerenden Wasserfluten, darüber hinaus aber auch noch von einem Feuer heimgesucht. Ähnlich wie in Valdez brach ein großer, über ein Kilometer langer Abschnitt der Hafenanlagen von Seward in sich zusammen und rutschte in die Bucht. Der Pier der Stadt, der Bootshafen, eine Zementfabrik, Docks und Lagerhallen wurden ins Wasser gezogen und verschwanden in der Tiefe. Auf dem nahen Güterbahnhof der Alaska Railroad wurden 115 Tonnen schwere Dieselloks umgeworfen, Bahnhofsgebäude zertrümmert und Waggons zerstört.

Ted Pedersen, ein kräftiger Seemann vom Tanker *Alaska Standard*, stand auf dem Pier der Standard Oil Company und beobachtete das Labyrinth von Schläuchen und Ventilen, durch das die Kraftstoffladung für sein Schiff aus den an Land liegenden Vorratstanks gepumpt wurde. Beim ersten Erzittern der Kaianlage brüllte er: „Erdbeben!“ und wollte zum Schiff laufen. „Ganz plötzlich hob sich eine Ecke des Piers um drei Meter“, sagte er später. „Das Schiff stieg hoch – oder vielleicht war ich es auch, der sank. Alle Schläuche rissen auseinander, und Benzin spritzte in alle Richtungen. Der ganze Kai fiel in sich zusammen, und ich sah eine riesige Flutwelle, die jede Menge Treibholz mit sich riß, auf mich zukommen.“ Pedersen war sicher, daß das sein Ende sein würde. Aber er verlor lediglich das Bewußtsein. Als er kurze Zeit später wieder zu sich kam, lag er zu seinem eigenen Erstaunen auf einer 2,40 m hohen Laufbrücke an Deck seines Schiffes und hatte sich lediglich ein Bein gebrochen.

Die durch den enormen Erdrutsch ausgelöste Flutwelle hob die *Alaska Standard* vom Pier weg und trug sie hinaus aufs offene Meer. Glücklicherweise entzündete sich der an Deck verspritzte Kraftstoff nicht. Aber am Ufer loderte an der Stelle, wo die Kaianlage gestanden hatte, eine glutrote Wand, und schwarzer, fettiger Rauch stieg gen Himmel. Die zu den großen Tanks führenden Rohre waren geplatzt, und ihr Inhalt hatte Feuer gefangen. Kurz darauf explodierten die Tanks, und brennendes Öl verbreitete sich im ganzen Hafen. Zusätzliche Nahrung fand das Feuer noch durch im Wasser treibende Überreste der zerstörten Werften.

Hal Gilfilen, ein Geschäftsmann aus Seward, beschrieb das Feuer im Tanklager der Standard Oil Company als einen „großen wogenden Pilz aus Rauch und Flammen“, der ihn an die Explosion einer Atombombe erinnerte. „Die Bahngleise wurden rot durch die Hitze“, sagte er. Und als die Flutwelle über die Gleise schwappte, bog und wand der Stahl sich „wie Schlangen, auf die man tritt“.

Die Flutwelle von Seward war so hoch wie ein dreistöckiges Haus. Sie riß Boote, Bauholz, Schienenstränge und Brückenträger, ja ganze Güterwagen mit sich. Mit der Welle kam auch der in Flammen stehende Ölteppich vom Hafen und setzte alles in Brand, was am Ufer noch stehengeblieben war. „Es war ein grausiger Anblick“, sagte ein Überlebender, „eine riesige Feuerflut, die das Land überspülte, eine flammende Hochwassermarke setzte und dann wieder zurückwich.“

John und Robert Eads schlossen gerade die Tore ihrer Schiffswerft auf Lowell Point im Süden von Seward, als das Erdbeben einsetzte und die Öltanks explodierten. Zusammen mit ihrem Begleiter Carl Christiansen beobachteten die Brüder das Inferno, als sie plötzlich die Welle sahen. „Sie schwappte durch die Bucht wie Wasser in einem Becken“, sagte John Eads. „Wir sahen, wie sie Seward überrollte und dann in unsere Richtung zurückgeworfen wurde“ – mit einer Geschwindigkeit, die sie auf fast 100 Stundenkilometer schätzten. Die drei liefen zu ihren Autos – einem Personenwagen und einem Kleintransporter –, um zu fliehen, aber sie waren noch keine 30 Meter gefahren, als die Welle sie schon eingeholt hatte. Der Transporter überschlug sich, und der Personenwagen surfte „wie ein Boot“ auf dem Wellenkamm, sagte Christiansen. John Eads wurde aus dem Transporter geschleudert und versuchte, sich in den wirbelnden Wassermassen an der Oberfläche zu halten. Die Welle trug Männer und Autos in die 15 Meter abseits der Straße und 10 Meter über dem Meeresspiegel stehenden Bäume. Seltsamerweise wurde keiner der drei Männer verletzt.

Das Feuer und die Welle vernichteten den größten Teil Sewards, einschließlich des gesamten Industriegebiets. Zwölf Menschen starben, und der gesamte Sachschaden belief sich auf 15 Millionen Dollar. Alle Hafenanlagen waren wie weggewischt, Bahnhöfe und etliche Kilometer Gleise waren zerstört, und das Kraftwerk sowie 26 riesige Öltanks waren den Flammen zum Opfer gefallen.

Ein von Bulldozerspuren zerfurchtes Trümmerfeld ist alles, was von 75 Häusern des Wohngebiets Turnagain Heights in Anchorage übrigblieb. Vor dem Erdbeben blickten die Bewohner von dem hohen Steilufer aus 20 Meter Höhe über den Knik Arm. Durch die seismischen Stöße verflüssigte sich der instabile, aus schlammigem Lehm bestehende Untergrund und ließ eine 2400 Meter lange und 200 bis 400 Meter breite Erdscholle zum Meer hinabgleiten *(Zeichnung rechts).*

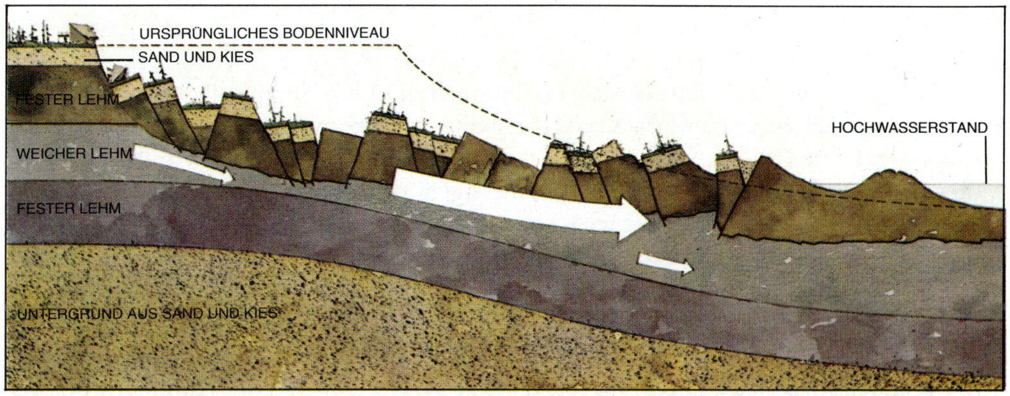

Auf der 320 Kilometer weiter südwestlich gelegenen Insel Kodiak waren die Erdstöße zwar furchterregend gewesen, hatten aber im größten Hafen der Insel mit seinen 4800 Einwohnern und in den umliegenden Fischerdörfern nur geringe Schäden angerichtet. Der Insel stand jedoch noch eine Serie schrecklicher Tsunamis bevor.

Etwa um 17.45 Uhr bemerkten Fischer, die im Hafen von St. Paul vor Kodiak vor Anker lagen, ein langsames, mäßiges Ansteigen des Wassers, gefolgt von einem plötzlichen Abebben. Das Wasser wich so weit zurück, daß es im Hafen nur noch einen knappen halben Meter hoch stand. Die 160 Boote starke Fischereiflotte lag im Schlamm auf Grund. Um 18.20 Uhr brach eine Flutwelle durch die Hafenmündung, deren Kamm etwa fünf Meter höher als der normale Wasserstand war. Sie erfaßte Boote, Pfahlwerk, Häuser sowie sechs Tonnen schwere Hafenbojen und spülte sie drei Straßenzüge weit in den Ort hinein. Als sie zurückwich, schwemmte sie ein Gewirr von Trümmern mit ins Fahrwasser hinaus. Zehn Minuten später kam die zweite Riesenwelle, im Laufe der Nacht noch gefolgt von sieben weiteren.

Kapitän Bill Cuthbert befand sich gerade auf seinem 26 Meter langen Krabbenfänger *Selief*, als die Wellen kamen. Er wurde an Land getragen, dann zurück ins Fahrwasser,

Rauchwolken steigen aus den Trümmern rings um die Öltanks von Seward empor. Das Erdbeben zerstörte Pipelines und Tanks, deren brennender Inhalt in die nahe gelegene Resurrection Bay floß. Auf einer riesigen Flutwelle wälzte sich eine 9 bis 12 Meter hohe Flammenwand über 300 Meter weit landeinwärts.

dann wieder an Land, im ganzen viermal. Als er das letzte Mal an Land gesetzt wurde, vertäute er sein auf Grund liegendes Schiff an einem Telegraphenmast. Kurz darauf nahm eine Marinefunkerin, die die Fahrzeuge der Fischereiflotte von Kodiak zu orten versuchte, Kontakt mit der *Selief* auf:

„Wo sind Sie, Captain?“ fragte sie.

„Über den Daumen gepeilt“, antwortete Cuthbert, „auf dem Schulhof.“ Die Schule befand sich zwei Häuserblocks landeinwärts.

77 Fischerboote, fast die Hälfte der Flotte, wurden von den Wellen vor Kodiak verschlungen oder schlimm zugerichtet. Zwei der drei Krabben- und Lachs-Konservenfabriken der Insel wurden ins Meer gerissen, die dritte konnte erst nach drei Monaten wieder in Betrieb genommen werden. Acht Menschen starben, und der Sachschaden belief sich auf insgesamt fast 25 Millionen Dollar.

Andere Bezirke Alaskas waren ebenfalls fast ruiniert worden. Auch Homer und Cordova verloren Teile ihrer Hafenanlagen. In Seldovia waren Schwimmdocks in einer Weise zerstört, als hätte, wie ein Bewohner sagte, „ein verrückter Riese sie in die Hände genommen und zermalmt“. Chenega, ein auf Pfählen am Ufer gebautes Fischerdorf, war unter einer 20 Meter hohen Welle einfach verschwunden – sämtliche Häuser waren zusammen mit 23 der 76 aleutischen Bewohner weggespült worden.

Das große Erdbeben vom März 1964 richtete bis weit über die Grenzen Alaskas hinaus Verwüstungen an. Die Tsunamis fegten mit einer Geschwindigkeit von etwa 650 Kilometern pro Stunde über den Pazifik. Die erste Welle erreichte die Insel Vancouver in

Kanada um 23 Uhr, rauschte über 50 Kilometer weit in eine langgestreckte Bucht hinein und überflutete die Stadt Port Alberni. Um Mitternacht wirbelte ein Tsunami über einen Strand bei Depoe in Oregon und riß vier Kinder mit, die dort mit ihren Eltern gezeltet hatten. Um 1.45 Uhr verschlang die verheerendste Wellenserie, die Crescent City in Kalifornien je heimgesucht hatte, zehn Menschen, zerstörte 150 Läden und verteilte riesige Mahagonibalken aus einer nahegelegenen Sägemühle über die Straßen. Die Wellen rasten südwärts nach Hawaii, wo sie die fliehenden Einwohner die Hügel hinauftrieben, und mit allmählich abgeklungener Energie erreichten sie schließlich die 6400 Kilometer von ihrem Ursprung entfernte Küste Japans.

Die reine physische Gewalt des Erdbebens von Alaska überstieg alle Vorstellungskraft. Die ersten seismischen Wellen waren so mächtig, daß sie bis weit im Süden – bis Seattle im Staat Washington – Gebäude zum Schwanken brachten. Die sich ausbreitenden Wellen, die mit wachsender Entfernung immer länger und schwächer wurden, hoben den Boden unter Houston in Texas für kurze Zeit um 10 Zentimeter an, bei Cape Kennedy in Florida um 6 Zentimeter. Diese Bewegungen waren allerdings zu schwach und zu langsam, als daß die Bevölkerung sie bemerken konnte, und wurden erst später anhand von

Umgeworfene Waggons, verbogene Schienen, zerstörte Gebäudeteile und herausgerissene Telefonmasten liegen nach der verheerenden Überschwemmung durch die gewaltige Flutwelle in Seward verstreut. Auf Kodiak wurden Krabben- und Lachskonservenfabriken verwüstet und mehrere aleutische Fischerdörfer weggerissen.

Wasserstandsmessungen berechnet. Und während Wissenschaftler ihre Instrumente immer wieder von neuem einstellten und fasziniert davorsaßen, liefen die seismischen Wellen weiter um den Erdball. Erst nach zwei Wochen waren sie so weit abgeklungen, daß sie meßtechnisch nicht mehr erfaßt werden konnten. Und diese Wellenserien waren nur die Folge der ersten Erschütterungen.

In den drei Tagen nach dem Erdbeben wurde der zentrale Abschnitt der Südküste Alaskas von fast 300 Nachbeben heimgesucht, die die stehengebliebenen Gebäude nochmals ins Wanken brachten. Einige Stöße waren so stark, daß die Einwohner erneut ins Freie stürzten. Erst 18 Monate später, nach mehr als insgesamt 10 000 Nachbeben, waren die Nachwirkungen des großen Erdbebens ausgestanden.

Es war die größte Naturkatastrophe in der Geschichte der Vereinigten Staaten gewesen. Man schätzte, daß Handel und Industrie Alaskas zu 75 Prozent in Trümmern lagen, und Tausende seiner Einwohner waren obdachlos. Dennoch waren die Verluste an Menschenleben und die Zahl der Verletzten erstaunlich gering. Nur 115 Menschen waren umgekommen (82 davon wurden für tot erklärt, ihre Leichen wurden nie gefunden). Von den Hunderten, die verletzt wurden, hatten sich die meisten nur geringfügige Wunden, Prellungen oder Unterkühlungen zugezogen. Weniger als 50 Personen mußten stationär in Krankenhäusern aufgenommen werden. Beamte vom Katastrophenschutz erklärten diesen glimpflichen Verlauf später damit, daß Schulen und Büros geschlossen waren und sich die ohnehin spärliche Bevölkerung des Gebiets beim Einsetzen des Bebens überwiegend außerhalb der Stadtzentren aufgehalten hatte.

Die Einsatzbereitschaft und Tapferkeit, mit der sich die Einwohner Alaskas aus den Trümmern herausarbeiteten, gingen Hand in Hand mit einem schlagfertigen, manchmal etwas rauhen Humor. Sie neckten sich gegenseitig, man habe „auf der falschen Seite der Spalten“ gewohnt. Ein Ladenbesitzer in Anchorage hängte ein Schild ins Schaufenster, das auf die Schäden an seinem Geschäft sowie auf das sehnlich erwartete Tauwetter anspielte: „Wegen verfrühter Aufbrüche geschlossen“, stand darauf. Auf Kodiak, wo Tsunamis einen Supermarkt mitgerissen, aufs offene Meer hinausgetragen und dann wenige hundert Meter von seinem ursprünglichen Standort wieder abgesetzt hatte, machte ein neuer Slogan die Runde: „Kommen Sie nach Kodiak, und sehen Sie die Flut kommen und die Stadt gehen!“

Aber Tapferkeit und Humor allein reichten nicht aus, um den Wiederaufbau in Angriff nehmen zu können. Erhebliche Geldsummen waren nötig, und Alaska war in chronischer Finanznot. Gouverneur William Egan schätzte, daß der Staat nur etwa ein Viertel der nötigen Mittel aufbringen könne, und bat Präsident Lyndon B. Johnson telephonisch, Geldmittel in Höhe von 500 Millionen Dollar zu bewilligen. „Sonst können wir es unmöglich schaffen“, sagte er zum Präsidenten.

Johnson reagierte sofort mit einer Katastrophenhilfe in Höhe von 5 Millionen Dollar, und nach wenigen Tagen bewilligte der Kongreß weitere 50 Millionen Dollar für den Wiederaufbau. Im Laufe der nächsten Monate flossen Hunderte Millionen Dollar nach Alaska; aber es dauerte Jahre, bis die Folgen der Katastrophe beseitigt waren.

Die Nachricht von dem Erdbeben in Alaska erreichte den Geologen George Plafker in Seattle, wo er an einem Kongreß der Geological Society of America (Amerikanische Geologische Gesellschaft) teilnahm. Der 35jährige Plafker hatte langjährige Alaskaerfahrungen. Einige Jahre hatte er an einem Forschungsprogramm der Alaska-Abteilung des United States Geological Survey mitgearbeitet, der Bundesbehörde, in deren Aufgabenbereich die Erforschung von Topographie, Geologie, Wasser, Bodenschätzen und Energiequellen des Landes sowie das Problem der Erdbebengefährdung fielen. Er hatte lange im Gebiet des Prince William Sound gearbeitet, wo das Karfreitagsbeben sein Zentrum zu haben schien, und er gehörte zu einer Gruppe junger Wissenschaftler, die sich für neue und herausfordernde Theorien über die Mechanismen der ständigen Veränderungen der Erde interessierten.

Was Plafker und seine Kollegen an dem Erdbeben von Alaska besonders beschäftigte, war die Größenordnung der Deformationen: Ganze Kliffs und Küstenabschnitte waren ins Meer gesackt, große Gebiete im Landesinnern hatten sich gehoben oder gesenkt, die Struktur des Meeresbodens hatte sich erheblich verändert. Eine präzise Analyse und Vermessung dieser Veränderungen würden der modernen Wissenschaft erste genaue Einblicke in die Umgestaltung eines großen Gebietes verschaffen. „Wissenschaftlich gesehen war es wie ein großes Experiment“, sagte Plafker. „Es herrschte keinesfalls Einigkeit darüber, was in solchen Gebieten vor sich ging. Man stand ja am Anfang einer völlig neuen Auffassung von Erdbeben überhaupt.“

Keine 24 Stunden nach Ausbruch des Erdbebens traf Plafker mit zwei Kollegen der Alaska-Abteilung des Geological Survey in Anchorage ein; einer von ihnen war Arthur Grantz, mit dem er an dem Kongreß in Seattle teilgenommen hatte; der andere, Reuben Kachadoorian, war aus dem Zentrum in Menlo Park, Kalifornien, nach Norden geeilt. Die drei Männer trennten sich und untersuchten jeder für sich jeweils einen anderen Teil des großen, vom Erdbeben betroffenen Gebietes. Eine Woche lang machten sie unter Zuhilfenahme von Sportflugzeugen, Hubschraubern und Jeeps eine Bestandsaufnahme der Veränderungen, und ihre Aufregung wuchs. Was sie sahen, beschrieben sie später in einem Bericht als „spektakuläre und möglicherweise bisher noch nie in dieser Art beobachtete geologische Veränderungen, besonders was die Hebung beziehungsweise Senkung großer Gebiete betrifft“.

Bereits eine Woche nach ihrer Rückkehr nach Menlo Park skizzierten die drei Männer in einem Zwischenbericht die Auswirkungen des Erdbebens und legten fest, welche genauen Untersuchungen nötig sein würden. Der Bericht wurde zur Grundlage für die Instruktion von Heerscharen von Ingenieuren und Wissenschaftlern aus einem halben Dutzend Behörden, die mit der Leitung des Wiederaufbaus befaßt waren. Während ihrer Tätigkeit in Alaska hatten die Wissenschaftler die einmalige Chance, den Mechanismus eines Erdbebens zu studieren. Damit die mühsam erworbenen Einzelerkenntnisse nicht

Die zwei Gesichter der Lituya Bay

Die Lituya Bay, ein landschaftliches Kleinod, liegt 240 Kilometer nördlich von Sitka an der Südküste von Alaska. Die 11 Kilometer lange und 1,5 Kilometer breite Bucht wird auf drei Seiten von majestätischen Kliffen umschlossen, die sie vor den heulenden Winden schützt; an der Mündung halten eine sandige Landzunge und ein felsiges Vorgebirge die Brecher des Pazifiks ab. Die Bucht zeichnet sich durch landschaftliche Schönheit und eine Atmosphäre außergewöhnlicher Ruhe aus.

Die Tlingit-Indianer aber, die Generationen zuvor im Bereich der Bucht Seeotter gejagt haben, kennen die Lituya Bay als Todesfalle. Denn zuweilen verwandelt sie sich in einen Ort tobender Elemente, die alles in Reichweite vernichten. Die Tlingit-Legende erzählt, daß ein großer, eifersüchtiger Dämon *(rechts)* in den Unterwasserhöhlen am Zugang der Bucht wohnt, und wenn die Gegenwart von Fremden seinen Zorn erweckt, schlägt er auf Land und Wasser ein, um die Fremden zu fangen und in zahme Bären zu verwandeln.

Moderne Wissenschaftler haben nicht weniger Respekt vor der Bucht, doch sie identifizierten das Ungeheuer als große geologische Verwerfung, die quer zur Mündung der Bucht verläuft. Wenn die Verwerfung von einem starken Erdbeben erschüttert wird, werden an den umliegenden Kliffen gewaltige Felsstürze und auf dem Grund der Bucht beträchtliche Verschiebungen ausgelöst, die ihrerseits wieder extrem hohe Flutwellen erzeugen, viel größer als die von Seward oder Kodiak während des Erdbebens von Alaska 1964.

Auf dieser von Tlingit-Indianern geschnitzten Pfeife, die die Legende der Lituya Bay darstellt, sitzt ein froschähnliches Ungeheuer einem Bären gegenüber. Die beiden Messinggrate sollen riesige Wellen darstellen, die das Ungeheuer erzeugt hat, um ein Kanu zu versenken.

Welches Ausmaß diese Wellen im Laufe der Erdgeschichte erreichten, wissen wir nicht. Aber eine Vorstellung von ihrer Energie vermittelten die Ereignisse vom 9. Juli 1958, als ein mächtiges Erdbeben 80 Millionen Tonnen Felsgestein von den Kliffen ringsum in die Bucht hinunterstürzen ließ. Die Felsen, die aus Höhen von bis zu 900 Metern in die Bucht fielen, lösten eine enorme Flutwelle aus, die durch die Bucht und anschließend hinaus über den Ozean rauschte. Da die Bucht abgelegen ist, wurden nur zwei Todesopfer und wenig Sachschäden gemeldet. Doch als Wissenschaftler die Gegend untersuchten, entdeckten sie zu ihrer Verwunderung, daß das Wasser bis zu einer Höhe von 530 Metern hochgeschleudert worden war – der größten Höhe, die je eine Welle seit Menschengedenken erreicht hat.

wieder in alle Winde zerstreut würden, wurde die National Academy of Sciences (Nationale Akademie der Wissenschaften) hinzugezogen, um die Ergebnisse aller beteiligten Forscher zu sammeln und in einer Gesamtanalyse zu veröffentlichen.

So untersuchten noch Monate nach dem Erdbeben Hunderte von Wissenschaftlern die Berge, Täler und Gewässer in dem von dem Karfreitagsbeben erschütterten Gebiet. Sie schwärmten durch Anchorage und notierten, in welche Richtung Häuser umgestürzt waren und Spalten sich geöffnet hatten, vermaßen und analysierten die Risse und Schäden an stehengebliebenen Gebäude und teuften Bohrungen ab, um festzustellen, wie der Untergrund beschaffen war und wie dieser die entstandenen Zerstörungen beeinflußt hatte. Außerdem stellten sie an der gesamten Südküste Alaska Seismographen auf, um die Nachbeben zu messen und ein genaueres Bild von der Lage des Erdbebenherdes und der Verwerfungen zu erhalten.

Zentimeter um Zentimeter arbeiteten sich die Wissenschaftler entlang der zerstörten Fernstraßen und der Schienen der Alaska Railroad voran, vermaßen, kartierten und photographierten die Schäden an Straßen und Brücken, gaben Ratschläge für Reparaturarbeiten und erforschten Ursachen. Sie stiegen auf Berge, um Erdrutsche zu untersuchen, kletterten über Gletscher, flogen über Seen und folgten dem Lauf von Bächen und Flüssen, um zu sehen, was sich wie verändert hatte. Die Geologen und Ozeanographen kreuzten in den Buchten und vor der Küste, um das Ausmaß untermeerischer Rutschungen zu erfassen und die Hebungen des Meeresbodens zu vermessen. Ihre Berichte, schrieb später der Präsident der National Academy of Sciences, „stellen wohl die umfassendste und detaillierteste Bestandsaufnahme dar, die je über ein Erdbeben zusammengestellt worden ist".

Als George Plafker nach erfolgreicher Mitarbeit am ersten Überblicksbericht seine nächste Feldkampagne vorbereitete, galt sein besonderes Interesse der Vermessung von Wölbungen der Erdoberfläche in einem Gebiet von vielen tausend Quadratkilometern. Plafker überlegte sich, daß ihm dabei eine ungewöhnliche Meßhilfe zustatten kommen könnte: die Entenmuscheln an Felsen und Pfählen. Er hatte oft beobachtet, daß sich diese Tiere in einheitlicher Höhe am Ufer, an Pfählen und anderen aus dem Wasser ragenden Gegenständen festsetzen, und er glaubte, Veränderungen der Erdoberfläche an Hand der Veränderungen im Niveau der Entenmuschelkolonien messen zu können.

Plafker wurde bekannt dafür, daß er ständig mit den Taschen voller Entenmuscheln herumlief. „Ich wollte herausfinden, wie lange sie außerhalb des Meeres leben können", erklärte er. Er entdeckte, daß sie sehr schnell eingingen, und das bestätigte ihm die Brauchbarkeit seiner Idee. Wo der Boden sich gehoben hatte, waren die Muscheln über die schmale Gezeitenzone hinausgehoben worden, in der sie gedeihen. Auf diese Weise ausgetrocknet, starben sie ab, wurden weiß und bildeten ein sich deutlich abzeichnendes Band, das genau die Hebung des Bodens anzeigte. Die von Plafker entwickelte Methode, über die Differenz der Niveaus den Umfang der Hebung zu ermitteln, wurde zu einem Standardverfahren bei späteren Erdbebenforschungen.

Ein anderes neuartiges Meßverfahren der Veränderung der Erdkruste wurde von David McCulloch vom Geological Survey entdeckt. McCullochs Arbeitsgebiet war die Untersuchung der Schäden an der Alaska Railroad und die Beratung bei der Wiederinstandsetzung. Dabei erwachte in ihm ein besonderes Interesse für die Auswirkungen des Erdbebens auf in der Nähe seines Arbeitsplatzes gelegene Seen, dem er „so ziemlich auf eigene Faust" nachging, wie er sich erinnert. Als er den Lake Kenai inspizierte, entdeckte er an zwei gegenüberliegenden Seiten Nivellierungszeichen, die vom U.S. Coast and Geodetic Survey gesetzt worden waren. Deren Höhe über dem Meeresspiegel war genau eingemessen. Der Vergleich des neuen Wasserstandes mit den Nivellierungsmarken zeigte deutlich, daß der Untergrund des Sees gekippt worden war. Der See verhielt sich wie eine riesige Wasserwaage, mit deren Hilfe man das Ausmaß der Veränderungen berechnen konnte. Die Entdeckung löste eine systematische Untersuchung der Wasserspiegel von 17 Seen im Umkreis von 800 Kilometern um Anchorage aus; alle wurden sofort mit Nivellierungszeichen versehen, an denen man zukünftige Hebungen oder Senkungen würde messen können.

Auch McCullochs Untersuchung einer merkwürdigen Erscheinung an den beschädigten Gleisen sollte sich als nützlich erweisen. Außer den gewöhnlichen Schäden durch Erdrutsche, Erdspalten und Wölbungen der Erdoberfläche konnte man oft feststellen, daß die Gleise durch seitliche Verdrehungen des vormals ebenen Untergrunds verbogen worden waren. Dieses Phänomen war den Geologen nicht neu, es war aber noch nie in so großem Umfang beobachtet worden.

Die Ursache war eine plötzliche Verflüssigung des Untergrunds – eine Erscheinung, die nur in stark wasserhaltigen Lockerschichten, vor allem in Sanden auftritt. Normalerweise bilden diese Schichten einen ausreichend festen Untergrund. Wird eine solche Schicht aber durch Erdstöße heftig erschüttert, entwickelt sie die Eigenschaften einer zähen Flüssigkeit, was zweierlei zur Folge hat: Erstens können schwere Körper an der Oberfläche in die Schicht einsinken, und zweitens beginnt sie, in tieferliegende Bereiche abzufließen – etwa in ein Flußbett oder ein Tal – und die Auflage dabei mitzuziehen. Die Forscher entdeckten auch, daß durch Verflüssigung verursachte, von beiden Hängen zur Mitte eines Flußbetts hin gerichtete Fließbewegungen unter der Oberfläche viele Brücken zusammengepreßt und in der Mitte aufgewölbt hatten.

Derselbe Vorgang mag die Ursache für den verheerenden Erdrutsch von Turnagain Heights gewesen sein, in den die Familie Thomas und andere gerieten. Der Untergrund der steil aufragenden Landzunge bestand aus einer Wechsellagerung von Sand- und Tonschichten. Das durch das Erdbeben verursachte Nachgeben des Untergrunds verwandelte den nassen Sand und Ton in eine morastige, kittähnliche Masse, auf der die Landzunge zu rutschen begann. Dabei brachen vom Außenrand große Partieen ab und glitten, Häuser und Menschen mit sich reißend, zum Wasser hinunter.

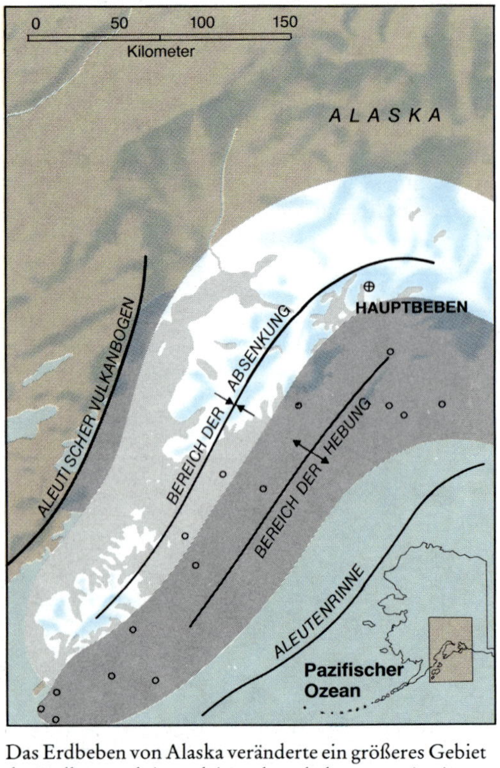

Das Erdbeben von Alaska veränderte ein größeres Gebiet der Erdkruste als irgendein anderes bekanntes seismisches Geschehen. Innerhalb der breiten, S-förmigen Verwerfungszone senkten sich etwa 125 000 Quadratkilometer Land und Meeresboden ab *(hellgraue Zone)*, während nahezu 155 000 Quadratkilometer angehoben wurden *(dunkelgraue Zone)*. Auf das Hauptbeben folgten etwa 12 000 Nachbeben, die meisten im Gebiet der Hebungen. Darunter waren 17, deren Stärke die Magnitude 6 auf der Richterskala überstieg *(Kreise)*.

Wie die Geologen die Stärke der Hebung auf der Insel Glacier im Prince William Sound maßen, zeigt dieses bei Ebbe aufgenommene Bild einer Klippe, über die sich zwei Streifen einer nur in der Gezeitenzone gedeihenden Algenart hinziehen – ein lebender *(gelb)* und ein toter *(braun)*. Die obere Wachstumsgrenze der lebenden Algen entspricht in etwa dem Hochwasserstand am Kliff nach dem Erdbeben; die obere Grenze der toten Algen – einen Meter darüber – zeigt den früheren Stand.

Die Untersuchung von Ursachen und Wirkungen führte zu einer nie gekannten Ausbeute an wissenschaftlichen Erkenntnissen, von den winzigsten bis zu solchen von höchster Bedeutung: Zum Beispiel wurden kleinste Einzelheiten wie die Kratzer, die ein herumrutschender Sekretär während des Erdbebens auf den Asphaltfliesen eines Schlafzimmers hinterlassen hatte, sorgfältig aufgezeichnet und erhalten; sie bestätigten, daß seismische Wellen nicht nur in eine Richtung laufen, sondern, vom Gestein reflektiert, ihre Richtung umkehren, wodurch schließlich ein Gewirr von in verschiedenste Richtungen wirkenden Kräften entsteht.

Einige Beobachtungen warfen neue Fragen auf, ohne auf Antworten zu verweisen. Es war zum Beispiel unbemerkt geblieben, daß ein Magnetometer auf Kodiak etwa eine Stunde vor Ausbruch des Erdbebens mehrere deutliche magnetische Störungen aufgezeichnet hatte, über deren Bedeutung die Wissenschaftler nur Vermutungen anstellen konnten. Sie rätselten auch, wieso tiefe Bergwerksstollen und Eisenbahntunnel von den Erschütterungen des Erdbebens nicht beschädigt worden waren.

Eine weitere Überraschung war, daß man keinerlei wahrnehmbare Auswirkungen auf die zahlreichen Gletscher des Gebietes feststellen konnte. Lange bestand die wissenschaftliche Theorie, daß Erdbeben für ruckartige Vorstöße verantwortlich waren, die von vielen Gletschern von Zeit zu Zeit ausgeführt werden. Zur Verblüffung der Geologen zeigte keiner der Gletscher Alaskas irgendwelche ungewöhnlichen Vorstöße in Verbindung mit dem Karfreitagsbeben, und es schien fast unglaublich, daß das Erdbeben entgegen aller Erwartung auch keine Gletscherspalten aufgerissen oder Eisabbrüche an ihren Zungen verursacht hatte.

Eine faszinierende Entdeckung bei der Untersuchung der Gletscher waren die gewaltigen Bergstürze, die von den oberhalb der Gletscher liegenden Berghängen auf das Eis heruntergepoltert waren. Viele dieser Bergstürze hatten lange Strecken über die Gletscher zurückgelegt und waren sogar bis zu 25 Meter weit die gegenüberliegenden Hänge hinaufgerutscht. An manchen Stellen hatten die über die frische Schneedecke geglittenen Gesteinsmassen nur leichte Spuren hinterlassen und kleine Büsche, die an den Hängen wuchsen, nicht beschädigt. Die Forscher folgerten daraus, daß die Steine zwischen ihrer Unterseite und der Schneeoberfläche eine Luftschicht eingeschlossen hatten und wie auf einem Preßluftkissen darübergeglitten waren.

Eigenartigerweise waren trotz der umfangreichen Informationen, die man nach dem Erdbeben zusammengetragen hatte, drei wesentliche Faktoren, die gewöhnlich am schnellsten und leichtesten festzustellen sind, ungewöhnlich schwer zu bestimmen, nämlich Magnitude, Epizentrum und Herd des Bebens.

Die Magnitude eines Erdbebens ist ein Maß für die Größe der seismischen Wellen, die es erzeugt, und wird meist an Hand einer 1935 von dem Geologen Charles F. Richter aufgestellten Skala bestimmt. Ein Seismograph registriert die Bodenbewegungen und überträgt sie als Wellenlinien auf Papier. Richter entwickelte eine Methode, Erdbeben einzustufen, indem man die größte Welle auf dem so entstandenen Seismogramm mißt, das Meßergebnis umrechnet und den auf diese Weise ermittelten Wert mit anderen auf einer Magnitudenskala vergleicht. Theoretisch kann man die Stärke aus einem einzigen klar erfaßten Seismogramm berechnen. In der Praxis jedoch beeinflussen so viele Faktoren die Ausbreitung und Registrierung seismischer Wellen, daß man für eine präzise Wertermittlung Hunderte von Seismogrammen benötigt.

Das Problem, das sich den Seismologen bei dem Erdbeben von Alaska stellte, war, daß viele Seismographen die größten seismischen Wellen gar nicht mehr registrieren konnten. Die Techniker vom Lamont Geological Observatory im Staat New York glaubten, daß die Schreibspitzen ihrer Seismographen, die die Seismogramme aufgezeichnet hatten, wohl noch 30 Zentimeter über den Rand des Papierstreifens hinausgewandert wären, wenn die mechanische Begrenzung sie darin nicht gehindert hätte. Außerdem verursachte die außerordentliche Länge und Komplexität des Bebens von Alaska ein Durcheinander von Wellenformen, das die Analyse der seismischen Aufzeichnungen sehr erschwerte. Von den 800 Seismographen, die rund um den Erdball in Funktion waren, erhielt man nur ein paar Dutzend Seismogramme, die als Grundlage zur Berechnung der Erdbebenstärke nach der Richterskala dienen konnten.

Das Ergebnis war eine Schätzung der Magnitude auf einen Wert zwischen 8,3 und 8,6 auf der Richterskala, was wirklich nur grobe Anhaltspunkte gab, denn die Magnitude 8,6 entspricht der doppelten Stärke von Magnitude 8,3. Doch diese Schätzung zeigte, daß das

Diese vor und nach dem Erdbeben von Alaska entstandenen Aufnahmen des Sherman-Gletschers in den Chugach Mountains zeigen eindrucksvoll die Auswirkungen des Bebens: Von einem Gipfel 600 Meter über dem Gletscher – später „Shattered Peak" (Trümmergipfel) genannt – löste sich eine 150 Meter dicke Platte, die fast acht Quadratkilometer der Eisfläche mit Schutt bedeckte.

Erdbeben von Alaska zu den zwei oder drei stärksten Beben des Jahrhunderts gehörte; die freigesetzte Energiemenge entsprach 12000 Hiroshima-Bomben oder etwa 215 Millionen Tonnen TNT. Seit Erfindung des Seismographen Ende des 19. Jahrhunderts war es eigentlich nur mit dem schweren Erdbeben in Chile 1960 vergleichbar, das etwa bei Stärke 8,5 auf der Richterskala lag.

Probleme bei der Auswertung der Seismogramme erschwerten auch die Lokalisierung des Epizentrums – des Ortes der stärksten Bewegung an der Erdoberfläche unmittelbar über dem Erdbebenherd in der Tiefe. Die Entfernung des Epizentrums von einer Erdbebenwarte läßt sich feststellen, indem man die Ankunftszeiten verschiedener Typen seismischer Wellen, deren Geschwindigkeiten bekannt sind, miteinander vergleicht. Sobald die genaue Entfernung des Epizentrums von mehreren Stationen bekannt ist, kann es genau geortet werden. Die ersten Schätzungen wichen wegen der verworrenen Seismogramme erheblich voneinander ab, wurden aber später präzisiert: Das Zentrum lag genau auf 61° 4′ nördlicher Breite und 147° 73′ westlicher Länge am Ende des Prince William Sound, etwa 130 Kilometer östlich von Anchorage.

Der Herd des Erdbebens ist die Stelle unter der Erdoberfläche, wo die Gesteinsverschiebungen einsetzen. Man kann seine Lage durch präzise Messung der Zeit berechnen, die die verschiedenen Arten seismischer Wellen benötigen, um die Erdoberfläche zu erreichen. Doch zur genauen Lokalisierung des Herdes waren die seismischen Registrierungen nicht klar genug. Der genauesten Schätzung zufolge lag er irgendwo im Bereich zwischen 19 und 53 Kilometern unterhalb des Epizentrums.

Außer den seismischen Aufzeichnungen verfügten die Wissenschaftler über eine solche Vielfalt von Details über das Erdbeben von Alaska, das am 27. März 1964 um 17 Uhr 36 Minuten und 14 Sekunden einsetzte, daß das Ordnen und Auswerten Jahre dauerte. Erst 1972 war nach achtjähriger Arbeit der achtbändige, 4705 Seiten umfassende Bericht der National Academy of Sciences fertiggestellt. Es war die klarste, detaillierteste und umfassendste Bestandsaufnahme des Ablaufs und der Auswirkungen eines großen Erdbebens, die je zur Verfügung stand.

Die Analyse zeigte, daß der Mechanismus des Erdbebens viel komplexer war, als man angenommen hatte. Der Bruch am Erdbebenherd, so erkannten die Wissenschaftler, war nur das erste einer ganzen Serie von Ereignissen, darunter sechs großen, voneinander getrennten Brüchen, die 72 Sekunden nach dem ersten Stoß einsetzten. Die vom ersten Stoß ausgelösten Brüche lagen auf einer Linie, die sich vom Hauptzentrum aus über 250 Kilometer weit nach Südwesten hinzog. Die Stöße dauerten etwa drei bis vier Minuten an und erschütterten ein Gebiet, das sich in einem großen Bogen von 800 Kilometer Länge vom Hauptzentrum bis zur Insel Kodiak im Südwesten und Cordova im Osten erstreckte. Die Herdfläche, entlang der die Bewegung oder der Bruch erfolgte, war die Grenze zwischen zwei großen Platten der Erdkruste.

Das vom Erdbeben veränderte Gebiet an der Erdoberfläche war, so schloß Plafker, „größer als jedes andere Gebiet, das unseres Wissens in den letzten Jahrtausenden von einem einzelnen Erdbeben betroffen war". Über 250 000 Quadratkilometer der Erdoberfläche hatten sich gehoben oder gesenkt. Nördlich und westlich der Verwerfungsfläche war der Boden bis 150 Kilometer landeinwärts zwischen 0,75 und 2,25 Meter abgesunken. Und über die gleiche Distanz in südliche und östliche Richtung hatten sich die Inseln und der Meeresboden durchschnittlich um 1,80 Meter gehoben – am stärksten im Bereich der Insel Montague, wo 11,40 Meter gemessen wurden.

Entlang einer von der Insel Hinchinbrook bis zu den Trinity-Inseln parallel zur Verwerfung nach Südwesten verlaufenden Linie hatte sich der Meeresboden über weite Strecken plötzlich bis zu 15 Metern gehoben und ungeheure Wassermassen hochgeschleudert, die sich als Tsunamis über den Pazifik ausbreiteten. Das Hochschnellen des Wassers in die darüberliegende Luft verursachte atmosphärische Störungen, die so stark waren, daß sie noch die Ionosphäre in 80 Kilometer Höhe beeinflußten.

Eine genaue Vermessung des betroffenen Gebietes ließ erkennen, daß noch eine andere Bewegung großen Maßstabs stattgefunden hatte – eine Bewegung, die zur Zeit des Erdbebens neben den stärkeren Erschütterungen der seismischen Stöße unentdeckt geblieben war. Über 65 000 Quadratkilometer Land nördlich und westlich der Verwerfungslinie hatten sich horizontal nach Süden und Osten zum Meer hin verschoben. Anchorage war um 1,80 Meter, Valdez um 10 Meter und Seward um 14 Meter gewandert.

So eindrucksvoll die Sammlung von Vermessungsergebnissen und anderen Daten und Beobachtungen auch war, so war dies doch erst der Anfang der Untersuchungen. Die Wissenschaftler wußten jetzt genauer als je zuvor, welche Veränderungen das Erdbeben verursacht hatte. Aber was hatte es ausgelöst? Welche Kräfte waren in der Tiefe der Erde am Werk, die all dieses in Gang setzen konnten? Der nächste Schritt war, die vielen einleuchtenden theoretischen Erklärungen auf mathematische Formeln zu reduzieren, auf Grund derer vorhergesagt werden konnte, was auf der Erdoberfläche passieren würde, wenn tief darunter bestimmte Bewegungen abliefen. Durch Vergleich dieser Vorhersagen mit den Meßergebnissen des Erdbebens von Alaska konnten die Wissenschaftler beginnen, die unhaltbaren Theorien zu eliminieren und die richtigen zu bestätigen. Ohne die fortgeschrittene Computertechnik hätten der Auswertung der umfangreichen Detailsammlung unüberwindliche Schwierigkeiten entgegengestanden. Großrechner, die die Datenmengen mit den in Computersprache dargestellten theoretischen Erklärungen des Geschehens vergleichen konnten, gab es erst seit kurzem.

Selbst mit Hilfe von Computern war es eine Arbeit von Jahren. Mit Hilfe der einzelnen Formeln konnte jeweils nur ein winziger Teil des komplizierten Vorgangs analysiert werden, und das Überprüfen und Zusammenstellen der Formeln, die in die richtige Richtung führten, war ebenso umständlich und mühsam, wie das Sammeln der Beobachtungen selbst gewesen war. Die datenmäßige Erfassung des Erdbebens von Alaska bedeutete zwar auf dem Weg zur genauen Beschreibung dessen, was bei einem Erdbeben vorging, einen großen Schritt vorwärts, zum vollen Verständnis der Kräfte, die da am Werk waren, bedurfte es jedoch noch weiterer Anstrengungen. Dennoch stand man am Anfang einer bedeutenden wissenschaftlichen Epoche.

Die nächsten 15 Jahre standen im Zeichen einer grundlegenden Umstrukturierung der Geowissenschaften, einer atemberaubenden, sprunghaften Entwicklung der Geologie. Es war eine Zeit, in der alte Theorien immer wieder in Frage gestellt und ausgemustert wurden und in der junge Wissenschaftler ihre Lehrer mit neuen Hypothesen konfrontierten, von denen sich einige in der zunehmenden Flut von Informationen behaupten konnten und Anerkennung fanden. Die mit neuen Erkenntnissen ausgerüsteten Wissenschaftler machten bei der Vorhersage der unseren Planeten heimsuchenden Katastrophen und bei der Erarbeitung von Schutzmaßnahmen große Fortschritte.

VERHÄNGNISVOLLE KAPRIOLEN EINES RIESENWELSES

Erdbeben sind ein beliebtes Thema von Legenden, und jede Gesellschaft hat die Mythologie bemüht zu erklären, warum die Erde – die Allmutter – die Wohnungen der Menschen zerstört und ihr Leben fordert. Manche Legenden sind ernst und unheimlich; andere, besonders die japanischen, sind voller Phantasie und oft sogar voller Humor.

Der japanischen Überlieferung zufolge werden Erdbeben vom *namazu*, einem Riesenwels, verursacht, der im Schlamm unter der Erde lebt. Der Fisch hat eine Leidenschaft für Narrenpossen, und nur der Gott Kashima, der Japan vor Erdbeben schützt, kann ihm Einhalt gebieten. Solange er den *namazu* unter seinem „Schlußstein" festhält – einem mächtigen Felsblock mit überirdischen Kräften –, ist die Erde ruhig. Aber sowie die Wachsamkeit des Gottes nachläßt, tobt der *namazu* schamlos herum.

Im Oktober 1855 erschütterte ein schweres Erdbeben die Stadt Edo (das heutige Tokio) und tötete Tausende von Menschen. Das Unglück fiel in den rituellen „Monat ohne Götter", die Zeit im Oktober, zu der sich die Götter – wie man glaubte – alljährlich an einem entfernten Schrein versammelten. Die Bürger von Edo waren überzeugt, nur die Abwesenheit der Götter habe den *namazu* zu seinen fatalen Spielen verleitet. Die augenscheinliche Bestätigung des alten Mythos inspirierte einige Künstler zur Darstellung der Legende vom Riesenwels in einer Serie beliebter Holzschnitte, sogenannter *namazu-e*, von denen einige auf dieser und den folgenden Seiten abgebildet sind.

Die Drucke und ihre Begleittexte sollen unter anderem auch dazu dienen, die Überlebenden der Katastrophe aufzuheitern. Der Wels wird als gewissenloser Tunichtgut dargestellt, als Feigling in Gegenwart der Götter; gleichzeitig werden profitgierige Kaufleute und gleichgültige Beamte verspottet.

Viele Drucke bieten geistlichen Trost: Wie stark der *namazu* auch sein mag – der Gott Kashima wird ihn in Bann schlagen und die Stadt wieder aufblühen lassen. Einige *namazu-e* sollen selbst magische Kraft besitzen; die Käufer werden aufgefordert, sie in ihrem Haus als Talisman gegen Erdbeben aufzuhängen; auf einem der Drucke wird ihnen „zehntausendjähriges Glück" zugesichert.

Diese zeitgenössische Darstellung einer alten Legende zeigt, wie erzürnte Götter eilig von einer Zusammenkunft in das 1855 von einem schweren Erdbeben verwüstete Edo zurückkehren – den Sitz des japanischen Shogunats –, um die Ordnung wiederherzustellen. Der Gott Kashima *(links)* schwingt seinen Schlußstein, das Symbol seiner Macht, während unten die Bürger von Panik ergriffen aus ihren zersplitternden Häusern fliehen.

Mit wedelnden Bartfäden versucht der *namazu,* sich mit einem traditionellen Trommeltanz und einem Bittgesang beim Gott Kashima wieder einzuschmeicheln. Der Text berichtet von Kindern, die aus zusammenbrechenden Häusern gerettet wurden, und von Überlebenden, die unter freiem Himmel in der Kälte übernachten mußten.

Der Gott Kashima preßt den *namazu* zur Strafe mit seinem Schlußstein zu Boden und erteilt damit einer Gruppe zuschauender Welse eine strenge Lektion. Diese reuigen *namazu*, die vergangene Erdbeben darstellen, haben für ihr ungehöriges Verhalten nur höchst fadenscheinige Entschuldigungen vorzubringen.

Als das große Erdbeben das Vergnügungsviertel von Edo zerstört, greifen Kurtisanen und Gaukler den *namazu* gnadenlos mit allen möglichen Waffen an, von Messern bis zu Stricknadeln. Aber der Riesenwels hat noch Freunde unter den profitgierigen Zimmerleuten und anderen Handwerkern *(oben links)*, die ihm zu Hilfe eilen.

Kapitel 2

PROPHETEN EINER NEUEN WISSENSCHAFT

Dieses Diorama aus dem 18. Jahrhundert stellt ein gewaltiges Erdbeben dar, das Gebäude zertrümmert und allgemeine Panik verbreitet. Im Vordergrund pflückt eine Frau ahnungslos Rosen. Der Künstler wurde wahrscheinlich durch eine Folge verheerender Erdbeben inspiriert, die Europa in jenem Jahrhundert heimsuchten.

O seht den Tod über die große Stadt schreiten, wie er den Arm hebt, um uns alle hinwegzufegen in augenblicklicher Vernichtung . . . Dies ist Furcht ohne Trost, dies ist Furcht, schlimmer als Krieg und Pestilenz!“ schrieb im 18. Jahrhundert ein Naturgelehrter über Erdbeben. Eine „sich in Krämpfen windende Erde“ bedroht nicht nur das Leben, sondern auch die geistige Gesundheit der Menschen, denn sie haben schon immer Trost aus der Stabilität des Bodens unter ihren Füßen gezogen. „Felsenfest“ ist ein Wort, das Zuversicht verbreitet. Aber das Vertrauen ist schwach und ungerechtfertigt; es überdauert nicht einmal die ersten Augenblicke eines großen Erdbebens.

Doch so entsetzlich die Erschütterungen der Erde für die davon Betroffenen auch sein mögen – es gehört so selbstverständlich zur Natur wie Regen und Wind. Die 4,6 Milliarden Jahre alte Geschichte unseres Planeten ist durch unablässige unterirdische Unruhe gekennzeichnet, die alljährlich über eine Million Erdbeben verursacht – durchschnittlich alle 30 Sekunden eins, und das Tag für Tag. Sicher sind die meisten dieser Beben kaum stark genug, um eine Teetasse auf ihrer Untertasse klappern zu lassen; ohne die empfindlichen modernen Meßinstrumente würde man sie gar nicht bemerken. Aber über 3000 Beben jährlich bewegen die Erdoberfläche spürbar. Hunderte haben deutliche Veränderungen der Landschaft zur Folge. Über 20 jährlich verursachen schwere Deformationen in der Erdkruste, und wenn sie Gebiete mit großer Bevölkerungsdichte treffen, sind die Folgen katastrophal.

Die Verluste an Menschenleben bei diesen großen Erdbeben können erschreckend hoch sein. Im Laufe der Geschichte haben verhängnisvolle Umstände einige der dichtestbesiedelten Gebiete der Zivilisation in seismisch besonders aktiven Zonen der Welt entstehen lassen – in den Ländern rings um das Mittelmeer und den Pazifik, den Gebirgsgürteln des Nahen Ostens, in Indien, China und auf den Karibischen Inseln. Erdbeben und ihre Folgen – Tsunamis, Feuer, Seuchen und Entbehrungen –, fordern heutzutage jedes Jahr durchschnittlich 10 000 bis 15 000 Menschenleben. Noch erschreckender sind die Zahlen im historischen Rückblick: Seit Beginn der Geschichtsschreibung – die in China schon über 3000jährige Tradition hat – ist die Zahl derer, die bei Erdbeben umgekommen sind, auf über 13 Millionen angestiegen.

An keinem Ort der Welt ist man wirklich sicher. Auch das afrikanische Hochland, die asiatischen Steppen, der Regenwald des Amazonas, die Prärien und die Ostküste Amerikas, die nicht mit solcher erbarmungslosen Häufigkeit wie einige andere Gebiete unseres Planeten von Beben heimgesucht werden, haben schon die Schrecken wogender Erde und in sich zusammenstürzender Gebäude kennengelernt.

In dem auf das Erdbeben von Alaska 1964 folgenden Jahr gab es auf der Welt insgesamt 22 große Erdbeben. Italien war viermal betroffen, die Türkei dreimal, Iran und Chile je zweimal. In diesen zwölf Monaten erschütterten einzelne Erdbeben Jugoslawien, Griechenland, Afghanistan, Indonesien, Sumatra, Neuguinea, Kenia, Algerien, Japan, Mexiko und die Aleuten. Es war jedoch keineswegs ein seismisch ungewöhnlich aktives Jahr. Derartige Erdbebentätigkeit läßt sich bis zu der Zeit zurückverfolgen, als sich die

Erde aus einer in den Weiten des Weltraums wirbelnden Masse akkumulierter Gase, aus Eis, Staub und Meteorsplittern bildete.

Bis vor wenigen Jahren konnten die Menschen diese Launen der Natur nur in verständnisloser Furcht über sich ergehen lassen. Mangels Wissen ließen sie ihre Phantasie schweifen und schufen Mythen und Legenden, um die Ordnung des Universums und damit auch die todbringenden Erdbeben zu erklären. Doch auch Aberglauben kann nur aus Bekanntem erwachsen, und selbst durch die wildesten Ausgeburten der Phantasie schimmert ein Stück Wirklichkeit.

Primitive Völker schrieben das Beben der Erde dem Verhalten wilder Bestien zu, die den ihnen vertrauten Tieren ähnelten. Bevor sie eine Vorstellung von der Kugelform der Erde hatten, stellten sie sich den Boden unter ihren Füßen als eine Art Plattform vor, die von irgend etwas oder irgend jemandem getragen wurde, und viele frühe Erdbebendeutungen malten diese Vorstellung aus.

Die Hindu-Mythologie Indiens beschrieb die Träger des Landes als acht mächtige Elefanten; wenn einer von ihnen müde wurde, hieß es, ließ er sich nieder und schüttelte den Kopf, wie es die Art der Elefanten ist – und löste dadurch ein Erdbeben aus. Die buddhistischen Priester der Mongolei gingen davon aus, daß ein riesiger Frosch die Erde auf seinem Rücken trug und sich manchmal ruckartig bewegte. Andere Kulturen glaubten, die Erde sei von einem unendlichen Meer umgeben; die Japaner verknüpften damit die Vorstellung von einem schwimmenden, lindwurmähnlichen Drachen, der das Land im Wasser auf seinem Rücken trug. In späteren Versionen wurde der Drachen zu einem gewaltigen Wels, der unvermutet in übermütige, heftige Bewegungen ausbrach und die Erde damit in Schwankungen versetzte *(S. 36–41)*.

Im Laufe der Zeit entsprangen der Phantasie der Mythenerzähler Göttergestalten mit komplizierten menschlichen Motivationen. Die Bewohner einer indonesischen Insel glaubten, daß der Dämon, der die Insel trug, vor Wut zitterte, wenn ihm bestimmte Opfer verweigert wurden. Die Mainas, Angehörige eines alten peruanischen Stammes, glaubten, daß die Fußtritte ihres Gottes das Land erschütterten, wenn er zur Volkszählung auf die Erde kam; um seine Arbeit zu beschleunigen und die Beben abzukürzen, stürzten sie aus ihren Häusern und riefen: „Ich bin hier, ich bin hier!“ – womit sie die lebensrettende Erfahrung, daß man unsichere Gebäude bei Erdbeben sofort verlassen muß, in ihre Mythologie einbezogen. Die alten Griechen hingegen machten nicht Atlas, den Gott, der die Welt auf seinen Schultern trägt, für die Erdbeben verantwortlich, sondern Poseidon, den Meeresgott. Der Mythos deckt sich insofern mit der Wirklichkeit, als die Erdbebentätigkeit in diesem Teil der Welt ihren Ursprung größtenteils unter dem Mittelmeer hat und mit Tsunamis einhergeht.

Als die Menschen allmählich die Vorstellung eines einzigen, allmächtigen Gottes entwickelten, begannen sie, die Erdbeben als Zeichen göttlichen Zornes zu sehen. Die Schauplätze des Alten Testaments waren seismisch aktiv, und Erdbeben werden in der Bibel häufig erwähnt. Die Zerstörung von Sodom und Gomorrha beispielsweise erfolgte durch ein Erdbeben, das als Rache Gottes dargestellt wurde. Einzelne Elemente dieser alten Legende können durch die moderne Wissenschaft erklärt werden. Das erste Buch Mose berichtet, daß die Städte durch einen vom Himmel kommenden Feuer- und Schwefelregen vernichtet wurden. Heute wissen die Geologen, daß jenes Gebiet, das jetzt teilweise unter dem südlichen Drittel des Toten Meeres liegt, reich an Bitumen war. Die ölige schwarze Substanz stieg vom Grund des Meeres auf, das einst wegen der großen schwarzen Asphaltklumpen, die besonders nach Erdbeben darin schwammen, Asphalt-See genannt wurde. Viele der zum Städtebau verwendeten Steine enthielten so starke Konzentrationen an Bitumen, daß sie sich entzündeten, wenn sie großer Hitze ausgesetzt wurden. Neben dem Bitumen wurden häufig auch Erdgas und Schwefeldämpfe mit ihren charakteristischen Gerüchen freigesetzt.

Die Katastrophe bahnte sich an, als im betroffenen Gebiet beim Einsetzen des Bebens große Mengen einer hochgradig feuergefährlichen Mischung von Bitumen, Schwefeldämpfen und Erdgas hochgeschleudert wurden. Das Gemisch wurde vermutlich durch Herdfeuer oder Blitze entzündet, und in der ausbrechenden Feuersbrunst fingen sogar die Steine an zu brennen, aus denen die zum Untergang verurteilten Städte gebaut waren.

Doch gab es bei aller Mythologie und religiöser Ehrfurcht, die die Erdbeben umgab, auch schon frühe Versuche naturwissenschaftlich interessierter Menschen, diese Katastrophen als Bestandteil einer natürlichen Ordnung zu verstehen. Babylonische Astrono-

Auf dieser Darstellung einer Geschichte des Alten Testaments aus dem 18. Jahrhundert fallen der Levit Korah und eine Schar Unzufriedener, die eine Meuterei gegen Moses anführten, einem heftigen Erdbeben zum Opfer. Gleichzeitig vernichtet eine Feuerwelle die Sympathisanten der Rebellen. Die Bibel berichtet, Gott habe mit dem Erdbeben als Zeichen seines Mißfallens diejenigen gestraft, die Moses' Autorität anzweifelten.

men vermuteten eine Beziehung zwischen der Konstellation von Sonne und Sternen und dem Auftreten von Beben auf der Erde.

Im klassischen Griechenland widmete Aristoteles sich den Erdbeben ausführlich in seiner *Meteorologica,* einem Buch, in dem er zahlreiche Naturerscheinungen zu erklären versuchte. Große Macht schrieb er sogenannten Exhalationen (Ausdünstungen) zu – Winden, die seiner Vorstellung nach durch Verdunstung entstanden. Die Sonnenhitze, meinte er, erzeuge an der Erdoberfläche Ausdünstungen, und das „eigene innere Feuer" der Erde verursache unter der Erdoberfläche ähnliche Ausdünstungen. Erdbeben entstünden, wenn Winde von außen durch die Erdoberfläche ins Erdinnere fuhren und genug Kraft sammelten, um den Erdboden zu erschüttern. „Und Orte, deren Untergrund poröser ist, werden stärker erschüttert", fügte er in Vorahnung einer geologischen Tatsache hinzu, „weil sie soviel Wind in sich aufnehmen."

Doch die gängigste Erklärung für geologische Unruhen blieb zu allen Zeiten der göttliche Zorn. Der weitverbreitete Glaube, mit Erdbeben strafe Gott sündige Menschen, verstärkte sich 1692 ganz erheblich durch die Katastrophe von Port Royal auf Jamaica. Die Stadt war Englands reichster Besitz in der Neuen Welt; diese Vorrangstellung hatte sie sich als gesetzlose Hauptstadt des westindischen Piratentums und wichtiges Zentrum des Rum- und Sklavenhandels erworben. Am Morgen des 7. Juni, einem Mittwoch, hielt Reverend Emanuel Heath, der Pfarrer der größten Kirche der Hafenstadt, einen Gottesdienst ab, „um unter einem ausschweifenden Volk von Gottlosen der Religion ein Zeichen zu setzen". Als die Stadt kurz darauf von den ersten Erdstößen erschüttert wurde, lief er um sein Leben, während der Boden, wie er berichtete, „unter meinen Füßen wogte und schwankte".

Port Royal war auf einem instabilen Bergrücken gebaut, und als das Erdbeben einsetzte, stürzten zwei Drittel der Stadt ins Meer. Über das, was von der Stadt noch übriggeblieben war, donnerte ein Tsunami, und als das Erdbeben abgeklungen und die Flutwellen zurückgewichen waren, gab es 2000 Tote zu beklagen. „Seit jenem schicksalhaften Tag", schrieb Reverend Heath Wochen später, „dem schrecklichsten meines Lebens, lebe ich auf einem Schiff, denn noch immer zittert zuweilen die Erde." Und dann fügte er in Gedanken an die „verruchten Schurken" und „dreisten Huren", die es dort noch immer gab, hinzu: „Ich hoffe, dieses schreckliche Gottesurteil wird ihr Leben ändern, denn es gibt kein gottloseres Volk auf dem ganzen Erdenrund."

Um die Mitte des 18. Jahrhunderts herrschte in Europa das Zeitalter der Aufklärung, und Wissenschaft und Forschung blühten. Auf der Grundlage der von Isaac Newton ein Jahrhundert zuvor entdeckten physikalischen Gesetze und der Entwicklung des systematischen, rationalen Denkens durch Männer wie René Descartes und Francis Bacon machten Wissenschaft und Philosophie atemberaubende Fortschritte, vor allem auf den Gebieten der Mathematik, Physik, Chemie und Astronomie. Immer stärker verbreitete sich die Überzeugung, daß kein Naturphänomen unerklärlich, kein Rätsel unlösbar sei. Hauptvertreter der Vorherrschaft der Vernunft waren die „Enzyklopädisten", die französischen Schriftsteller und Philosophen, die 1751 den ersten Band ihrer umfassenden Enzyklopädie veröffentlichten, die die Summe menschlichen Wissens enthalten sollte (die Erstellung des nach seinem wichtigsten Autor Denis Diderot benannten Werkes, das 35 Bände füllte, nahm 30 Jahre in Anspruch). Der vorherrschende Glaube, die Natur sei für den Menschen beherrschbar, sollte sich jedoch als falsch erweisen.

Am 8. Februar 1750 wurde London durch plötzlich einsetzende Erschütterungen aufgeschreckt. Das Beben war nicht sehr stark, aber es ließ Fensterscheiben klirren, brachte Möbel ins Wanken und jagte die Menschen auf die Straßen. Besonders beunruhigend wirkte es deshalb, weil London seit fast zwei Jahrhunderten nur ein kleineres Erdbeben erlebt hatte. „O möge unsere Reue uns vor härteren Strafen Gottes bewahren!" rief der Prediger John Wesley. Aber Wesleys Bitten wurde nicht erhört.

Genau einen Monat später wurde London von einem zweiten, schwereren Stoß getroffen. Kamine stürzten ein, Kirchenglocken läuteten, einige Gebäude brachen zusammen, und die ganze Stadt geriet in Panik. In den darauffolgenden Monaten erschütterten drei weitere Beben die Britischen Inseln; sie verursachten keine großen Schäden, verbreiteten aber größte Bestürzung.

Englands sogenanntes „Erdbebenjahr" stellte für die Denker der Aufklärung, die sich rühmten, alles und jedes erklären zu können, eine Herausforderung dar. Bis Ende des

Jahres waren fast 50 gelehrte Schriften bei der Royal Society in London eingegangen, darunter Berichte über die Ereignisse selbst, Spekulationen über ihre Ursachen und eine interessante Darstellung der Geschichte der Erdbeben seit Christi Geburt.

Auch eine Unmenge falscher Vorstellungen fanden sich darunter. Bei einem Prediger namens William Stukeley, der über die Londoner Erdbeben schrieb, häuften sich die Mißverständnisse. Sein Buch *Philosophy of Earthquakes* ist ein Kompendium der damals vorherrschenden Auffassungen: Er behauptete, Erdbeben setzten meist bei bewölktem Wetter ein und würden oft durch starke Winde, Feuerbälle und Meteore angekündigt. Weiterhin äußerte er die Vermutung, Erdbeben würden wie Blitze durch eine elektrische Entladung zwischen Himmel und Erde ausgelöst. Nach Überprüfung aller ihm zur Verfügung stehenden Berichte kam er zu dem Schluß, daß Erdbeben meist größere Städte träfen, vor allem, wenn sie am Wasser gelegen seien, daß aber „kahle Kliffe und unbewohnte Strände" in der Regel verschont blieben.

Die große Bestürzung, die die Londoner Erdbeben verbreitet hatten, steigerte sich fünf Jahre später durch eine Katastrophe, die noch heute zu den schwersten der Geschichte zählt und eine regelrechte Hysterie nach sich zog: Die große portugiesische Hafenstadt Lissabon, Zentrum eines Weltreichs, wurde durch ein Erdbeben in Schutt und Asche gelegt. Der erste Stoß kam am 1. November um 9.40 Uhr, an einem klaren, ruhigen Sonnabendmorgen. Es war Allerheiligen, der Tag, der dem Gedenken aller Heiligen dient, und viele der 250 000 Einwohner Lissabons waren in der Kirche. Plötzlich begann die Stadt heftig zu beben, und die hohen mittelalterlichen Kirchtürme „wogten wie ein Kornfeld im Wind", berichtete ein Überlebender. In der alten Kathedrale, der Basilica de

In voller Kriegsrüstung treibt der Römer Marcus Curtius sein Streitroß im Galopp in einen feurigen Erdspalt hinein, der während eines Erdbebens 362 v. Chr. mitten auf dem Forum aufgebrochen war. Der Legende nach folgte Curtius damit den Worten eines Wahrsagers, der verkündet hatte, der Abgrund werde sich erst schließen, wenn Rom seinen kostbarsten Besitz opfere. Das Selbstopfer des Kriegers verschloß die Kluft sofort.

Auf einem spätmittelalterlichen Fresko aus der Basilika von Assisi in Italien, der Geburtsstadt des Heiligen Franziskus, scharen sich die Leute um eine weinende Mutter. Sie hält das Haupt ihres Sohnes, der beim Einsturz ihres Hauses erschlagen worden ist. Die Legende schreibt den Einsturz einem Erdbeben zu und berichtet, der Heilige Franziskus habe den Jungen durch ein Wunder wieder zum Leben erweckt.

Santa Maria, schwankte das ganze Schiff, und die schweren Kandelaber begannen wie wild zu schaukeln. Die erschreckten Gläubigen stürzten auf den kleinen Platz vor der Kathedrale. Dort trafen sie mit der Gemeinde einer benachbarten Kirche und den Bewohnern der umliegenden Häuser zusammen. Die vielen Menschen drängten sich unter freiem Himmel aneinander, umklammerten krampfhaft ihre Rosenkränze und flehten Gott um Hilfe an. Dann bebte die Erde ein zweites Mal, noch heftiger als vorher. Die reich dekorierten Fassaden der großen Gebäude am Platz – der Kathedrale, Kirche und großen Privathäuser – lösten sich und stürzten vornüber um. Eine riesige Staubwolke wurde aufgewirbelt, und als sie sich gesenkt hatte, war der Platz eine Trümmerwüste, unter der alle begraben waren, die dort gestanden hatten.

In der ganzen Stadt hielten die schon von den ersten Stößen bedenklich erschütterten Gebäude der zweiten Serie nicht mehr stand; sie brachen zusammen, begruben die Bewohner unter sich und verschütteten in den engen Straßen alle, die ins Freie geflohen waren. Ein Überlebender schilderte die grausige Szene: „Hier und da lagen Kutschen, zerquetscht mitsamt den Fahrgästen und den Pferden; hier Mütter mit ihren kleinen Kindern, dort prächtig gekleidete Damen, Klosterbrüder, adlige Herren und Handwerker. Einigen waren das Rückgrat oder die Beine gebrochen, anderen lagen riesige Gesteinsbrocken auf der Brust; manche waren unter dem Schutt fast begraben."

Viele hundert Menschen waren zum Tejo hinuntergelaufen, auf die neue Uferpromenade aus Marmor, aber es gab kein Entrinnen. Nach dem ersten Stoß des Erdbebens hatte der Fluß sich so weit zurückgezogen, daß die Sandbank an seiner Mündung freilag. Etwa zur Zeit des zweiten Stoßes schoß das Wasser in einer tosenden, 15 Meter hohen Woge zurück, überflutete den Kai und drang bis in die Stadt hinauf. Der ersten Woge folgten noch zwei weitere, die Menschen, Schiffe und Trümmer in ihren Sog rissen.

Von den Erdstößen verwüstet, von der See überschwemmt, stand Lissabon nun vor der dritten schweren Prüfung, dem Feuer. Die ersten Erschütterungen hatten die brennenden Kerzen von den Altären gestoßen, wodurch Teppiche und Kleidung in Brand gesetzt wurden. In vielen Wohnhäusern der Stadt waren Dachbalken und Deckenverkleidungen in Herdfeuer gefallen und hatten Feuer gefangen. Diese kleinen

Brände, in dem anfänglichen Tumult unbemerkt, breiteten sich aus und vereinigten sich zu einer einzigen Flammenhölle. Das von einem aufkommenden Nordostwind angefachte Feuer wütete drei Tage lang. Lissabon und seine Schätze – Lagerhäuser voller Seide und Gewürze, Handelsarchive und Dokumentensammlungen, die bis in die Anfänge des Imperiums zurückreichten, Paläste voller Tapisserien, herrlicher Möbel und Bilder von Tizian und Rubens — waren fast vollständig eingeäschert.

Über 60 000 Menschen fanden an diesem Morgen in Lissabon den Tod. Aber die Katastrophe war keineswegs nur auf diese Stadt beschränkt. Das Beben wogte durch Europa und südwärts bis nach Afrika. Im Großherzogtum Luxemburg stürzte eine Militärkaserne ein und tötete 500 Soldaten. Aus Nordafrika kamen Berichte, daß Algier zerstört worden sei, Tanger schwere Schäden erlitten habe und schätzungsweise 10 000 Marokkaner durch die Erdbeben und die ihnen folgenden Tsunamis ums Leben gekommen seien. In ganz Europa und Nordafrika reagierten Seen und Flüsse auf die seismischen Wellen mit heftigem Hin- und Herwogen.

Lissabon war eine der reichsten Städte der Welt gewesen, eine Hochburg des katholischen Glaubens, der Zivilisation und der Künste; die Zerstörung der Stadt im Jahre 1755 stellte die den Geist dieses Jahrhunderts prägende optimistische Weltanschauung in Frage. Es wurde offenbar, daß es in der natürlichen Ordnung der Dinge Phänomene gab, die sich nicht ohne weiteres erklären ließen.

Die alten Vorstellungen von der Schlechtigkeit der Menschen und ihrer Bestrafung durch Gott lebten wieder auf. Die englischen Protestanten wiesen darauf hin, daß Lissabon ein Bollwerk der Inquisition gewesen sei und daß die Portugiesen in den Jahrhunderten ihrer Kolonialherrschaft ihre Untertanen mit unerbittlicher Grausamkeit behandelt hätten. „O Spanien und Portugal, denkt an die Millionen armer Indianer, die eure Vorfahren des Goldes wegen hingemetzelt haben!“ forderte ein Moralist.

Hatten die Londoner Erdbeben die Denker der Aufklärung noch innehalten lassen, so wurden sie nun durch das Lissaboner Beben zutiefst verunsichert. Die atemberaubenden Fortschritte im wissenschaftlichen Denken hatten eine Philosophie gefördert, deren Vertreter – die sogenannten Optimisten – schnell die Vorherrschaft über das geistige Leben der Zeit erlangt hatten. Sie waren überzeugt, daß die Menschen nicht nur fähig seien, alle das Universum regierenden Naturgesetze zu entdecken, sondern auch diese „beste aller möglichen Welten“ – wie Leibniz sie nannte – als harmonisch, gut und von göttlicher Ordnung zu begreifen. Das Erdbeben von Lissabon bestürzte die Optimisten, weil es eine dunkle, unbeherrschbare Macht zu offenbaren schien, die die Menschen und ihre Werke ohne Rücksicht gnadenlos hinwegfegte.

Besonders ein Autor – Voltaire – ergriff die Gelegenheit, die Optimisten mit scharfem Sarkasmus anzugreifen. In dem Roman *Candide* wird der Held, dem eine Reihe persönlicher Mißgeschicke widerfahren, Zeuge des Erdbebens von Lissabon und dessen Folgen. Unter dem Eindruck der Geschehnisse fragt er: „Wenn diese die beste aller möglichen Welten ist, wie müssen dann erst die anderen sein?“ Im Verlauf der Kontroverse bemühten sich Optimisten wie Immanuel Kant und Jean Jacques Rousseau, den Erdbeben auch positive Seiten abzugewinnen. Kant wies wenig überzeugend auf die Entdeckung gesunder heißer Quellen und wertvoller Bodenschätze in manchen Gegenden hin. Rousseau hob hervor, daß Erdbeben den Menschen nicht mehr schaden könnten, wenn sie zur Natur zurückkehrten und ein Leben unter freiem Himmel führen würden. Voltaires Zynismus stieß jedoch auf stärkere Resonanz, und das vormals selbstbewußte Auftreten der Denker der Aufklärung verlor nach dem Lissaboner Erdbeben deutlich an Sicherheit.

Während die europäischen Philosophen und Wissenschaftler gebannt auf das verwüstete Lissabon blickten, wurde auch eines der kulturellen Zentren der Neuen Welt, Boston, unsanft auf die allgegenwärtige Gefahr der Erdbeben hingewiesen, wenn auch nicht ganz so gewaltsam. Nur 17 Tage nach der Katastrophe von Lissabon, am 18. November 1755, wurde Boston von einer Serie heftiger Erdstöße erschüttert, die sich entlang der Ostküste bis Neuschottland und South Carolina auswirkten.

Es war das erste spürbare Erdbeben, das die Siedler der Neuen Welt nach dem Erdbeben von 1727 in diesem Gebiet traf, und es erschreckte sie zutiefst. Zwar wurden keine Todesopfer bekannt, doch in Boston brachen 1500 Kamine zusammen, Giebelwände von Ziegelhäusern stürzten ein, und die berühmte vergoldete Grille auf der Wetterfahne von Faneuil Hall brach ab. In Newington in New Hampshire öffnete sich

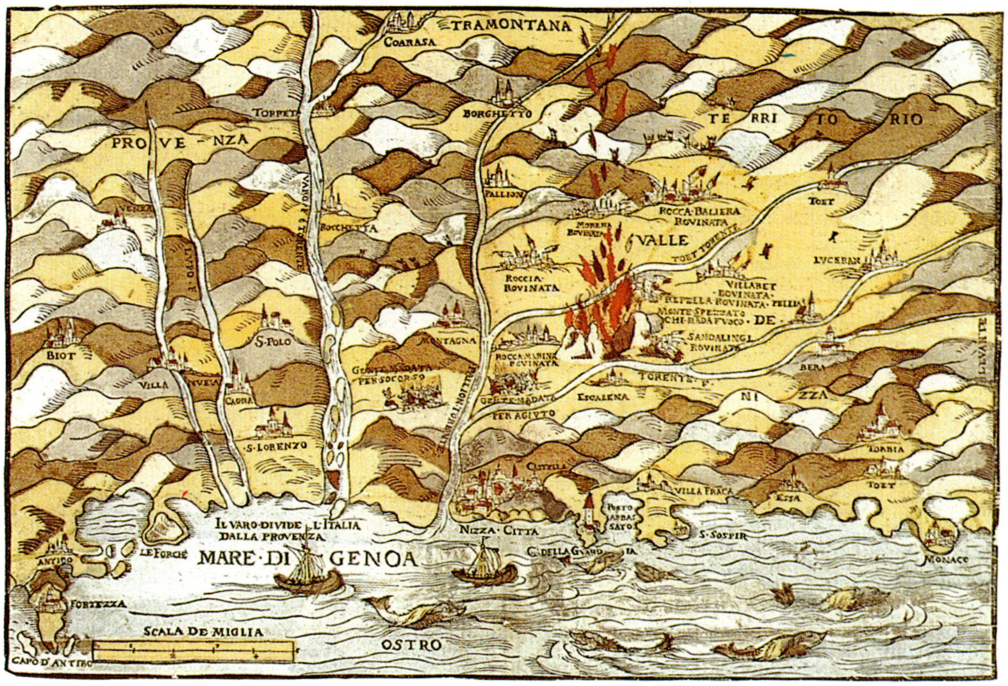

Auf einer Karte von 1564, die ein Erdbeben mit Vulkanausbruch darstellt, speit ein Berg in der Nähe der französischen Stadt Nizza am Mittelmeer Feuer, während die umliegenden Dörfer in Trümmer sinken. Diese Karte, einer der ersten bekannten Versuche, seismische Zerstörungen aufzuzeichnen, wird Franzesco Mogiol zugeschrieben. Unter den eingestürzten Kirchtürmen von sieben Städten steht der Zusatz *rovinata* – zerstört.

eine 60 Zentimeter breite und 300 Meter lange Spalte. Aschenähnlicher Staub wurde aus Erdspalten hochgeschleudert, die sich in Scituate an der Massachusetts Bay öffneten. „Die Erde schien zu wogen wie die Wellen des Meeres", schrieb ein Student des Yale College in Connecticut in sein Tagebuch, und das Beben verbreitete „Furcht und Zittern" unter Kommilitonen und Dorfbewohnern.

Wie immer nach solchen Ereignissen besann man sich der Verdammung menschlicher Schlechtigkeit, und in allen Gemeinden der Kolonien wurde gebetet und gefastet. Die wissenschaftliche Welt hatte ihre eigenen Erklärungen für das Erdbeben; eine zur damaligen Zeit in Boston sehr verbreitete Deutung machte statische Elektrizität dafür verantwortlich. Benjamin Franklin, der sein Verlagsunternehmen 1748 aufgegeben hatte, um mehr Zeit für die Wissenschaft zu haben, hatte mit seinem berühmten Drachenexperiment die Existenz von elektrischer Ladung in Gewitterwolken nachgewiesen. Kurz danach hatte er den Blitzableiter erfunden und überall für seine Benutzung geworben. Er glaubte, Elektrizität spiele auch bei der Entstehung von Erdbeben eine Rolle, und dieser Gedanke wurde sogar von Reverend Thomas Prince aufgegriffen, der seit dem Erdbeben von 1727 verkündet hatte, solche Erscheinungen seien, wie der Titel seiner berühmten Predigt lautete, „Die Werke Gottes und Zeichen Seines Unmuts". In einer revidierten Fassung von 1755 äußerte Prince die Vermutung, Gottes Mißfallen könne in Form von Elektrizität auftreten und werde möglicherweise von dem Wald von Franklins Blitzableitern auf Bostons Dächern angezogen.

Die Erdbeben von 1755 riefen zwei Männer auf den Plan, die von diesen Ereignissen nachhaltig fasziniert waren und die gängigen Erklärungsversuche äußerst unbefriedigend fanden. Beide – der eine war Amerikaner, der andere Europäer – brachten eine für den Fortschritt der Wissenschaft wesentliche Eigenschaft mit: Sie versuchten nicht, den beobachteten Fakten vorgeformte Theorien aufzuzwingen, sondern gingen unvoreingenommen von den Fakten selbst aus. Dank dieses Konzeptes sollten John Winthrop und John Michell einen umfassenden Einblick in geologische Zusammenhänge gewinnen und die junge Wissenschaft der Seismologie entscheidend voranbringen.

John Winthrop IV., Astronom und Professor für Mathematik und Naturphilosophie am Harvard College, war einer der anerkanntesten Wissenschaftler Amerikas. Er vertrat die Theorie, daß Erdbeben durch vulkanähnliche Eruptionen entstünden; er bewahrte sich jedoch sein kritisches Denken und verfügte über eine scharfe Beobachtungsgabe.

Als an jenem frühen Novembermorgen in Boston die Erdstöße aufhörten, sprang der Professor sofort aus dem Bett und sah auf seine Taschenuhr. Er verglich sie mit der Standuhr, die stehengeblieben war, als ihr Pendel beim ersten starken Stoß zur Seite geschleudert worden war. Letztere zeigte 4.11 Uhr an, die Zeit, zu der das Erdbeben eingesetzt hatte; die Differenz zwischen dieser und der Zeit auf Winthrops Taschenuhr zeigte die Dauer des Bebens an – etwa 3½ Minuten.

Dann markierte Winthrop die Lage eines Ziegelsteins, der aus dem Kamin, und eines Schlüssels, der vom Kaminsims gefallen war. Mit Hilfe der Newtonschen Gravitationsgesetze berechnete er, wie lange die beiden Gegenstände zum Fallen gebraucht hatten; er maß aus, in welcher Entfernung von ihrem ursprünglichen Platz sie gelandet waren, und konnte so die Horizontalkomponenten ihrer Geschwindigkeiten bestimmen. Die des Ziegelsteins betrug nach seiner Berechnung 6,3 Meter pro Sekunde und die des Schlüssels etwas weniger, was zeigte, daß die vom Erdbeben ausgeübten Kräfte je nach Höhe differierten. Aus der Richtung, in die der Schlüssel gefallen war, zog er den allerdings falschen Schluß, daß der Stoß von Nordwesten gekommen sei; moderne Rekonstruktionen des Erdbebens lokalisieren das Epizentrum unter dem Meer vor Cape Ann, 88 Kilometer nordöstlich. Aber er hatte wenigstens den Versuch gemacht, die einzelnen Geschehnisse in einen Zusammenhang zu bringen.

Die wertvollste Einsicht in die Vorgänge beim Ablauf eines Erdbebens kam Winthrop einige Tage später, als er die Wirkung eines Nachbebens beobachtete. Er hatte sich gerade an den Kamin gesetzt und seine Füße auf die Umrandung gestellt. Plötzlich fühlte und sah er, wie sich die Ziegelsteine einer nach dem anderen hoben und dann schnell wieder an ihren Platz zurückfielen, als würden sie nacheinander von unten her in Bewegung gesetzt. „Nicht der Kamin als Ganzes bewegte sich seitlich oder auf und ab", erklärte er, „sondern jeder Stein einzeln." Er beschrieb die merkwürdige Bewegung als „eine kleine Erdwelle, die vorüberrollte".

Eine durch die Erde rollende Welle: Winthrop war auf etwas Wichtiges gestoßen, obwohl damals weder er noch irgend jemand sonst erkannte, wie scharfsichtig diese Beobachtung war. Ein Jahrhundert später sollte die Erkenntnis des Wellencharakters der seismischen Bewegungen der Schlüssel zum Verständnis der Erdbeben werden.

Einige Jahre nach Winthrops brillanter Untersuchung hatte der Engländer John Michell seine eigenen Forschungsarbeiten so weit abgeschlossen, daß er die bedeutendste Abhandlung, die bis dahin über Erdbeben verfaßt worden war, veröffentlichen konnte. Wie Winthrop interessierte sich Michell besonders für Astronomie, mit der er sich intensiv beschäftigte, soweit ihm seine Verpflichtungen als Lektor an der Universität Cambridge und Pfarrer der nahen St.-Botolph-Kirche Zeit dazu ließen. Aber 1760, im Erscheinungsjahr seiner Veröffentlichung, hatte er sein Interesse bereits auf den Bereich der Geologie ausgedehnt und schon wichtige und grundlegende Arbeit bei der Untersuchung des Schichtenaufbaus der Erdkruste geleistet.

Michells Studie enthielt eine umfassende Erdbebentheorie – das Ergebnis seiner Beschäftigung mit den zahlreichen Schriften, die durch das englische Erdbebenjahr 1750 und die Katastrophe von Lissabon 1755 angeregt worden waren. Die Grundthese lautete, Erdbeben würden durch Dampf ausgelöst, der entstehe, wenn Wasser plötzlich auf große unterirdische Feuer treffe, die beständig an verschiedenen Orten tief in der Erde lodern würden. Michell bemühte sich vor allem um eine Analyse der Primärwirkungen. Wie Winthrop in Boston konzentrierte er sich auf das wichtigste Charakteristikum: die Natur der Erdbebenbewegung. Es gab seiner Ansicht nach zwei Arten; die erste sei ein „zitterndes" Vibrieren, wie er es nannte; sie werde unmittelbar gefolgt von der zweiten, einer wellenähnlichen Bewegung der Erdoberfläche. Michell zog daraus den Schluß, daß man die Geschwindigkeit der Erdbebenwellen mit Hilfe ihrer Ankunftszeiten an verschieden weit entfernten Punkten bestimmen könne, und auf Grund der Berichte schätzte er, daß die Geschwindigkeit der Lissaboner Wellen 1200 Meilen pro Stunde (etwa 1900 Stundenkilometer) betrug. Erst viel präzisere Instrumente und genaueste Beobachtungen enthüllten, daß sich die seismischen Wellen in Wirklichkeit mit sehr unterschiedlicher Geschwindigkeit ausbreiten, aber Michell war der erste Wissenschaftler, der überhaupt derartige Berechnungen anstellte.

Von größerer Bedeutung für die zukünftige Seismologie war das Verfahren, das Michell zur Lokalisierung des Epizentrums eines Erdbebens entwickelte. Er ging davon aus, daß er den Ursprung finden könne, indem er die Ausbreitungsrichtung der während eines Erdbebens an verschiedenen Orten beobachteten seismischen Wellen in eine Karte eintrüge und die Linien bis zum Schnittpunkt verlängerte. Erstaunlicherweise wandte er seine Theorie bei der Lokalisierung des Lissaboner Epizentrums nicht an. Er setzte statt dessen voraus, daß der Tsunami und das Erdbeben vom selben Ort ausgingen. Auf

J. B. van Helmont, ein belgischer Chemiker des 17. Jahrhunderts, bot eine interessante Variante der volkstümlichen Vorstellung an, ein zorniger Gott schicke die Erdbeben über eine sündige Welt. Er glaubte, daß ein Racheengel an eine riesige Himmelsglocke schlage, wodurch gewaltige atmosphärische Schwingungen entstünden, die bei ihrer Ankunft auf der Erde den Boden erschütterten. Helmonts Erklärungsversuch geht wie die moderne Wissenschaft von seismischen Wellen aus.

Port Royal - ein karibisches Atlantis

Während des Erdbebens, das Port Royal 1692 verwüstete, drängen sich Kolonisten betend zusammen, als sich die Erde öffnet und ihre Mitbürger verschlingt. Diese zeitgenössische Darstellung zeigt die Stadt in Trümmern; tatsächlich aber steht ein guter Teil noch heute – umgeben von Sedimentschichten tief unter dem Meeresspiegel.

Das berüchtigte Erdbeben, das am 7. Juni 1692 die britische Kolonie Port Royal auf Jamaica zerstörte, war nicht übermäßig stark, doch durch besondere geologische Umstände ließ es Port Royal ins Meer stürzen. Ein großer Teil der versunkenen Stadt blieb als archäologische Kostbarkeit erhalten – vergleichbar mit der sagenumwobenen Insel Atlantis.

Die Freibeuter, die Port Royal gründeten, bauten ihre Stadt auf unzuverlässigem Untergrund: einer steil abfallenden, schmalen Landzunge, die aus 30 Meter dicken Ablagerungen von Kies, Sand und Flußsediment bestand. Als das Erdbeben einsetzte, erschütterten die Stöße das Fundament der Halbinsel; die lockeren oberen Schichten glitten ins Meer und rissen Port Royal mit sich. Schon nach wenigen Minuten lag die Stadt 15 Meter tief unter Wasser.

Über 250 Jahre blieb sie dort unberührt, bis amerikanische Archäologen 1959 im Schlamm 1,80 bis 3 Meter unter dem Meeresboden fündig wurden. Sie entdeckten Erstaunliches. Obwohl viele Gebäude durch die Erschütterungen zusammengebrochen waren, hatten die abrutschenden Erdschollen ganze Straßenzüge mit Läden und Wohnhäusern praktisch unzerstört mit in die See gerissen.

Die Archäologen trugen die darüberliegenden Schichten ab und legten Gebäude mit aufrecht stehenden Wänden frei, deren Türen und Fensterhöhlen noch am richtigen Platz waren. In einer Küche lagen Taubenknochen in einem Kupfertopf – Reste einer unterbrochenen Mahlzeit –, und in einem Eßzimmer ließen ein Stapel Zinnteller, Gläser und Besteck ebenfalls auf Vorbereitungen für ein Mittagessen schließen. In einer Tischlerwerkstatt fand man ein fast fertiges Bett, in einer Apotheke Medikamentenfläschchen und Keramiktöpfe mit Salben. Beim Durchsuchen der Stadt entdeckten Taucher mit Stopfen verschlossene Fläschchen mit Rosenwasser, einen kunstvoll gravierten goldenen Ehering mit der Inschrift „Wenn du dies siehst, dann denk an mich" und eine Kiste mit 1536 ringsumher verstreuten Silbermünzen – der Beute eines Piratenzuges.

Schon unter optimalen Bedingungen sind Ausgrabungen unter Wasser ein langsames, kostspieliges und risikoreiches Unterfangen, besonders aber in Port Royal, da Jamaica bis heute seismisch aktiv ist und das Gebiet periodisch von Erschütterungen heimgesucht wird, die ständig neue Schlickschichten auf den Grabungsort niedersinken lassen.

Grund der Beschreibungen der Richtung, aus der große Wellen gekommen waren, vermutete er das Epizentrum auf dem Boden des Atlantiks etwa 50 bis 70 Kilometer vor der portugiesischen Küste nordwestlich von Lissabon. Es sollte sich jedoch zeigen, daß ihm ein Irrtum unterlaufen war; spätere Berechnungen auf der Grundlage der von ihm selbst geforderten und dann vernachlässigten Methode der Kartierung seismischer Wellen lokalisierten das Zentrum 300 Kilometer südwestlich von Lissabon. Trotz verschiedener Irrtümer im Detail war Michell auf dem richtigen Weg. Er faßte die Summe seiner Erkenntnisse in einem bedeutungsvollen Satz zusammen. „Erdbeben", erklärte er, seien „Wellen, die von sich verschiebenden Gesteinsmassen viele Meilen unter der Erdoberfläche verursacht werden."

Nachdem Michell seinen Forschungsinteressen am Erdbeben von Lissabon hinreichend nachgegangen war und genügend Erkenntnisse über die Natur der seismischen Wellen und den Ursprung von Erdbeben gesammelt hatte, wandte er sich wieder seinen astronomischen Studien zu und beschäftigte sich nicht mehr mit Seismologie. Auf Grund seiner hervorragenden Erdbebenstudie wurde er in die Royal Society gewählt; die Abhandlung wurde jedoch von anderen Erdbebenforschern nicht weiter beachtet und geriet in Vergessenheit. Ihr Wert wurde erst 1793 – lange nach seinem Tod – erkannt, als andere seine Gedanken aufgriffen und bestätigten.

Naturwissenschaftlicher Fortschritt kommt häufig in Schüben, und auf große intuitive Entdeckungen folgen oft lange Perioden stillen, methodischen Forschens. Michell hatte in seiner Abhandlung wesentliche Zusammenhänge intuitiv erfaßt. Es sollte jedoch fast ein Jahrhundert vergehen, bis sich wieder ein solch kritischer Geist wie er dem Phänomen Erdbeben widmete. In der Zwischenzeit ging die Suche nach Erklärungen nur langsam voran, getrieben allein von der Beharrlichkeit sorgfältiger Beobachter.

1783 machte man in den Methoden der Geländeuntersuchungen einen großen Schritt vorwärts, als die süditalienische Region Kalabrien zwischen dem 5. Februar und 28. März von einer Serie von sechs starken Erdbeben erschüttert wurde. Sie töteten 35 000 Menschen und verursachten schwere Zerstörungen. Aber statt wie gewöhnlich in ein oder zwei großen Stößen setzten die italienischen Erdbeben einzeln ein, hatten einen unterschiedlichen Verlauf und waren in ihrer Wirkung örtlich begrenzt. Während einige Orte in Schutt und Asche gelegt wurden, erlitten andere in der Nähe geringfügige Schäden. Dieses unterschiedliche Ausmaß der Zerstörung lieferte den Forschern eine Reihe höchst interessantester Daten.

Dutzende von Wissenschaftlern zogen durch das Gelände und machten Aufzeichnungen über die Auswirkungen der Erdbeben. Der Leibarzt des Königs von Neapel verfaßte eine 569 Seiten starke Abhandlung, die wertvolle Beobachtungen von Bergungshelfern

Unter den wohlwollenden Blicken der Gottesmutter und ihres Kindes hilft der Portugiese Leonardo Rodriguez bei der Bergung seiner Tochter, die bei dem schweren Erdbeben von Lissabon am 1. November 1755 verschüttet wurde. Die Inschrift auf dem Bild berichtet, daß Rodriguez das Werk aus Dankbarkeit für das wunderbare Überleben seines Kindes in Auftrag gab. Doch an anderen Stellen der Stadt feierte der Tod an jenem Tag Triumphe; ein Viertel der Einwohner kam ums Leben.

Der französische Philosoph Voltaire reagierte auf das Erdbeben von Lissabon mit heftigen Attacken auf seine Gegenspieler aus dem Lager der Optimisten, die um die Mitte des 18. Jahrhunderts an ein von gütiger Vorsehung in vollkommener Weise geordnetes Universum glaubten, in dem alles sinnvoll sei. Nach dem Erdbeben schrieb Voltaire bissig: „Die Erben der Toten werden finanziell profitieren; das Baugewerbe wird florieren. Privates Unglück darf nicht überbewertet werden. Diese armen Menschen in ihrem Todeskampf spielen wie die Würmer, die sie bald auffressen werden, ihre besondere, vorbestimmte Rolle in Gottes meisterlichem Plan."

enthielt. Der neapolitanische Kriegsminister, der bei dem Unglück sechs Familienmitglieder verloren hatte, bereiste die betroffenen Städte und notierte, daß das Beben vom 28. März das stärkste der sechs war, aber nicht die meisten Opfer gefordert hatte. Er vermutete, daß die Zerstörungen der vorhergehenden Erdbeben und die durch sie verbreitete Angst die Leute aus den Häusern getrieben hatten; im Freien liefen sie nicht so leicht Gefahr, getötet oder verletzt zu werden.

Die neapolitanische Akademie der Wissenschaften ernannte eine Erdbebenkommission – es handelte sich um die erste ihrer Art überhaupt– und beauftragte sie, die Schäden in mehr als 150 Dörfern und Städten zu registrieren. Der Bericht der Kommission umfaßte 372 Seiten einschließlich Karten und Zeichnungen von den betroffenen Gebieten. Er enthielt ausführliche Angaben über die geologischen Gegebenheiten, die Zeit jedes Erdbebens, das Ausmaß der Schäden und die Zahl der Todesfälle, die Nachbeben und Flutwellen, die Auswirkungen auf die Überlebenden der Katastrophe und die danach ausbrechenden Epidemien.

Wenn diese Untersuchungen auch keine neuen Enthüllungen boten, so wurde durch sie doch eine wissenschaftlich exakte Vorgehensweise eingeführt, die zur Grundlage aller weiteren Entdeckungen wurde – so zum Beispiel die Erfassung der Erdbebenstärke mit Hilfe einer makroseismischen Intensitätsskala, die eine systematische tabellarische Aufstellung der Auswirkungen von Erdbeben und Vergleiche der beobachteten Stärken ermöglichte. Die erste derartige Skala wurde von dem Italiener Domenico Pignataro aufgestellt, der die Berichte von allen Erdbeben in Italien zwischen dem 1. Januar 1783 und dem 1. Oktober 1786 auswertete. Insgesamt waren es einschließlich der Erdbeben von Kalabrien 1181. Ausgehend von den Verlusten an Menschenleben und den Beschreibungen der Sachschäden, ordnete er alle außer den kalabrischen Erdbeben vier Gruppen zu: leicht, mittel, stark und sehr stark. Die Erdstöße von Kalabrien wurden als „heftig" bezeichnet. Es war zwar nur eine grobe Klassifizierung, aber sie stellte ein Verfahren dar, das für die Seismologen der ganzen Welt unentbehrlich wurde.

So sammelten sich im Laufe der Jahre immer mehr Daten an. Zum Beispiel wurde zunehmend deutlicher, daß Erdbeben nicht nur den Boden erschüttern, sondern auch starke und bleibende Veränderungen in der Erdkruste verursachen. Solche Veränderungen hatte man schon lange vermutet, aber noch nie wirklich nachweisen können. Doch 1822 erlebte die englische Reiseschriftstellerin Maria Graham ein heftiges Erdbeben in Valparaiso in Chile. Einige Wochen nach dem Beben fuhr sie an der Küste entlang, um einen Eindruck vom Ausmaß der Schäden zu gewinnen. Über eine Strecke von etwa 150 Kilometern, schrieb Mrs. Graham in einem Bericht an die Londoner Geographical Society, hatte sich die Küste um etwa 1,20 Meter gehoben. „Der alte Meeresboden lag kahl und trocken da", berichtete sie, „und Austern und Muscheln hafteten noch an den Felsen, an denen sie gewachsen waren. Sie waren alle tot und verströmten höchst unangenehme Gerüche." Die Schriftstellerin vermutete, dies sei nicht das erste Mal, daß eine solche Hebung stattgefunden habe, denn sie hatte bereits an anderen Orten ähnliche Schichten von Strandkieseln und vertrockneten Muscheln gesehen, die vom Strand bis in eine Höhe von 15 Metern oberhalb des Meeresspiegels reichten. Damit beobachtete sie ein Phänomen, das 142 Jahre später auch der Geologe George Plafker bei der Analyse des Erdbebens von Alaska zur Hilfe nahm.

Der Mann, der diese Fülle von Informationen aufarbeiten und der Seismologie zu ihrem nächsten großen Sprung nach vorn verhelfen sollte, war der irische Ingenieur Robert Mallet, der fast durch Zufall zur Erdbebenforschung stieß. Mallet war ein Naturtalent, einer jener begabten Konstrukteure, die durch die industrielle Revolution zu Ruhm und beträchtlichem Wohlstand gelangten. Er war kaum 21, als er 1831 Partner seines Vaters in dessen Armaturenfabrik in Dublin wurde. Dank einer Reihe hilfreicher technischer Konstruktionen des jungen Mallet konnte sich die Firma innerhalb weniger Jahre erheblich vergrößern und wurde zur wichtigsten Maschinenfabrik und Gießerei Irlands. Die Mallets bauten Bahnhöfe, entwickelten Zentralheizungs- und Lüftungssysteme für zahlreiche Großbauten, gossen Kanonenrohre für die British Army und Royal Navy, bauten Drehbrücken über den Shannon und errichteten den berühmten Fastnet-Rock-Leuchtturm an Irlands südlichster Landspitze.

Mallets Interesse an Erdbeben erwachte bei der Lektüre eines naturwissenschaftlichen Werkes, das 1830 erschienen war. Das Buch enthielt eine Zeichnung zweier Steinsäulen in Kalabrien, die im oberen Abschnitt durch ein Erdbeben verdreht worden waren. Mallet versuchte, mit Hilfe seiner praktischen Erfahrungen als Ingenieur die Natur der Kräfte zu ergründen, die die Säulen in der Weise verändern konnten, ohne sie zu stürzen; doch selbst der begabte Mallet fand keine befriedigende Erklärung. Was ihn damals beschäftigte, wurde zur lebenslangen Berufung: die Erdbebenforschung.

Im Laufe der folgenden 20 Jahre legte der Dubliner Ingenieur eine riesige Bibliothek über Erdbeben an – Bücher, Zeitschriften, Monographien, Reiseberichte, Zeitungsartikel, alles, was er zu diesem Thema finden konnte. Aus diesem reichen Material erstellte er einen bemerkenswerten Katalog seismischer Ereignisse. Es war das umfangreichste und systematischste Kompendium seiner Zeit und führte 6831 Erdbeben auf, jedes mit Datum, Ort und Zeit, Anzahl der Stöße, wahrscheinlicher Richtung und Dauer der seismischen Wellen, ergänzt durch Bemerkungen über die Auswirkungen. Dann übertrug Mallet die schweren Beben auf eine große Karte und stellte damit die damals vollständigste Erdbebenkarte her. Mit ungeahnter Deutlichkeit zeichneten sich darauf die klar abgegrenzten Gürtel häufiger Erdbebentätigkeit ab, die sich um den Erdball ziehen. Mallet und seinen Nachfolgern stellte sich die Frage, warum sich die Erdbebentätigkeit auf einige bestimmte Zonen konzentriere. Bis zur Antwort dauerte es noch lange, aber dies war die richtige Frage.

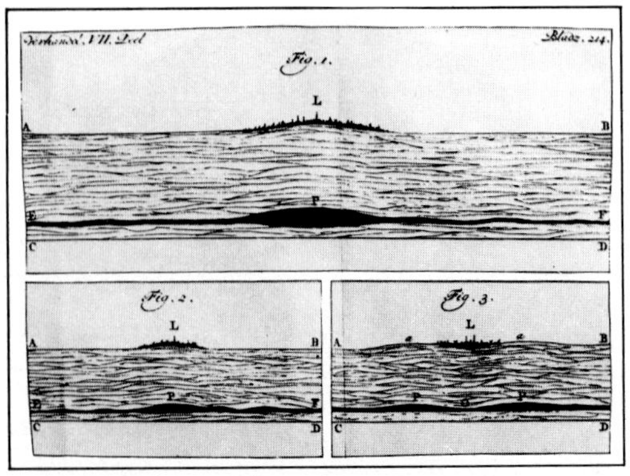

Auf dieser Darstellung des holländischen Theoretikers J. F. Dryfhout, der das Erdbeben von 1755 einer unterirdischen Explosion zuschrieb, treibt Lissabon auf der wogenden Erdkruste. Dryfhout vermutete, daß Adern eines schießpulverähnlichen Materials die Erde durchzögen und daß eine solche Ader *(P in Abbildung 1)* unter Lissabon *(L)* explodierte und es „wie eine Marmorkugel, die man auf Stein prallen läßt", hochhob. Als die Stadt wieder absank *(Abbildungen 2 und 3)*, wogte die Erdkruste *(a-a)* infolge aufsteigender Gase *(P-P)*.

Wie vor ihm Michell begriff auch Mallet, daß die wichtigste Aufgabe der Erdbebenforschung war, die Natur der seismischen Wellen zu erforschen. Er dachte sich Experimente aus, mit denen er die Geschwindigkeit der Wellen messen konnte. Da es in Dublin selten seismische Erschütterungen gab, mußte Mallet sie simulieren, indem er Pulverladungen unter der Erde explodieren ließ. Um die Stoßwellen aufzuzeichnen, stellte er genau eine Meile (etwa 1,6 Kilometer) von der Ladung entfernt einen Behälter mit Quecksilber auf. Den Blick auf die Oberfläche des Quecksilbers gerichtet, zündete er das Pulver und drückte auf die Stoppuhr. Wenn die Welle ankam, kräuselte sich die Oberfläche des Quecksilbers, und Mallet las die Zeitdifferenz von seiner Uhr ab. Seine Messungen zeigten, daß die Wellen verschiedene Materialien mit verschiedener Geschwindigkeit durchdrangen; er stellte eine Tabelle auf, deren Werte von 563 Meilen pro Stunde (etwa 900 Stundenkilometer) durch Sandboden bis zu 1135 Meilen pro Stunde (etwa 1800 Stundenkilometer) durch Granit reichten. Diese Berechnungen waren weit genauer als die von Michell, der die Geschwindigkeit der seismischen Wellen von Lissabon auf 1200 Meilen pro Stunde geschätzt hatte. Obwohl Mallet noch weit vom Ziel entfernt war, hatte er die wichtige Entdeckung gemacht, daß die Geschwindigkeit der Wellen von dem Material abhängt, durch das sie hindurchgehen.

Mallets berühmtester Beitrag war jedoch seine Geländeuntersuchung eines großen Erdbebens in Italien, das 1857 große Gebiete östlich von Neapel verwüstete. Zwei Dörfer wurden total zerstört, zwei weitere schwer beschädigt und über 10 000 Menschen getötet. Der Ingenieur kam kurz nach der Katastrophe in Italien an; der Versuch der systematischen Erfassung eines solchen Chaos erschien ihm als große Herausforderung: „Beim ersten Betreten eines solchen von einem Erdbeben erschütterten Ortes", schrieb er, „bietet sich dem Beobachter das Bild eines heillosen Durcheinanders. Verwirrt wandert das Auge über eine in Trümmer zusammengesunkene Stadt. Er steigt über Berge von Steinen und Schutt. Die Häuser sind augenscheinlich in jede Himmelsrichtung umgestürzt. Es scheint kein vorherrschendes Gesetz oder irgendeinen Hinweis auf eine Hauptrichtung der zerstörerischen Kräfte zu geben."

Mit der Grundausrüstung des Ingenieurs – Kompaß, Zollstock und geübtem Auge – wanderte Mallet durch die neapolitanische Landschaft. Dorf für Dorf und Straße für Straße vermaß er die Risse in den Wänden, die Fallrichtung der Säulen, das eingestürzte Mauerwerk. Auf Grund seiner Erfahrungen vom Bau konnte er dann die Kräfte abschätzen, die Säulen und Mauern zu Fall gebracht hatten.

Mallet wertete seine Daten auf verschiedene Art aus. Als erstes fertigte er ein isoseismisches Diagramm an (das heißt, er unterschied Bereiche gleicher Erdbebenintensität). Wie Pignataro ging Mallet dabei von vier Intensitätsstufen aus. Dann grenzte er auf einer Karte der betroffenen Region die vier jeweils annähernd gleich schwer zerstörten Gebiete gegeneinander ab. Die isoseismischen Linien bildeten in etwa Kreise, deren innerster das am schwersten erschütterte Gebiet einschloß.

Als nächstes stellte er die Ausbreitungsrichtung der seismischen Wellen graphisch dar und versuchte zu schätzen, in welchem Winkel sie die Erdoberfläche erreicht hatten –

wobei er von seinen Beobachtungen umgestürzter Gegenstände, wie zum Beispiel Grabsteinen, ausging und Rückschlüsse aus den Mustern der Risse in Gebäuden zog. Mit Hilfe von Michells Verfahren lokalisierte Mallet das Epizentrum, indem er ermittelte, wo die Ausbrechungslinien der seismischen Wellen sich schnitten. Auf Grund der von ihm ermittelten Neigungswinkel der sich schräg in Richtung Erdoberfläche ausbreitenden Erdbebenwellen konnte Mallet als erster die ungefähre Tiefenlage des Herdes schätzen – des unterirdischen Ursprungs des Bebens. In diesem Fall vermutete er den Herd in einer Tiefe von 10,4 Kilometern unter der Erdoberfläche.

Mallets zweibändige Monographie über das Erdbeben von Neapel galt 40 Jahre lang konkurrenzlos als die gründlichste Studie eines seismischen Ereignisses. Sie enthält seine theoretische Definition eines Erdbebens, die von wesentlichen Fortschritten im Verständnis der Vorgänge zeugte. Seiner Auffassung nach handelt es sich dabei „um eine Welle elastischer Kompression“, verursacht „durch plötzliches Verbiegen und Zusammenpressen elastischen Materials, das einen Teil der Erdkruste bildet, oder durch dessen Nachgeben und Zerbrechen.“

So war man schließlich darauf gekommen, daß Erdbeben, wodurch auch immer ausgelöst, mit dem Verbiegen oder Zerbrechen von Gestein zusammenhängen und aus einer Folge seismischer Wellen in der Erde bestehen. Näheres Verständnis der mechanischen Abläufe, insbesondere der Art der wirkenden Kräfte, erforderte jedoch vor allem Fortschritte in der Qualität der Instrumente, mit denen die Seismologen die Erdbeben meßtechnisch erfaßten. Es mußte ein Apparat entwickelt werden, der die komplizierten Erdbebenbewegungen so aufzeichnete, daß man sie analysieren konnte. Dies geschah unter dem Einfluß John Milnes, eines hervorragenden englischen Geologen, der Ende des 19. Jahrhunderts in Japan arbeitete.

John Milne war allen anderen Pionieren der Seismologie ein entscheidendes Stück voraus. Als unerschrockener und unternehmungslustiger junger Mann reiste er im Alter von 21 Jahren nach Island und brach mit einem Freund zu einem Unternehmen auf, das sie großspurig „Die Erforschung des unbekannten Inneren des Großen Gletschers Vatna Jökull“ getauft hatten. Wochenlang zogen sie durch die Einöde Südostislands mit seinen wilden Flüssen, gefährlichen Sumpfgebieten und weiten Eisflächen. Nach ihrer Rückkehr berichtete Milne der Engineering Society der Londoner Universität ausführlich über

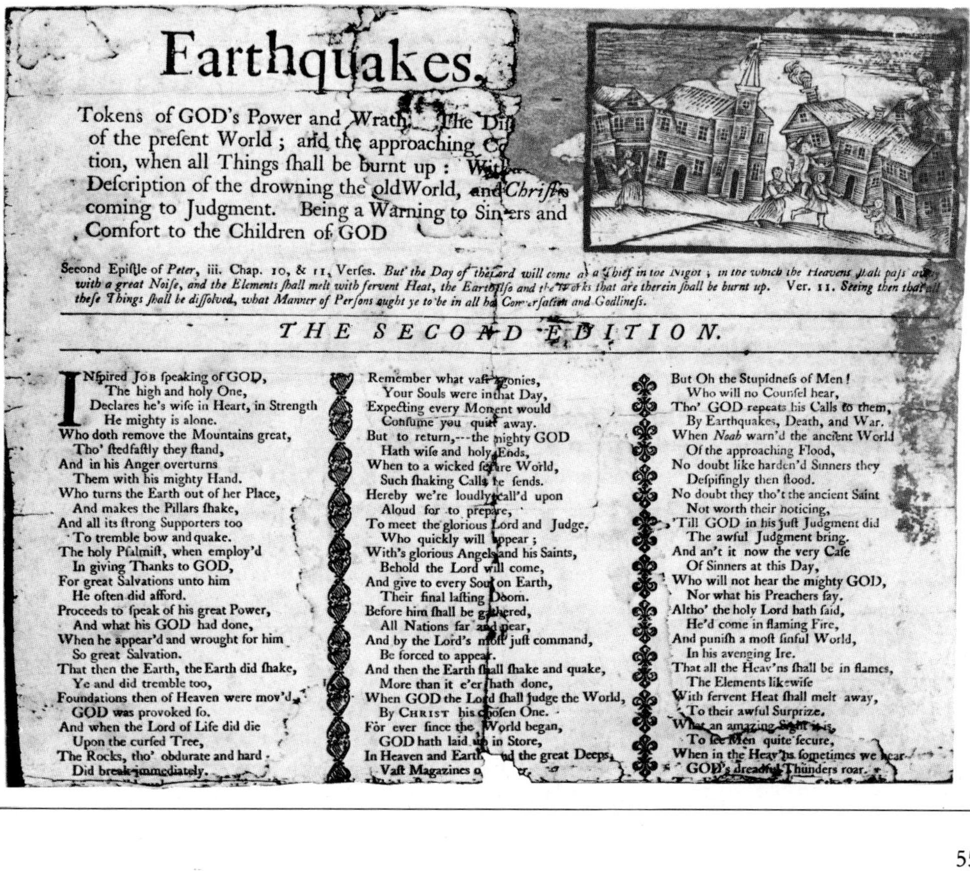

Earthquakes,

Tokens of GOD's Power and Wrath; The Di... of the preſent World; and the approaching C... tion, when all Things ſhall be burnt up: With... Deſcription of the drowning the oldWorld, and Chriſt's coming to Judgment. Being a Warning to Sinners and Comfort to the Children of GOD

Second Epiſtle of Peter, iii. Chap. 10, & 11, Verſes. But the Day of the Lord will come as a Thief in the Night; in the which the Heavens ſhall paſs away with a great Noiſe, and the Elements ſhall melt with fervent Heat, the Earth alſo and the Works that are therein ſhall be burnt up. Ver. 11. Seeing then that all theſe Things ſhall be diſſolved, what Manner of Perſons ought ye to be in all holy Converſation and Godlineſs.

THE SECOND EDITION.

INſpired JOB ſpeaking of GOD,
The high and holy One,
Declares he's wiſe in Heart, in Strength
He mighty is alone.
Who doth remove the Mountains great,
Tho' ſtedfaſtly they ſtand,
And in his Anger overturns
Them with his mighty Hand.
Who turns the Earth out of her Place,
And makes the Pillars ſhake,
And all its ſtrong Supporters too
To tremble bow and quake.
The holy Pſalmiſt, when employ'd
In giving Thanks to GOD,
For great Salvations unto him
He often did afford.
Proceeds to ſpeak of his great Power,
And what his GOD had done,
When he appear'd and wrought for him
So great Salvation.
That then the Earth, the Earth did ſhake,
Ye and did tremble too,
Foundations then of Heaven were mov'd,
GOD was provoked ſo.
And when the Lord of Life did die
Upon the curſed Tree,
The Rocks, tho' obdurate and hard
Did break immediately.

Remember what vaſt Agonies,
Your Souls were in that Day,
Expecting every Moment would
Conſume you quite away.
But to return,---the mighty GOD
Hath wiſe and holy Ends,
When to a wicked ſecure World,
Such ſhaking Calls he ſends.
Hereby we're loudly call'd upon
Aloud for to prepare,
To meet the glorious Lord and Judge,
Who quickly will appear;
With's glorious Angels and his Saints,
Behold the Lord will come,
And give to every Soul on Earth,
Their final laſting Doom.
Before him ſhall be gathered,
All Nations far and near,
And by the Lord's moſt juſt command,
Be forced to appear.
And then the Earth ſhall ſhake and quake,
More than it e'er hath done,
When GOD the Lord ſhall judge the World,
By CHRIST his choſen One.
For ever ſince the World began,
GOD hath laid up in Store,
In Heaven and Earth and the great Deeps,
Vaſt Magazines o...

But Oh the Stupidneſs of Men!
Who will no Counſel hear,
Tho' GOD repeats his Calls to them,
By Earthquakes, Death, and War.
When *Noah* warn'd the ancient World
Of the approaching Flood,
No doubt like harden'd Sinners they
Deſpiſingly then ſtood.
No doubt they tho't the ancient Saint
Not worth their noticing,
'Till GOD in his juſt Judgment did
The awful Judgment bring.
And an't it now the very Caſe
Of Sinners at this Day,
Who will not hear the mighty GOD,
Nor what his Preachers ſay.
Altho' the holy Lord hath ſaid,
He'd come in flaming Fire,
And puniſh a moſt ſinful World,
In his avenging Ire.
That all the Heav'ns ſhall be in flames,
The Elements likewiſe
With fervent Heat ſhall melt away,
To their awful Surprize.
What an amazing Sight it is,
To ſee Men quite ſecure,
When in the Heav'ns ſometimes we hear
GOD's dreadful Thunders roar.

Höllenfeuer und Verdammnis kündende Strafpredigten wie diese forderten die Bostoner auf, in der Flut kleinerer Erdbeben, die die Neue Welt zwischen 1638 und 1755 erschütterten, eine Warnung Gottes zu sehen. Die Kolonisten trösteten sich jedoch nur zu gern mit der Tatsache, daß Gott – wie ihnen in einer anderen Predigt vor Augen geführt wurde – „Neuenglands glückliches Gestade“ vor schweren Schäden bewahrt habe, während er das unbotmäßige Lissabon mit Tod und Zerstörung strafte.

die Schwierigkeiten ihrer Reise und, was noch wichtiger war, über die reichen und noch völlig unangetasteten Schwefelablagerungen in dem Gebiet. 1873, gleich nach Abschluß der Royal School of Mines (Königliche Bergbauakademie) in London ging Milne für zwei weitere Jahre in die Wildnis Neufundlands und die Wüste der Sinaihalbinsel, um Geologie und Bodenschätze der jeweiligen Regionen zu erforschen. Dann trat er seine Lebensstellung an: eine Professur für Geologie und Bergbau an der neuen Kaiserlichen Technischen Hochschule in Tokio.

Seine neue Stellung war für einen jungen Geologen geradezu ideal. Das plötzlich erwachende Japan war bestrebt, den industriellen Westen einzuholen, und so wurde die Hochschule bald die größte technische Lehrstätte der Welt. Sie unterwarf die angehenden Lehrer einer rigorosen Überprüfung ihrer Qualifikation und bot ihnen dann einen Vertrag an, der ihre Tätigkeit auf den akademischen Bereich beschränkte und dafür sorgte, daß sie ihre Position nicht dazu mißbrauchten, sich zu bereichern. Milne und seine Kollegen trugen den Titel *oyatoi-gaikokujin,* was wörtlich übersetzt etwa „ehrenwerter fremder Diener" heißt. Für japanisches Denken war diese Bezeichnung keineswegs diskriminierend oder in sich widersprüchlich.

Anfang 1876 trat Milne seine Stellung an und wurde gleich in seiner ersten Nacht in Tokio von einem kleinen Erdbeben begrüßt. Leichte Beben dieser Art waren in Tokio nichts Ungewöhnliches. Später schrieb Milne, daß es „Erdbeben zum Frühstück, zum Mittagessen, zum Abendessen und zum Schlafen gab". Vielleicht ließ die Häufigkeit der Beben sie anfangs weniger interessant erscheinen; jedenfalls vergingen vier Jahre, bevor Milne sich mit ihnen befaßte und diese Beschäftigung seine Leidenschaft wurde. Während dieser Zeit war er voll von seinem neuen Lehrberuf und vom Studium der Geologie der Inseln, besonders der Vulkane Mittel- und Nordjapans, in Anspruch genommen. Seine Freunde irritierte er damit, daß er, ohne auf seine persönliche Sicherheit zu achten, verschiedentlich gefährliche Gipfel erklomm, um die brodelnden Krater aktiver Vulkane aus nächster Nähe zu sehen.

1880, als ein starkes Erdbeben Gebäude in Yokohama einstürzen ließ, berief Milne einen Kongreß japanischer und ausländischer Wissenschaftler ein und gründete die Japanische Seismologische Gesellschaft, die erste ihrer Art. Fortan widmete er seine gesamte Energie der Erdbebenforschung.

Auf dieser zeitgenössischen Darstellung eines Erdbebens, das die süditalienische Region Kalabrien im Jahr 1783 heimsuchte, verschlingt ein tosender Strudel Schiffe, und Leuchttürme fallen in sich zusammen. Augenzeugen berichteten, das Meer habe zeitweise gebrodelt, als koche es, und große Mengen der *cicirelli* genannten Tiefseefische seien an der Wasseroberfläche geschwommen.

Milnes größte Sorge galt dem Mangel an zuverlässigen Informationen. Er war sich darüber im klaren, daß jede ernsthafte Beschäftigung mit Japans Erdbebentätigkeit detaillierte Informationen über Ort, Häufigkeit und Stärke der Erdbeben voraussetzte. Um diese zu erhalten, dachte Milne sich ein einfaches, doch geniales Verfahren aus: Er schickte Bündel von an ihn selbst adressierten Postkarten an Postbeamte und andere mittlere Beamte in jeder größeren Stadt im Umkreis von 160 Kilometern um Tokio; beigefügt waren genaue Anweisungen zum Ausfüllen der Karten. Die japanischen Beamten enttäuschten ihn nicht und kamen ihrer Aufgabe gewissenhaft nach. Jede Woche schickten sie eine Karte mit Beschreibungen aller Erschütterungen zurück, die in den vorhergegangenen sieben Tagen beobachtet worden waren. Das Ergebnis war eine wahre Informationsflut, die Milne in die Lage versetzte, Zentrum und Ausmaß jeder Erschütterung zu berechnen und detaillierte seismische Karten und isoseismische Diagramme des Gebietes anzufertigen.

Milne wußte natürlich, daß diese eindrucksvollen Graphiken exakter schienen, als sie in Wirklichkeit waren, da sie auf subjektiven Einschätzungen der Schäden durch verschiedenste Beobachter basierten. Was er brauchte, waren Messungen der Bewegungsabläufe, die so genau und eindeutig waren, daß sie mathematisch ausgewertet werden konnten. Dazu benötigte er komplizierte Registriergeräte, mit denen er seismische Stöße messen und aufzeichnen konnte.

Einfache Seismometer, die die Ankunft seismischer Wellen anzeigten und eine Vorstellung von ihrer Stärke gaben, waren bereits seit vielen Jahren in Betrieb. Eine Anzahl solcher Instrumente war auch in der Hochschule in Tokio installiert worden, und einige davon konnten sogar fortlaufend seismische Wellen aufzeichnen. Aber nach Milnes Ansicht waren diese Seismographen entweder zu ungenau oder zu kompliziert, um sich darauf verlassen zu können.

Also baute Milne sich ein eigenes Gerät. Monatelang arbeiteten die Mitarbeiter der Kaiserlichen Hochschule in seinem Auftrag an Entwürfen verbesserter Seismographen, die er zu ausgiebigen Tests mit ins Gelände nahm. Er wartete nicht auf gelegentliche natürliche Erdbeben, sondern simulierte seismische Wellen, indem er 800 Kilogramm schwere Gewichte aus verschiedener Höhe fallen ließ oder wie Mallet Explosionen auslöste. Leider hatte eine der Ladungen größere Sprengkraft als erwartet und überschüttete ihn mit „etwa einer Tonne Erde, die mich und das Instrument plattdrückte und das Experiment vorzeitig beendete."

Bei seinen Forschungsarbeiten wurde Milne von zwei begabten jungen Kollegen unterstützt – James Alfred Ewing, Professor für Maschinenbau und Physik, und Thomas Gray, Professor für Telegraphie. Ein ganzes Jahr lang führten sie mehr oder weniger erfolgversprechende Experimente durch. Schließlich gelang es ihnen jedoch, ein hochwertiges Instrument zu entwickeln, das dem jungen Forschungszweig der Seismologie völlig neue Möglichkeiten eröffnete.

In der italienischen Hafenstadt Reggio di Calabria hebt und senkt sich während des Erdbebens von 1783 die Erde wie die Wogen des Mittelmeers. Wissenschaftler staunten, wie stark der jeweilige Standort der Gebäude das Ausmaß der Schäden beeinflußte: Hochgelegene Städte auf felsigem Untergrund trugen weit weniger Schäden davon als tiefgelegene auf sandigem Lehmboden.

Es war nicht nur empfindlicher und einfacher in der Konstruktion als seine Vorläufer, es war auch das erste, das alle drei Komponenten der Bodenbewegungen aufzeichnete: auf und ab, vor und zurück und seitwärts. Man konnte drei verschiedene Seismographen gleichzeitig laufen lassen, von denen jeder jeweils eine der drei Bewegungskomponenten registrierte, und die Spitzen ihrer Schreiber zeichneten die Linien simultan auf eine Rolle berußtes Papier. Durch ein Uhrwerk konnte jedes Instrument jeweils 24 Stunden lang arbeiten; außerdem stempelte es den Papierstreifen mit der genauen Ankunftszeit der ersten seismischen Wellen. 1893 veränderte Milne das Instrument in der Weise, daß es jetzt eine photographische Aufzeichnung auf lichtempfindlichem Film machen konnte. Dadurch wurde das Problem der Reibung zwischen Schreibspitze und Papier gelöst, und die Form der seismischen Wellen konnte verzerrungsärmer wiedergegeben werden. In dieser Version wurde es als Milne-Seismograph bekannt und gehörte innerhalb weniger Jahre zur Standardausrüstung der Seismologen auf der ganzen Welt.

Mit Hilfe der neuen Geräte war es Milne möglich, zwischen sogenannten Verdichtungswellen mit Vorwärts-Rückwärts-Bewegung und Scherwellen mit Auf- und Ab- oder Seitwärtsbewegung zu unterscheiden. Die beiden Wellenarten bewegen sich mit verschiedener Geschwindigkeit und Intensität fort.

Die verbesserten Seismographen eröffneten Milne und seinen Kollegen bald einen weiteren überraschenden Einblick. Die Instrumente waren ununterbrochen in Betrieb, auch wenn Milne keine Gewichte fallen ließ oder Explosionen zündete, und er bemerkte, daß die Schreibspitzen in Zeiten, in denen es in der unmittelbaren Umgebung keine spürbaren Erdbeben gab, geheimnisvoll zitterten. Einige dieser Bewegungen fielen mit Erdbeben auf anderen Inseln und sogar anderen Kontinenten zusammen. Bei genauerer Betrachtung der Registrierungen entdeckte Milne, daß der Ursprungsort der Wellen um so weiter entfernt lag, je größer der Abstand zwischen der Ankunftszeit der Verdichtungswellen und der der nachfolgenden Scherwellen war.

Die Präzision seiner neuen Instrumente erlaubte genaue Vergleiche, und Milne fand schnell heraus, daß die Relationen konstant waren. Betrug die Differenz der Ankunftszeiten 1½ Minuten, lag der Ursprung der Wellen etwa 720 Kilometer entfernt. Einer Differenz von 2 Minuten entsprach eine Entfernung von 960 Kilometern und einer solchen von 2½ Minuten eine Entfernung von 1200 Kilometern. Milnes Verfahren war unbegrenzt anwendbar, und dies wiederum erlaubte eine Schlußfolgerung von ungeheurer Tragweite, nämlich daß „jedes große Erdbeben mit entsprechenden Instrumenten an jedem Punkt der Erdoberfläche registriert werden konnte".

1891 wurde Milnes Aufmerksamkeit von seinen Studien entfernter Erdbeben auf ein Beben direkt vor seiner Tür gelenkt; es war das größte, das Japan seit Erfindung der Seismographen erschüttert hatte. Die Verwüstungen im fruchtbaren Neo-Tal westlich von Tokio, besonders in den Provinzen Mino und Owari, waren unvorstellbar. In einem Bericht für die British Association for the Advancement of Science schilderte Milne eingehend „die Verbiegungen an Eisenbahngleisen, die Risse im Erdboden, die Zerstörung vieler hundert Kilometer von hohen Dämmen, die die Ebenen vor Überflutung durch die Flüsse schützten, den völligen Zusammenbruch von Bauwerken aller Art, das Abrutschen von Berghängen und ihrer Gipfelpartien, die Einengung ganzer Täler und andere verwirrende Phänomene". Er berichtete, daß fast 10 000 Menschen getötet, 20 000 verletzt und fast 130 000 Häuser zerstört wurden. „In einem Gebiet von über 10 000 Quadratkilometern, in dem eine der fruchtbarsten Ebenen Japans liegt und dessen Bevölkerungsdichte etwa 400 Einwohner pro Quadratkilometer beträgt, waren alle Gebäude, die nicht völlig zu Schutthaufen zusammengesunken waren, zumindest schwer beschädigt worden."

Milne mobilisierte den gesamten wissenschaftlichen Stab seiner Seismologischen Gesellschaft, um das Erdbeben in allen Einzelheiten zu erfassen und zu untersuchen. Er selbst und ein Kollege, Professor W. K. Burton, fuhren sofort ins Neo-Tal, um die Zerstörungen zu photographieren. Das Ergebnis ihrer Arbeit war ein ausführlicher, reich illustrierter Band mit dem Titel *The Great Earthquake in Japan, 1891.* Bis heute ist dieses Buch bemerkenswert wegen seiner 30 Seiten hervorragender Abbildungen und seiner genauen Beschreibung der Auswirkungen des Erdbebens.

Es war charakteristisch für Milnes Arbeitsweise, daß er vor allem Fakten verfolgte und das Theoretisieren meistens anderen überließ. Er wurde deswegen gelegentlich kritisiert, denn selbst seinen vorsichtigsten Spekulationen hätte man noch größten Wert beigemes-

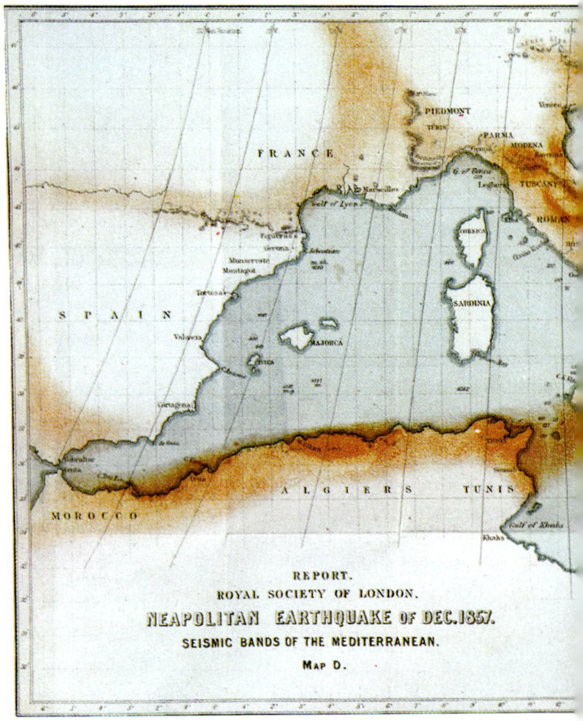

Die erste detaillierte Karte seismisch aktiver Zonen des Mittelmeerraumes fertigte 1857 der irische Ingenieur Robert Mallet an, der sein Leben der Erforschung der Geheimnisse „der unsichtbaren und unbekannten Materie tief unter unseren Füßen" widmete. Mallets bis zum heutigen Tag aktuelle Karte basiert auf persönlichen Beobachtungen aus Italien und seiner gründlichen Beschäftigung mit unzähligen historischen Erdbeben.

sen. Trotzdem ließ sich Milne von seiner Vorgehensweise nicht abbringen. So geschah es, daß bei der Untersuchung des Mino-Owari-Bebens nicht Milne, sondern ein japanischer Kollege, der Geologe Bunjiro Koto, nach Durchsicht des zusammengetragenen Materials eine aufsehenerregende Theorie aufstellte.

Damals glaubten die meisten Seismologen, daß Erdbeben Verwerfungen verursachen – plötzliche Seitwärts- oder Vertikalverstellungen des Gesteins entlang einer Linie bereits bestehender Risse, meist tief unter der Erdoberfläche. Das Mino-Owari-Beben unterschied sich insofern von anderen Erdbeben, als es den Ausstrich einer Verwerfungsfläche von ungewöhnlicher Größe und Deutlichkeit zutage treten ließ. Diese Verwerfungslinie war etwa 110 Kilometer lang und erstreckte sich fast über die ganze Breite der japanischen Insel Honshu. Ihr widmete Bunjiro Koto besondere Aufmerksamkeit. „Sie zieht sich über Hügel und Reisfelder hin", schrieb Koto, „und hat die weiche Erde zu riesigen Schollen aufgebrochen und hochgehoben. Sie sieht aus wie die Spur eines Riesenmaulwurfs." An einer Stelle verlief die Verwerfung zwischen zwei alten Dattelpflaumenbäumen, die, wie Koto sagte, „seit uralten Zeiten" in ost-westlicher Richtung gestanden hatten. Die Erdbebenbewegung entlang der Verwerfung hatte einen Baum nach Norden, den anderen nach Süden versetzt, so daß sie „zum großen Erstaunen des Besitzers jetzt auf einer Nord-Süd-Achse standen", schrieb Koto. Entlang der gesamten Verwerfungslinie gab es Anzeichen von Oberflächenverschiebungen; an einer Stelle war eine Seite der Verwerfung gegenüber der anderen um sechs Meter abgesackt, an einer anderen betrug die Horizontalverschiebung fast vier Meter.

Kotos Untersuchungen dieses Phänomens führten ihn zu einer revolutionären Schlußfolgerung. „Die plötzlichen Hebungen, Absenkungen oder Horizontalverschiebungen großer Bereiche, wie sie bei schweren Erdbeben auftreten, werden gewöhnlich eher als Auswirkungen unterirdischer Erschütterungen angesehen und nicht als ihre Ursache. Meiner Ansicht nach kann man jedoch mit großer Wahrscheinlichkeit annehmen, daß die plötzliche Entstehung der großen Verwerfung von Neo die eigentliche Ursache des starken Erdbebens war." Kotos Ausführungen gemäß mußte die Erde entlang einer 110 Kilometer langen Verwerfungsfläche im Neo-Tal plötzlich gebrochen sein und dieser Bruch die Freisetzung gewaltiger Energiemengen zur Folge gehabt haben. Diese Energie wiederum hatte sich in Gestalt verheerender seismischer Wellen durch die ganze Region ausgebreitet. Wenn er recht hatte, brauchten Wissenschaftler nicht länger nach der Ursache der Erdbeben zu suchen: Die Verstellung entlang von Verwerfungen war die Quelle seismischer Wellen und nicht eine ihrer Auswirkungen. Es dauerte Jahre, bis diese Vorstellung akzeptiert wurde, und erst ein zweites großes Erdbeben mit spektakulären Oberflächenveränderungen – 1906 entlang der San-Andreas-Verwerfung in Kalifornien – bestätigte die Richtigkeit von Kotos These.

Milne, der das Theoretisieren bekanntlich anderen überließ, war weiter in geradezu schöpferischem Tatendrang mit dem sorgfältigen Sichten der Fakten beschäftigt; kein Aspekt der Erdbebenforschung blieb unerwogen. Bei der genauen Auswertung der zur Verfügung stehenden Aufzeichnungen bemerkte er, daß Erdbeben oft gehäuft auftreten und von Ruheperioden abgelöst werden; er glaubte, die Beben nähmen insgesamt an Häufigkeit zu. Er veröffentlichte zwei Arbeiten über das Verhalten von Tieren vor und während eines Erdbebens, in denen er Berichte über das seltsam veränderte Benehmen von Tieren Tage vor einem Erdbeben zurückwies, aber solche bestätigte, die von merkwürdigem Verhalten in den Sekunden unmittelbar vor dem ersten von Menschen verspürten Erdstoß sprachen. Dies alles bewältigte John Milne zusätzlich zu seinen Lehrverpflichtungen an der Kaiserlichen Hochschule, die inzwischen Kaiserliche Universität Japan hieß, und der Publikation dreier Lehrbücher über Erdbeben, Kristallographie und Bergbau. Wenige Geologen waren so produktiv.

1895 war Milne in kultureller, sozialer und wissenschaftlicher Hinsicht völlig in das japanische Leben integriert. 1881 hatte er eine Japanerin geheiratet, die Tochter eines bekannten Buddhistenpriesters von der nördlichen Insel Hokkaido. Milne beschäftigte sich intensiv mit japanischer Religion und japanischen Gebräuchen und war ein Kenner und Liebhaber der zahlreichen Varianten des Nationalgetränks Sake geworden. Sein zweiter Zehnjahresvertrag mit der Kaiserlichen Universität lief aus, doch alles sprach dafür, daß er von seinem Verlängerungsrecht Gebrauch machen würde.

Da griff am 17. Februar eine persönliche Katastrophe tief in sein Leben ein. Ein Feuer vernichtete sein Haus, sein Observatorium, seine unersetzliche seismologische Biblio-

Dieses Photo des verwüsteten japanischen Dorfes Itashu stammt aus Milnes ausführlicher Abhandlung über das verhängnisvolle Erdbeben, das 1891 ein 11 000 Quadratkilometer großes Gebiet Zentraljapans erschütterte und fast 8000 Menschenleben forderte. Mit dieser Arbeit, die außer diesem zahlreiche weitere Photos enthielt und besonders die verheerenden Auswirkungen eines starken Erdbebens in dichtbesiedelten Gebieten untersuchte, regte Milne andere Wissenschaftler zur Entwicklung von Schutzmaßnahmen gegen Erdbeben an und förderte den Bau stabilerer, erdbebensicherer Häuser.

The Daily Mirror

THE MORNING JOURNAL WITH THE SECOND LARGEST NET SALE

No. 3,049. Registered at the G.P.O. as a Newspaper. FRIDAY, AUGUST 1, 1913 One Halfpenny.

DEATH OF PROFESSOR JOHN MILNE, THE FAMOUS ENGLISH INVENTOR OF INSTRUMENTS TO DETECT EARTHQUAKES AND REGISTER THEIR MOVEMENTS.

Eine Ausgabe des Londoner *Daily Mirror* aus dem Jahre 1913 zeugt von dem großen Ansehen, das der Seismologe John Milne zum Zeitpunkt seines Todes am 31. Juli genoß. Dem berühmten Erfinder des ersten praktisch anwendbaren Seismographen und Initiator eines weltumspannenden Netzes von Erdbebenstationen wurde die ganze Titelseite gewidmet – mit Porträts von ihm und seiner japanischen Frau, Beispielen seiner Seismogramme und einer Abbildung des Milne-Seismographen.

thek und viele seiner kostbaren Instrumente. Milne und seine Frau konnten sich in Sicherheit bringen, doch der Schock, hilflos auf der Straße zu stehen und zusehen zu müssen, wie die Arbeit langer Jahre in Minuten zerstört wird, ließ Milne seinen Entschluß ändern. Nachdem er 20 Jahre lang Tausende junger japanischer Wissenschaftler unterrichtet hatte, verließ er im Juni die Kaiserliche Universität, um nach England zurückzukehren. Der Kaiser zeigte sich erkenntlich, indem er ihm die für einen Fremden außerordentlich hohe Ehre einer Privataudienz zuteil werden ließ und ihm später den Orden der Aufgehenden Sonne verlieh.

Obgleich Milne Japan verließ, hatte er nicht die Absicht, sich von der Wissenschaft zurückzuziehen. Er wollte in England ein seismisches Observatorium einrichten und seine Analyse ferner Erdbeben fortsetzen. Als Standort wählte er die Isle of Wight, deren Felsuntergrund aus Kreide aufgebaut ist und die sich sehr gut zum Empfang seismischer Wellen aus der ganzen Welt eignete. Milne kaufte ein als Shide Hill House bekanntes Anwesen und begann mit dem Bau eines Observatoriums und eines Versuchslabors. Schon bald war der erste Seismograph aufgestellt und in Betrieb. Milne wachte wieder über den Herzschlag der Erde.

Mit der Zeit wurde aus Milnes Studien auf der Isle of Wight weit mehr als die bloße Freizeitbeschäftigung eines emeritierten Professors. Bei der Durchsicht seiner früher in Japan begonnenen Arbeiten über die Entfernung zwischen Seismographen und Epizentren erkannte Milne, daß die Daten mehr hergaben, als man ihnen entnommen hatte. Er stellte fest, daß er ein Epizentrum durch einfache Geometrie genau lokalisieren konnte, wenn ihm die Entfernungen dreier verschiedener Erdbebenwarten vom Epizentrum bekannt waren. Auch wenn sich die Kreise mit den Radien der jeweiligen Entfernung auf Grund von Fehlern und Ungenauigkeiten nicht genau in einem Punkt schnitten, war dies doch die bislang beste Methode, ein Epizentrum zu lokalisieren.

Jahrelang hatte Milne von einem erdumspannenden Netz von Erdbebenwarten geträumt, durch das man imstande sein würde, alle Erdbeben auf der Welt genau zu lokalisieren. Im Jahre 1902 wurde sein Wunsch Wirklichkeit und sein Haus zur Zentrale eines solchen Systems. Auf sein Drängen hin schlug das Seismological Committee der British Association for the Advancement of Science in einem Rundschreiben an ähnliche Organisationen in 40 Ländern die Einrichtung von Observatorien vor, die die Erdkugel ständig unter seismologischer Beobachtung halten sollten. Ausländische Wissenschaftler wurden angewiesen, in ihren Observatorien den Milne-Seismographen zu benutzen, da die Registrierung standardisiert werden mußte.

Milnes Prestige und der offensichtliche Wert seiner Idee waren so groß, daß im Laufe der nächsten Jahre im gesamten britischen Weltreich von Kanada bis Neuseeland Erdbebenwarten gebaut wurden. Bald kamen weitere in Spanien, Syrien, Brasilien und auf Hawaii hinzu, bis es 1913 im ganzen 40 waren, die jedes größere Erdbeben der Welt meßtechnisch erfaßten und ihre Registrierungen an die British Association schickten. Milne wertete sie aus und schickte den Seismologen in aller Welt genaue Berichte, die als *Shide Circulars* bekannt und berühmt wurden.

1912 staunte eine Besucherin aus den Vereinigten Staaten, Mrs. Lou Henry Hoover, über Milne und sein System. „Es ist eine eigenartige Vorstellung", schrieb sie, „daß dieses hübsche alte Haus unter Bäumen, dessen Rasenbänke mit den Steinstufen zu einem kleinen Tal hinunterführen, die Anlaufstelle für sämtliche Erdbeben der Welt sein soll und daß sie hier klassifiziert und ausgewertet werden. Doch es ist tatsächlich so." Und sie fügte hinzu: „Professor Milne geht dieser Arbeit aus reinem Enthusiasmus nach. Er hat keine offizielle Stellung inne."

Ein Jahr nach Erscheinen von Mrs. Hoovers Artikel litt Milne immer öfter unter Anfällen einer schweren Nierenkrankheit, die von Kopfschmerzen, die ihm die Sehkraft raubten, heftigem Fieber und zunehmender Schwäche sowie Depressionen begleitet wurden. Im Juli 1913 fiel er in ein Koma, und am frühen Morgen des 31. Juli erlag er im Alter von 62 Jahren seiner Krankheit.

Von den vielen Nachrufen paßte die des Präsidenten der Internationalen Seismologischen Gesellschaft, des russischen Fürsten Boris Galitzin, in ihrer nüchternen Wissenschaftssprache wohl am besten auf ihn: „Milne hat über fast alle Probleme der modernen Seismologie nachgedacht", schrieb Galitzin. „Die Fortsetzung seines Werkes durch andere wäre das schönste Denkmal für ihn."

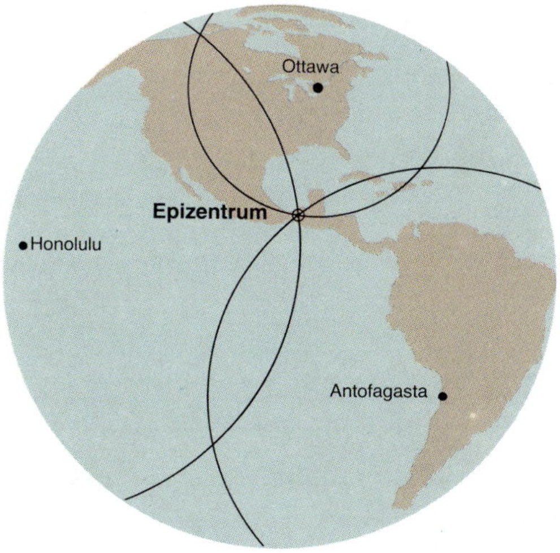

Für die Seismologen der Jahrhundertwende stellte die Entwicklung eines einfachen geometrischen Verfahrens zur Ermittlung des Epizentrums eines Erdbebens eine zukunftweisende Neuerung dar. Wußte man, in welcher Entfernung ein Beben stattgefunden hatte, konnte man einen Kreis ziehen, dessen Radius der Entfernung des Erdbebens von der Erdbebenwarte entsprach. Trug man die Entfernungen von drei oder mehr Warten – zum Beispiel Ottawa, Honolulu und Antofagasta in Chile – mit einem Zirkel auf einer Karte ein, zeigte der Schnittpunkt der Kreisbögen das Epizentrum des Bebens an.

DIE ZERSTÖRUNG SAN FRANCISCOS

Die Stadt San Francisco war seit ihrer Gründung schon von vielen kleinen Erdbeben heimgesucht worden, und einige hatten auch Schäden verursacht. Trotzdem glaubten ihre Einwohner, in einem besonders gesegneten Teil der Welt zu leben. „Eine ordentliche Erschütterung", stellte ein Bürger der Stadt fest, „ist nicht halb so schlimm wie ein Tornado oder ein Hurrikan." Am Morgen des 18. April 1906 aber erlebte die Stadt eines der verheerendsten Erdbeben aller Zeiten, das auf der Richterskala die Magnitude 8,3 erreichte.

Ein Überlebender berichtete später, daß die erste große Erschütterung morgens um 5.12 Uhr mit „einem Rumpeln oder Dröhnen wie bei einer Kanonade" einherging. Häuser schwankten, Schornsteine stürzten ein, und Kirchenglocken läuteten wie wild. Das Erdbeben dauerte kaum länger als eine Minute. Dann trat Stille ein. Der Reporter James Hopper ging durch die verwüstete Stadt. Er sah Menschen mit einem „verletzten Gesichtsausdruck – nicht wegen physischer Schmerzen, sondern vielmehr so, als habe ein zuverlässiger Freund plötzlich ihr Vertrauen verloren".

Das mächtige Beben im Bereich einer großen Bruchzone, die später als San-Andreas-Verwerfung bekannt wurde, erschütterte ein Gebiet von einer Million Quadratkilometern. Am schwersten betroffen war San Francisco, das zum großen Teil auf geschüttetem Grund gebaut war. Die Zerstörung von Gebäuden durch das Erdbeben war erst der Anfang der Katastrophe. Als Feuer ausbrachen, entdeckte man, daß die Hauptwasserleitungen geplatzt waren. Ein Berichterstatter des *Overland Monthly* beschrieb die Feuersbrunst: „Das Feuer breitete sich am Boden entlang aus, loderte in die Höhe, durchglühte Stahl und Gestein und ließ Holz wie Stroh in Flammen aufgehen."

In einer solchen Feuerhölle zog ein Unglück das nächste nach sich: Man mußte mit ansehen, wie das Feuer nicht nur das Nachbarhaus, sondern auch das eigene und dann das ganze Viertel verschlang, weiter und weiter, drei furchtbare Tage lang. 315 Todesopfer und 352 Vermißte waren das Fazit, und fast 13 Quadratkilometer der Innenstadt waren zerstört.

Innerhalb nur weniger Jahre wurde das verwüstete Gebiet wieder aufgebaut; 20 000 neue Gebäude wurden errichtet. Doch die Tage der Katastrophe vom April 1906 wurden nie ganz vergessen. Jahre später sagte der Schriftsteller William Saroyan: „Man geht durch die Straßen der Stadt, fühlt ihre Melancholie und fragt sich, welche Erinnerung sie bedrückt."

Mutter und Sohn nehmen sich vor dem Panorama des durch Erdbeben und Feuersbrunst zerstörten San Francisco in den Arm. Nach der Katastrophe von 1906, die 250 000 Bürger um Heim und Broterwerb brachte, nahm der Photograph J. B. Monaco seine Frau und sein Kind vor diesem deprimierenden Hintergrund auf.

Dichte Rauchwolken stiegen in den Himmel über San Francisco auf. Sie stammen von einem Feuer, das vier Stunden nach dem Erdbeben von 1906 in der Hayes Street aufloderte. Es entstand, als eine Frau nach den Schrecken des Erdbebens den Alltag wiedereinkehren lassen wollte und auf einem Herd mit defektem Rauchabzug das Frühstück bereitete. Das Streichholz, das sie anzündete, machte Geschichte: Das Feuer verschlang einen großen Teil des Geschäftsviertels der Stadt.

Auf dieser Aufnahme des bekannten Photographen Arnold Genthe sieht man zu Zickzacklinien verbogene Cable-Car-Gleise und tiefe Spalten, die sich in der Union Street geöffnet haben. Der Polizist Jesse Cook war einer der wenigen, die am schicksalhaften Morgen des 18. April um 5.12 Uhr wach waren; er sah, wie das Erdbeben den Boden hob und senkte, und sagte: „Es war, als käme der Ozean in großen Wogen auf mich zu."

Soldaten patrouillieren in der Market Street, wo das Telegraphengebäude, dessen obere Geschosse schon in Flammen stehen, bald nur noch eine ausgebrannte Ruine sein wird. Um Recht und Ordnung aufrechtzuerhalten, hatte Brigadier General Frederick Funston auf eigene Verantwortung Soldaten eingesetzt, ohne Mayor Eugene Schmitz' Order abzuwarten. Funston befahl: „Jede Person, die beim Plündern oder anderen schweren Vergehen angetroffen wird, ist sofort zu erschießen."

Wasser aus einer geplatzten Hauptleitung strömt nutzlos über die Van Ness Avenue, während im Hintergrund ein Feuer ausbricht. San Franciscos Wasserversorgung hatte eine Kapazität von 300 Millionen Litern, aber die Leitungen und Hydranten waren dermaßen schwer beschädigt, daß die Feuerwehrleute sie kaum benutzen konnten.

Feuerwehrleute laufen mit einer Ladung Dynamit über die Market Street, um damit das Monadnock-Gebäude zu sprengen, das als nächstes vom Feuer erfaßt zu werden droht. Solche verzweifelten Maßnahmen sollten Schneisen schaffen, die die Flammen nicht überspringen konnten. Doch oft führten die Sprengungen nur zur weiteren Ausbreitung des Feuers; am ersten Abend ließ eine zu starke Detonation brennende Trümmer auf Chinatown niederregnen, das dadurch völlig niederbrannte.

Als die Feuersbrunst ihren Höhepunkt erreicht, strömen Einwohner San Franciscos die Market Street zum Fährhaus und den Kaianlagen hinunter, wo sie sich auf dem Wasser in Sicherheit zu bringen hoffen. Die Flammen breiteten sich in ihrer Fluchtrichtung aus, wurden aber von Feuerwehrleuten erstickt; sie pumpten das Wasser direkt aus der Bucht, um die Wasserversorgung nicht endgültig zusammenbrechen zu lassen.

Die Einwohner San Franciscos drängen sich in der Market Street, um sich die noch rauchenden Trümmer der Innenstadt anzusehen. Im Hintergrund steht das berühmte Fairmont-Hotel, dessen schöne Marmorfassade unversehrt blieb, das aber ansonsten schwer beschädigt wurde. Ein unbekannter Photograph nahm dieses Bild vom 70 Meter hohen Turm des Fährhauses aus auf.

In einem der zahlreichen von Hilfsorganisationen aufgestellten Zeltdörfer stehen Flüchtlinge geduldig nach Essen an. Die Helfer des Roten Kreuzes arbeiteten unermüdlich und teilten täglich Hunderttausende von Mahlzeiten aus. Amerikaner aller Schichten schickten Hilfe: New Yorker Kaufleute sandten Lebensmittel und Medikamente, und in Los Angeles brachte der ehemalige Box-Champion Jim Jeffries 600 Dollar zusammen, indem er auf der Straße Apfelsinen verkaufte.

Einwohner San Franciscos suchen auf einem Anschlagbrett ängstlich nach Nachrichten über vermißte Freunde und Angehörige. Der ganze Postbetrieb war improvisiert; wer aus der Stadt eine Mitteilung schicken wollte, schrieb seinen Brief auf das, was gerade zur Hand war – Kartonfetzen, alte Briefumschläge, sogar Schindeln –, und die Postangestellten behandelten sie auch ohne Marken wie normale, freigemachte Sendungen.

Aufräumungskommandos stochern zwischen Safes herum, die sie aus den Ruinen eines Hauses gezogen haben. Viele Safes waren so heiß, daß ein Luftzug genügt hätte, den Inhalt in Flammen aufgehen zu lassen.

Inmitten der Trümmer tippt der Reporter Henry Lafter seinen Bericht über das Erdbeben in die Maschine, der später in *McClure's Magazine* abgedruckt wurde.

NEW HOME OF THE EMPORIUM
The Emporium
The Emporium
WILL AGAIN
DEPARTMENT
The Juvenile
WILL BE HERE JULY 1ST
AL FRANK WILL OPEN HERE WITH A COMPLETE STOCK OF FURNISHING GOODS HATS, TRUNKS AND VALISES. UNDER THE NAME OF

Stolz weht die amerikanische Flagge von dem in aller Eile wiederaufgebauten „Emporium“, während nebenan die Gerüste für „The Paragon“ wachsen. Stöße von Bauholz, das schleunigst aus Oregon und Washington herbeigeschafft wurde, warten auf den Zimmermann. „Kein Mensch mit Verstand zweifelt auch nur im geringsten an San Franciscos Zukunft“, sagte der Geschäftsmann Tirey L. Ford. Und wie um ihn zu bestätigen, sangen die nicht zu entmutigenden Einwohner der Stadt von den „schönsten Ruinen, die man je gesehen hat“.

Kapitel 3

GEHEIMNISSE DER SEISMISCHEN WELLEN

Unter den glitzernden Sternen der persischen Wüstennacht streckte sich ein junger Stabsoffizier des amerikanischen Friedenskorps erschöpft auf seinem Feldbett aus und drehte am Skalenknopf seines Transistorradios. Es war spätabends am 31. August 1968, und während der letzten acht Stunden hatte er sich unter größtem Einsatz bemüht, Überlebenden des schwersten Erdbebens des Jahrhunderts im Iran zu helfen. Das gewaltige Beben hatte den Nordosten Irans am frühen Nachmittag getroffen, fünf Dörfer verwüstet, in vielen anderen schwere Schäden angerichtet, 12 000 Menschen das Leben gekostet und 60 000 weitere obdachlos gemacht.

Jetzt richtete sich der müde Stabsoffizier wie alle anderen in diesem Gebiet aus Furcht vor Nachbeben auf eine Nacht im Freien ein und suchte Radio Teheran, um Genaueres über die Katastrophe zu erfahren. Das Erdbeben hatte um 14.47 Uhr begonnen, teilte der Sprecher mit. Der Herd, Ursprung der ersten Erschütterungen, lag 13 Kilometer unter der Erdoberfläche, und die seismischen Wellen hatten die Oberfläche zuerst bei der kleinen Stadt Firdous erreicht. Das Erdbeben hatte die Stärke 7,3 auf der Richterskala erreicht. Halb im Einschlafen wurde der junge Mann plötzlich wieder hellwach, als er hörte, daß all diese Informationen, ja die allerersten Nachrichten darüber, daß überhaupt ein Erdbeben den Iran erschüttert hatte, Teheran nicht aus dem einige hundert Kilometer von der Hauptstadt entfernten betroffenen Gebiet selbst erreicht hatten; sie stammten auch nicht aus irgendwelchen anderen offiziellen oder inoffiziellen persischen Quellen, sondern wurden von einem staatlichen Informationsdienst herausgegeben, der sich zu dieser Zeit fast 9000 Kilometer entfernt auf der anderen Seite der Erdkugel in Rockville im US-Bundesstaat Maryland befand.

Es handelte sich um den National Earthquake Information Service des U.S. Geological Survey (Nationaler Erdbebeninformationsdienst der Geologischen Bundesanstalt der Vereinigten Staaten). Vergleichbar mit einer Spinne, die auf ein Zittern ihres Netzes wartet, das Beute anzeigt, beobachten die Wissenschaftler des Informationszentrums tagaus, tagein rund um die Uhr ihre weitgespannten „telemetrischen Fäden" auf Erschütterungen hin, die ein Erdbeben ankündigen.

An der Tür zum großen Instrumentenraum, der sich seit 1968 in Golden im US-Staat Colorado befindet, hängt ein Schild mit der Aufschrift „War Room" (Kriegszimmer), was darauf hindeutet, daß dort häufig die krisengeladene Atmosphäre eines militärischen Hauptquartiers herrscht. Eine Wand wird von einer beeindruckenden Reihe von Registriergeräten eingenommen, deren Registriertrommeln sich Tag und Nacht drehen und die Werte von zwölf in Schlüsselpositionen installierten und über die ganzen Vereinigten Staaten verteilten Erdbebenstationen aufzeichnen. Andere Geräte, wahre Wunder der Elektronik, werten die Daten aus, die ihnen von den verschiedensten amerikanischen und internationalen Überwachungsnetzen übermittelt werden, die jedes erdbebenverdächtige Gebiet der Welt erfassen. Insgesamt erstattet Golden täglich etwa 650 Stationen Bericht, und bei 2500 weiteren stehen Informationen auf Abruf bereit. All dieses Material – monatlich etwa 60 000 seismische Aufzeichnungen – wird in die

Mit dem Stift in der Hand wertet ein Wissenschaftler des amerikanischen Geological Survey Laboratory (Labor der Geologischen Bundesanstalt) in Menlo Park in Kalifornien ein Seismogramm aus, das die Ankunft der seismischen Wellen eines kleineren örtlichen Erdbebens wiedergibt. Die Linien, für den Uneingeweihten ein scheinbar unauflösbares Gewirr, geben den Seismologen genaue Aufschlüsse über das Erdbeben – unter anderem darüber, wo es stattfand, welche Stärke es hatte und in welcher Richtung sich der Boden verschob.

Computer des Zentrums eingegeben, in denen es verarbeitet und gespeichert wird und für Erdbebenforscher jederzeit abrufbereit zur Verfügung steht.

Wenn ein Gebiet von einem schweren, mit großen Verlusten an Menschenleben verbundenen Erdbeben erschüttert wird – wie 1968 in Iran, 1976 in Guatemala oder 1980 in Italien –, sind sofort genaue Informationen erforderlich. Polizei und andere offizielle Stellen des betroffenen Gebietes übermitteln unter Umständen einen ersten Katastrophenalarm; aus abgelegenen Gegenden wie der persischen Wüste aber dringt oft überhaupt keine Nachricht. Solange jedoch Epizentrum und Stärke des Bebens noch nicht bekannt sind, haben die Hilfsorganisationen keine Anhaltspunkte dafür, wo die schwersten Verwüstungen angerichtet wurden und welches Ausmaß die Schäden haben. Die Messungen werden am besten in einiger Entfernung vom Erdbeben angestellt, denn im weiten Umkreis um das Epizentrum liegt die Intensität der Erschütterungen meist

Ein Seismologe vom National Earthquake Information Service der USA in Golden, Colorado, überwacht 21 Helicorder, die von entfernten, an verschiedenen Punkten der Vereinigten Staaten aufgestellten Seismometern erfaßte Bodenerschütterungen auf die Papierstreifen auf den Walzen übertragen. Die Übermittlung der Daten erfolgt über das Telephonnetz oder über Satelliten.

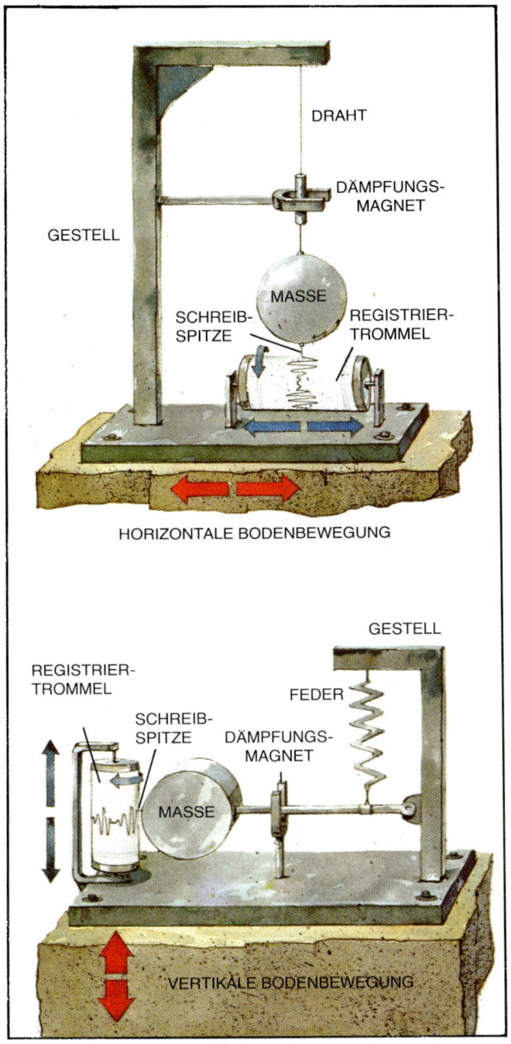

Es gibt zwei Seismographentypen; der eine registriert horizontale Bodenbewegungen *(oben)*, der andere vertikale *(unten)*. Beide basieren auf dem physikalischen Prinzip, daß eine an einem Draht oder einer Feder aufgehängte schwere Masse auf Grund ihrer Trägheit annähernd in Ruhestellung verharrt, wenn sich ihr in der Erde verankertes Gestell mit den seismischen Wellen bewegt. Die Bewegungsdifferenz zwischen Pendelgestell und ruhender Pendelmasse wird von einer Schreibspitze auf die rotierende Registriertrommel übertragen.

außerhalb des Meßbereichs der Seismographen, wie man 1964 in Alaska sehen konnte. Außerdem erfordern die nötigen Berechnungen, sollen sie genau und schnell sein, die computergesteuerte Analyse einer Vielzahl von Seismogrammen. Das Erdbebeninformationszentrum in Golden wurde durch seine weltweiten Verbindungen und seine Reaktionsschnelligkeit zur wichtigsten Sammelstelle für Erdbebendaten aus aller Welt – und zum zuverlässigen Verbündeten aller erdbebengeschädigten Länder, sei es einer eher unterentwickelten Nation, wie dem Iran, oder einer hochindustrialisierten, wie Japan.

Seismische Wellen jedes an beliebigen Orten der Erde auftretenden schweren Bebens lösen im Instrumentenraum von Golden Alarm aus. Innerhalb weniger Minuten beginnen Telefone zu klingeln und Fernschreiber zu klappern, wenn andere Stationen ihre vorläufigen Meßergebnisse zum Einlesen in die Computer von Golden durchgeben. Innerhalb von einer Stunde sind der genaue Zeitpunkt des Bebeneinsatzes sowie dessen Epizentrum und ungefähre Stärke berechnet. Anschließend alarmiert das Informationszentrum Regierungsstellen, Wissenschaftler und Nachrichtenagenturen in den Vereinigten Staaten sowie im Erdbebengebiet und informiert sie über das mögliche Ausmaß einer Katastrophe. Über eine solcher Verbindungen gelangten auch die Nachrichten nach Teheran, die der junge Friedenskorpsoffizier gehört hatte.

Doch so entscheidend dieser Dienst für die von schweren Erdbeben betroffenen Menschen auch ist, er ist nicht die wichtigste Aufgabe des Zentrums von Golden. Die meiste Zeit wird darauf verwandt, die Basisdaten über alle schwereren Erdbeben zu sammeln und an Wissenschaftler in der ganzen Welt weiterzuleiten. Stunde für Stunde berechnen die diensthabenden Wissenschaftler aus den in die Computer eingespeisten seismologischen Daten Magnitude, Herd und Epizentrum jedes registrierten Erdbebens. Die Ergebnisse werden sofort in Form eines Berichts mit dem Titel „Preliminary Determination of Epicenter" (vorläufige Bestimmung des Epizentrums) veröffentlicht. Etwa 500 solcher Berichte gibt das Zentrum monatlich heraus. Doch damit nicht genug; sind die Werte von sämtlichen Stationen aus aller Welt eingegangen, veröffentlichen die Mitarbeiter von Golden für jedes seismische Ereignis einen sehr viel umfangreicheren „Earthquake Data Report" (Erdbebendatenreport). Er umfaßt durchschnittlich 280 Seiten Computerausdrucke, die jede bekanntgewordene Beobachtung aller in Frage kommenden Erdbebenwarten wiedergeben.

Das für die gesamte Erdbebenforschung wichtigste Dokument ist das Seismogramm. Es wird sozusagen vom Erdbeben selbst geschrieben, und aus seinen Zickzacklinien kann der geübte Seismologe eine Unmenge von Informationen herauslesen. Durch Analyse der Wellen können die Seismologen nicht nur Stärke, Dauer und Ort des Bebens auf der Erdoberfläche berechnen, sondern auch die genaue Tiefenlage des Herdes, die Richtung und Magnitude der Bewegung entlang der Verwerfung, die die seismischen Wellen erzeugte, Lage und Ausmaß der Verwerfung, die physikalischen Eigenschaften des Materials, das die seismischen Wellen auf ihrem Weg zum Seismographen durchliefen, ja sogar Einzelheiten über den Aufbau des Erdkörpers von seinem innersten Kern bis zur Oberfläche. All diese Informationen lassen sich dem Seismogramm, das in jüngster Zeit zunehmend auf Magnetband gespeichert wird, entnehmen.

Energie, ganz gleich, woher sie kommt und gegen welche Art Material sie sich richtet, schreibt mit den Wellenformen, die sie erzeugt, eine charakteristische Handschrift. Die Seismologen können ein Erdbeben, das im Innern unseres Planeten abläuft, nicht direkt beobachten; doch ihr Verständnis der unterirdischen Vorgänge hat sprunghaft zugenommen, seit sie gelernt haben, die Wellen, die von Beben im Erdinnern ausgelöst werden, aufzuzeichnen und zu analysieren.

Die Beschaffenheit einer Welle hängt von der Art der Kraft ab, die sie erzeugt, und von dem Medium, das sie durchläuft. Ein Ruck am Ende eines Taus läßt eine Wellenlinie über dessen ganze Länge laufen; je stärker der Ruck, desto größer ist die Welle und desto weiter läuft sie. Gelee in einer Schüssel zittert, wenn man daranstößt; das Zittern sind Wellen, die sich von der Stoßstelle her ausbreiten. Wenn man in die Hände klatscht, erzeugt man eine Druckschwankung der Luft und somit Wellen, deren Frequenz, das heißt deren Anzahl von Schwingungen pro Sekunde, groß genug ist, um vom menschlichen Ohr als Laut wahrgenommen zu werden. Die Wellenbewegung eines Seils oder der Oberfläche eines Teiches führt eine Auf- und Abbewegung aus; die durch Händeklatschen erzeugten Schallwellen hingegen verlaufen in gerader Linie und sind durch Luftdruckschwankungen entlang ihrer Ausbreitungsrichtung gekennzeichnet.

Je weiter die Wellen sich ausbreiten, desto komplexer kann ihr Verhalten sein. Beim Übertritt von einem Medium in ein anderes können sie gebeugt oder gebrochen werden, wie etwa Lichtwellen beim Übertritt von Luft in Wasser. Stoßen sie auf eine Substanz, die zu dicht für sie ist, können sie auf sich selbst zurückgeworfen werden wie eine Welle, die gegen ein Kliff schlägt. Zwei einzelne Wellen gleicher Form und Größe können sich durch Überlagerung gegenseitig verstärken und eine Welle erzeugen, die größer und energiereicher ist als jede einzelne von ihnen.

Seismische Wellen sind zu komplexer Natur, als daß sie durch einfache Vergleiche veranschaulicht werden könnten. Sie werden durch ein unglaublich kompliziertes Geschehen ausgelöst und breiten sich durch eine verwirrende Vielfalt von Substanzen aus. Die plötzliche Kraft, die sie erzeugt, ist nicht ein einfacher Stoß, sondern ein drehender Ruck, bei dem Milliarden Tonnen von Gestein, die von jahrhundertelang

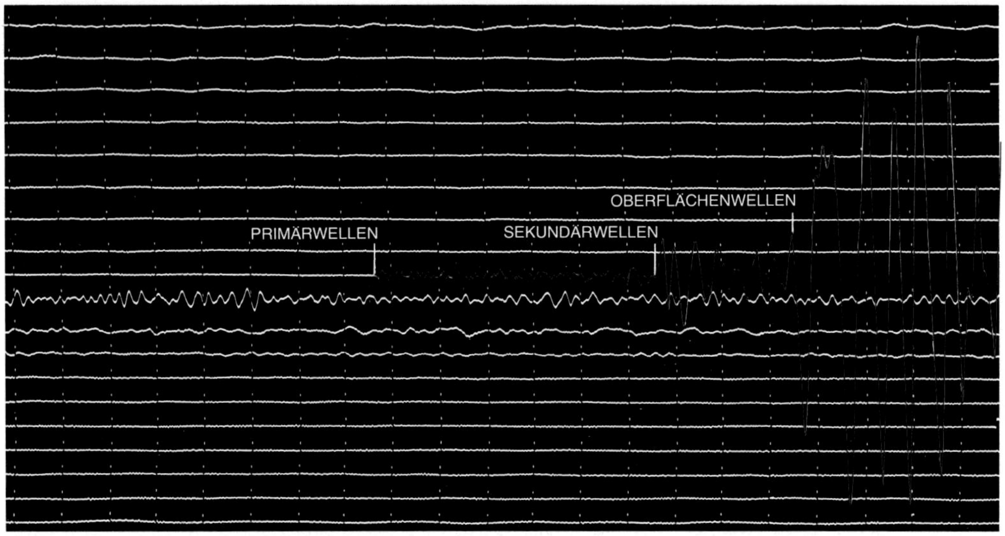

Dieser Ausschnitt aus einem am 28. Mai 1976 in Palisades im US-Bundesstaat New York aufgezeichneten Seismogramm zeigt die Bodenbewegungen während eines Erdbebens in Mittelamerika. Drei Grundtypen von Wellen erscheinen in der Aufzeichnung: Primär- und Sekundärwellen sowie die langsameren, aber größeren Oberflächenwellen, die sich über die Erdoberfläche ausbreiten.

angestauter Energie verdreht und deformiert worden sind, entlang einer Verwerfungsfläche aufbrechen und in eine Lage der Entspannung zurückschnellen. Diese Bewegung wurde zum ersten Mal von Harry Fielding Reid beschrieben, der die Untersuchung des Erdbebens von San Francisco im Jahre 1906 leitete. Er nannte diesen für die Erdbebenmechanik grundlegenden Vorgang „elastisches Rückschnellen".

Mit ihrem Panzer aus mehreren Gesteinszonen reagiert die Erde auf die Stöße eines Erdbebens, indem sie in einer Vielzahl von Wellen aller Frequenzen, Größen und Geschwindigkeiten vibriert. Wären die Frequenzen hörbar, würde es klingen, als spiele ein Symphonieorchester in voller Besetzung alle Töne eines Stückes auf einmal – jedes Instrument fortissimo und in jeder erdenklichen Tonlage. In der graphischen Darstellung des Seismogramms erscheinen die aufeinanderstoßenden und sich gegenseitig überlagernden seismischen Wellen als ein Gewirr von Zickzacklinien.

Am schlimmsten ist die Konfusion in der Nähe des Epizentrums, dem Gebiet auf der Erdoberfläche, das direkt über dem unterirdischen Herd des Erdbebens liegt. Ausgehend vom Herd brechen die Vibrationen der ersten Stöße gebündelt und ungeordnet durch die Erdkruste; die einen werden an der Erdoberfläche reflektiert und laufen ins Erdinnere zurück, die anderen verbreiten sich entlang der Oberfläche. Wenn die zurückgeworfenen Wellen in den darunterliegenden Schichten ein weiteres Mal reflektiert und gebrochen werden, dringt mit der reflektierten Welle nochmals ein Teil der Energie zur Erdoberfläche hinauf. Oft überlagern die doppelt reflektierten Wellen die ursprünglichen, und wenn sie bei gleicher Wellenlänge zusammenfallen, verstärken sie sich gegenseitig, und der Boden wogt mit ungleich größerer Heftigkeit als bei einer einfachen Wellenfolge. Das ist der Grund, weshalb die Seismographen in der Nähe eines Epizentrums meist versagen oder hoffnungslos verworrene Aufzeichnungen machen.

Die Wellen breiten sich vom Herd mit unterschiedlicher Geschwindigkeit aus und bewegen sich dabei voneinander weg. Werden sie in einer Entfernung registriert, in der der Wirrwarr sich etwas gelichtet hat, können die Seismologen leicht die verschiedenen Wellentypen unterscheiden, die von allen Erdbeben erzeugt werden. Die einfachste der vielen Kräfte, die ein Erdbeben freisetzt, preßt die Gesteinspartikel in ihrer Bewegungsrichtung zusammen und dehnt die dahinterliegenden. Die Gesteinspartikel reagieren auf diese Bewegung mit einer Serie von Schwingungen, die sich mit einer Geschwindigkeit von etwa 6 Kilometern pro Sekunde in alle Richtungen ausbreiten. Sie sind die schnellsten seismischen Wellen und die ersten, die auf einem Seismogramm erscheinen; sie werden Primär- oder P-Wellen genannt. Diese Partikelbewegungen hatte John Milne als Verdichtungswellen bezeichnet. P-Wellen sind Longitudinalwellen und durchdringen jedes Material – den harten Granit des Gebirges, die geschmolzene Lava unter einem Vulkan, das Wasser von Seen und Meeren und sogar die Luft. Das Dröhnen wie von einem D-Zug, das die Leute manchmal bei Einsetzen eines starken Erdbebens hören, entsteht durch P-Wellen im hörbaren Frequenzbereich, die die Erdoberfläche durchbrochen haben und die Luft in Schwingungen versetzen.

Das Verdrehen und Verschieben der Gesteinsmassen wirkt sich auch auf die Umgebung der Verwerfung aus. Dort wird eine sogenannte transversale Welle ausgelöst, die die Gesteinspartikel nicht vorwärts und rückwärts entlang ihrer Bewegungsrichtung, sondern auf- und abwärts quer zu ihrer Bewegungsrichtung in Schwingungen versetzt. Da die Auf- und Abbewegung viel Energie kostet, laufen diese Wellen langsamer als die P-Wellen; sie legen etwa 3 Kilometer pro Sekunde zurück und erscheinen auf dem Seismogramm als später eintreffende, stärkere und unregelmäßigere Linie; sie werden Sekundär- oder S-Wellen genannt. Sie können keine Flüssigkeit durchdringen, da die Moleküle einer Flüssigkeit im Gegensatz zu denen fester Stoffe bei einer Seitwärtsbewegung die Nachbarmoleküle nicht mit sich ziehen. Die Geschwindigkeiten von P- und S-Wellen ändern sich je nach Material erheblich, während das Verhältnis ihrer Geschwindigkeiten zueinander fast immer konstant bleibt.

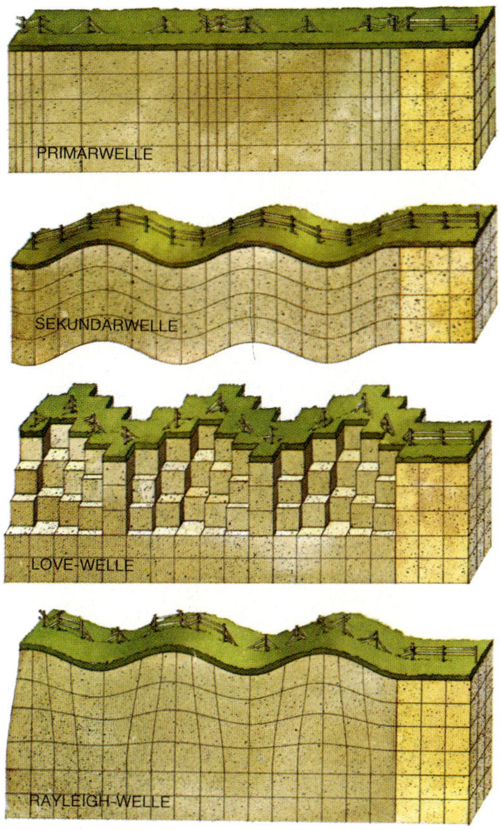

Die schematischen Darstellungen zeigen, wie sich der Boden bei einem Erdbeben bewegt. Vom Ursprungsort des Erdbebens ausgehende Primärwellen stauchen und dehnen abwechselnd das Material, das sie durchlaufen. Sekundärwellen erzeugen Auf- und Ab- sowie Seitwärtsbewegungen, ähnlich den Schwingungen eines Seils. Die langen Wellen, die sich über die Erdoberfläche ausbreiten, sind komplexer: Ein als Love-Wellen bekannter Typ bewegt den Boden in seitlicher Richtung, der zweite Typ – Rayleigh-Wellen – führt wie Ozeanbrecher eine rotierende Auf- und Abwärtsbewegung aus.

Wenn diese sogenannten Raumwellen vom Erdbebenherd aus die Erde durchdringen und auf die Oberfläche treffen, werden sie teilweise in Oberflächenwellen verwandelt. Noch bevor die Existenz solcher Oberflächenwellen durch Seismogramme, die genau genug waren, um Oberflächenwellen von S-Wellen unterscheiden zu können, bestätigt wurde, waren ihre Eigenschaften bereits von zwei britischen Wissenschaftlern mathematisch vorausberechnet worden. Komplexe Gleichungen zur quantitativen Bestimmung des Verhaltens der Wellen beim Durchgang durch elastische Stoffe führten John William Strutt, Lord Rayleigh 1885 zur Annahme von Oberflächenwellen, die wie Brecher auf See eine rotierende Auf- und Abbewegung ausführen. Beim späteren Studium von Seismogrammen entdeckte man tatsächlich genau diese Art von Bewegung. Es ist möglich, daß Rayleigh-Wellen die Niveauschwankungen (Geologen nennen sie Seiches) europäischer Seen und Häfen nach dem katastrophalen Lissabonner Erdbeben von 1755 bewirkten, ebenso wie den Stoß, der nach dem Karfreitagsbeben von Alaska, Houston und Cape Kennedy anhob.

Aber Rayleighs Theorie erklärte nicht alle bei Erdbeben beobachteten Oberflächenbewegungen. 1911 entwickelte der britische Mathematiker A. E. H. Love das mathematische Modell einer anderen Art transversaler Oberflächenwelle, die die Oberfläche in seitlicher Richtung bewegt, ohne sie vertikal oder in der Längsrichtung der Welle zu beeinflussen. Auch hier wurde die Mathematik durch genaue Analyse der Seismogramme bestätigt. Bald erkannte man, daß die nach Rayleigh und Love benannten Oberflächenwellen niedrigere Frequenzen haben als die Raumwellen, aus denen sie entstehen, und daß sie sich gewöhnlich auch langsamer fortbewegen – Rayleigh-Wellen mit einer Geschwindigkeit von etwa 2,7 Kilometern pro Sekunde, Love-Wellen mit etwa 3 Kilometern pro Sekunde. Aber sie halten über große Entfernungen an und umrunden die Erdkugel oft mehrfach, bevor sie endgültig abgeklungen sind.

Die Wellen eines kleineren Erdbebens können sich schon nach wenigen Sekunden legen (die eines großen Bebens allerdings können Wochen anhalten) – dann ist alles vorbei. Die daran beteiligten Kräfte werden nur in Gestalt der mehr oder weniger verheerenden Nachwirkungen sichtbar; man kann das Geschehen weder festhalten noch im Labor zu Studienzwecken simulieren. Nur der Seismograph kann die komplexen, möglicherweise nur Sekunden andauernden Vorgänge während eines Erdbebens in einer bleibenden Aufzeichnung festhalten. Umfang und Wert dieser Informationen haben im Laufe der Jahre in dem Maße zugenommen, als sich Präzision und Vielseitigkeit des Seismographen entwickelten – des Instruments, das zum ersten Mal unter den aufmerksamen Blicken John Milnes eingesetzt wurde.

So großartig die Seismographen, die Milne, Gray, Ewing und andere Ende des 19. Jahrhunderts entwickelten, für ihre Zeit auch waren, so konnten sie doch bei weitem nicht die Ansprüche einer Wissenschaft erfüllen, die immer kompliziertere Fragen aufwarf. Die ersten Geräte dieser Art maßen nur einen Teil der vielfältigen Wellenarten und -frequenzen. Unbefriedigend war auch, daß ihre Pendel unkontrolliert weiterschwangen, sobald sie von einer starken Bewegung ausgelenkt worden waren. Solange man die Pendelbewegung nicht unter Kontrolle hatte, eignete sich der Seismograph nicht dazu, genaue Aufzeichnungen von den später eintreffenden Wellen zu machen.

Eine wesentliche Verbesserung führte 1898 der deutsche Geophysiker Emil Wiechert mit seiner Dämpfungsvorrichtung ein, die das Pendel des Seismographen beruhigte und seine Meßgenauigkeit erheblich vergrößerte. Aber die Geräte waren noch immer sehr schwer. Ihre Gewichte mußten eine so große Masse haben, daß sie trotz der Energiestöße, die über das Gestell und die mechanische Vorrichtung, die die seismischen Wellen auf Papier aufzeichnete, auf sie übertragen wurden, in Ruhestellung verharrten. Einer von Wiecherts Seismographen war mit einem 17 Tonnen schweren Eisengewicht ausgestattet. Einen Seismographen bei Geländeuntersuchungen zum Messen von Nachbeben oder simulierten Erdstößen einzusetzen war so gut wie unmöglich.

Bezeichnenderweise war der nächste, der die Technologie der Erdbebenforschung ein Stück voranbrachte, der russische Fürst Boris Galitzin, derselbe, der als Präsident der Internationalen Seismologischen Vereinigung einen so trefflichen Nachruf auf Milne verfaßt hatte. Galitzin führte 1906 eine Vorrichtung ein, die ohne die mechanische Kopplung zwischen dem Pendel, das die Erdbewegungen anzeigt, und dem Registriergerät, das sie aufzeichnet, auskam. Er montierte eine Drahtspule am Pendel und hängte sie zwischen den Polen eines am Boden befestigten Magneten auf. Wenn die Erde bebte, bewegte sie den Magneten und damit auch das Magnetfeld um die Spule und erzeugte in ihren Windungen elektrischen Strom. Je größer die Bewegung, desto stärker war der Strom. Jetzt konnte das Registriergerät vom Seismometer mechanisch getrennt werden. Von der Spule führten zwei dünne Drähte zu einem für die Aufzeichnung geeigneten Platz. Sie waren mit einem Galvanometer verbunden, einem Instrument, das den elektrischen Strom wieder in mechanische Kraft zurückverwandelte, die groß genug war, um die Schreibspitze des Registriergerätes zu bewegen.

Diese Entwicklung hatte für die Seismologie weitreichende Bedeutung. Dank des Prinzips, Bewegungsenergie in elektrische Energie umzuwandeln, konnten die Konstrukteure kleinere Gewichte benutzen und in Geräte einbauen, die nun leichter zu transportieren waren. Und dank der Möglichkeit, die Signale über weite Strecken zu übertragen, konnten mehrere Seismographen gleichzeitig von einer Zentrale aus überwacht werden. Das lästige und zeitraubende Herumfahren von Ort zu Ort, um die Instrumente zu kontrollieren, war so auf ein Minimum reduziert.

Die Pendel konnten nach Einführung von Galitzins elektromagnetischem System zwar verkleinert werden, doch es blieb das elektromagnetische Prinzip, daß die Menge der im Stromkreis erzeugten Energie von der Größe der am Pendel befestigten Spule abhing. Eine zu kleine Spule erzeugte zuwenig Strom, um den Registriermechanismus betreiben zu können. Weitere 16 Jahre vergingen, bis es zwei Wissenschaftlern gelang, einen besonders kleinen Seismographen herzustellen, der darüber hinaus Milnes Ideal eines Instruments von einfachstem mechanischem Aufbau verwirklichte.

Harry O. Wood und J. A. Anderson, zwei Seismologen vom California Institute of Technology (das auch kurz Caltech genannt wird), befestigten einen kleinen, etwa ein Gramm schweren Zylinder seitlich an einem straff gespannten senkrechten Wolframdraht. Bei horizontalen Bodenschwankungen führte der Zylinder kleine Drehbewegungen um den als Drehachse fungierenden Draht aus. Der verdrehte Draht reagierte wie eine gespannte Feder und bewegte den Zylinder wieder in seine Ausgangslage zurück. An der Seite des Zylinders war ein winziger Spiegel befestigt, auf den ein Lichtstrahl fiel, der auf eine mit Photopapier bespannte Registriertrommel reflektiert wurde. Wenn Bodenbewegungen den Seismographen erschütterten, übertrug der hin und her schwingende reflektierte Lichtstrahl die Formen der Wellenbewegungen auf das Photopapier. Obwohl das ganze Gerät nur etwa 30 Zentimeter hoch war, registrierte es Oberflächenwellen mit größter Sensibilität und war ausgesprochen praktisch: Es gab so gut wie nichts am ganzen Mechanismus, das verschleißen oder sich verstellen konnte. Das Gerät war so nützlich, daß es in kürzester Zeit zum Standardinstrument zur Berechnung der Erdbebenstärke

Die Boten, die an einem Märztag 138 n. Chr. in vollem Galopp in der chinesischen Hauptstadt Lojang eintrafen, mußten feststellen, daß ihre Nachricht von einem verheerenden Erdbeben 650 Kilometer weiter im Nordwesten bereits bekannt war. Tatsächlich hatte sie sich mit der Geschwindigkeit der Erschütterungen selbst verbreitet. Obwohl in der Hauptstadt nichts zu verspüren war, hatte ein genialer Erdbebenmelder *(rechts)* das Erdbeben und die Richtung, aus der die Erschütterungen kamen, angezeigt.

Die chinesische Erfindung geriet in späteren Jahren in Vergessenheit. Im Europa des 18. Jahrhunderts beobachtete man regelmäßig genauestens ausbalancierte Gegenstände oder randvolle Gefäße mit Wasser. Später begannen Wissenschaftler, kompliziertere Instrumente zum Messen und Aufzeichnen der Bodenbewegungen zu entwickeln *(folgende Seiten)*.

Bei einem Gerät wurde Wasser durch Quecksilber ersetzt, das eine größere Dichte hat und nicht so leicht zum Überlaufen gebracht werden kann. Solche Seismoskope konnten Bodenbewegungen und die ungefähre Richtung ihres Ursprungs anzeigen. Die ersten mit einem Pendel arbeitenden Meßgeräte kamen Mitte des 18. Jahrhunderts in Gebrauch.

Eine frei wie ein gewöhnliches Pendel aufgehängte Masse verharrt vorübergehend in Ruhestellung, selbst wenn sich der Boden darunter bewegt, und kann deshalb zum Messen der Stärke der Bewegung benutzt werden. Einige Seismometer verfügten über ein horizontales Pendel, dessen Masse an einem drehbaren Arm oder an einer Feder befestigt war und vertikale Bewegungen registrieren konnte.

Bis zum Ende des 19. Jahrhunderts baute man immer empfindlichere und präzisere Seismometer; dann entwickelten britische Wissenschaftler Seismographen, die nicht nur Richtung und Amplitude der Erschütterungen registrierten, sondern ohne Unterbrechung rund um die Uhr Aufzeichnungen machen konnten. Diese Seismographen, Vorläufer einer ganzen Reihe moderner Geräte, lieferten den Wissenschaftlern zuverlässige Daten, wie sie zu einem tieferen Verständnis der komplizierten Vorgänge bei einem Erdbeben nötig waren.

Prächtige Drachen hocken auf diesem goldemailverzierten Erdbebenmelder, der 132 n. Chr. von dem chinesischen Astronomen und Mathematiker Tschang Heng erfunden wurde. Acht Drachen hielten Bronzekugeln in ihren Mäulern; ein innerer Mechanismus, der schon von leichtesten Erschütterungen ausgelöst wurde, öffnete das Maul eines Drachens, so daß die Kugel einer daruntersitzenden Metallkröte klingend ins offene Maul fiel und damit Alarm auslöste. Die kaiserlichen Beobachter bestimmten den Ort des Erdbebens nach der Richtung, in die der Drache mit dem leeren Rachen blickte.

Ein 1751 in Italien gebautes Seismometer verfügt über ein Pendelgewicht mit einer daran befestigten Messingspitze. Bei einem Erdbeben zog die Spitze Linien in den glatten Sand auf einem Tablett, das in einem größeren, flachen Wasserbecken waagerecht gehalten wurde. Das Bild im Hintergrund zeigt die Zerstörung der chilenischen Stadt Arica durch ein Erdbeben im Jahre 1868.

Bei diesem Seismoskop aus dem 19. Jahrhundert zeigt das Überlaufen des Quecksilbers in der Holzschale ein Erdbeben sowie seine Richtung und ungefähre Stärke an.

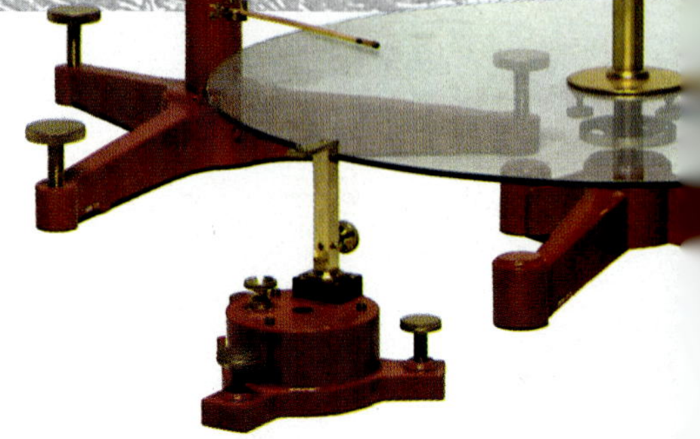

Bei diesem 1880 erfundenen Drei-Komponenten-Seismographen übertragen Schreibspitzen aus Rohr Bodenbewegungen auf eine sich drehende rußgeschwärzte Glasscheibe. Der große Apparat mit den Federn registriert Vertikalbewegungen, während zwei horizontal gelagerte Schreibspitzen rechts vorn Horizontalbewegungen aufzeichnen. Bei Einsetzen eines Bebens beginnt die Scheibe sich gleichmäßig zu drehen.

Ein photographisches System machte dieses Seismometer von 1899 zum präzisesten seiner Zeit. Ein feiner, von einer Lampe im Aufzeichnungsgerät *(links)* kommender Lichtstrahl fällt durch ein Loch in der Spitze des Horizontalpendels, das an dem Gestell *(oben)* aufgehängt ist, und zeichnet den seismischen Wellen entsprechende Linien auf eine mit Photopapier bespannte Walze.

Dieses frühe Modell eines tragbaren Seismographen aus dem Jahre 1917 maß die Erschütterungen von Sprengungen, die von Erzprospektoren ausgelöst wurden. Feinste Bewegungen eines Pendels in dem langen Rohr drehten einen Spiegel, der einen Lichtstrahl auf Photopapier in dem dreibeinigen Registriergerät reflektierte.

MODIFIZIERTE MERCALLI-STÄRKESKALA VON 1962

I Unmerklich: Die Intensität der Erschütterung liegt unterhalb der Fühlbarkeitsgrenze. Sie kann nur mit seismischen Instrumenten nachgewiesen werden.

II Kaum merklich: Die Erschütterung wird nur von einzelnen, ruhenden Personen in den oberen Stockwerken eines Gebäudes gespürt.

III Schwach, nur teilweise beobachtet: Das Erdbeben wird in dichtbesiedelten Gebieten von einigen Personen wahrgenommen. Die Erschütterung ist ähnlich der, die beim Vorbeifahren eines leichten Wagens entsteht. Aufmerksame Beobachter bemerken ein ganz leichtes Schwingen hängender Gegenstände.

IV Größtenteils beobachtet: Das Beben wird in Gebäuden von vielen, im Freien von wenigen Personen verspürt. Vereinzelt erwachen Schlafende. Schrecken wird nicht hervorgerufen. Die Erschütterung ist ähnlich der, wie sie beim Vorüberfahren eines schweren Wagens entsteht. Fenster, Türen und Geschirr klappern. Fußböden und Wände krachen, Möbelstücke erzittern. Hängende Gegenstände pendeln leicht. Flüssigkeiten in Gefäßen geraten leicht in Bewegung. In stehenden Autos ist die Erschütterung zu bemerken.

V Aufweckend: Das Beben wird in den Gebäuden von den meisten Personen, im Freien von vielen beobachtet. Viele Schlafende erwachen. Vereinzelt fliehen Bewohner ins Freie. Tiere werden unruhig. Es findet eine Erschütterung des ganzen Hauses statt. Frei hängende Gegenstände pendeln, Bilder klappern oder verschieben sich. Pendeluhren bleiben gelegentlich stehen. Wenig standfeste Gegenstände können umfallen oder verschoben werden. Türen und Fensterläden schlagen auf und zu. Flüssigkeiten aus gut gefüllten Gefäßen laufen in kleinen Mengen über. Die Erschütterung ist ähnlich der, wie sie beim Umfallen eines schweren Gegenstandes im Hause hervorgerufen wird.

VI Erschreckend: Von allen innerhalb der Gebäude sich aufhaltenden und vielen im Freien befindlichen Personen gespürt. Viele Menschen verlassen unter Schrecken die Häuser. Manche Personen verlieren das Gleichgewicht. Haustiere laufen aus den Ställen. In machen Fällen können Geschirr und Gläser zerbrechen, Bücher und Bilder herabfallen. Wenig standhafte Gegenstände können sich bewegen und umfallen. Leichtere Möbelstücke werden bewegt. Kleine Turmglocken schlagen an. – Verputzrisse und Abbröckeln von Verputz kann auftreten. – Im Gebirge treten Erdrutsche auf. Die Quellen zeigen Änderungen in der Wasserführung. Es werden Brunnenspiegelschwankungen beobachtet.

VII Schäden an Gebäuden: Die meisten Menschen erschrecken und flüchten ins Freie. Das Beben wird auch im fahrenden Auto bemerkt. Große Glocken schlagen an. – In verstärkten Bauten und Holzhäusern treten Verputzschäden auf. Bei anderen Gebäuden entstehen starke Mauerrisse und Schornsteinschäden. Rohrleitungen werden an Nahtstellen undicht. In Gewässern werden Wellen aufgeworfen. Brunnen und Quellen werden in ihrem Wasserhaushalt gestört, was bis zum Versiegen führen kann. Hänge und Uferböschungen geraten ins Rutschen.

VIII Zerstörungen an Gebäuden: Schrecken und Panik entstehen. Selbst schwere Möbel werden von der Stelle bewegt oder stürzen vereinzelt um. Die meisten verstärkten Bauten und Holzhäuser erleiden leichte Mauerrisse, größere Schäden im Verputz und Beschädigungen der Kamine. Dachziegel gleiten ab. Normale Ziegelbauten oder Gebäude aus Naturstein werden entsprechend stärker beschädigt. Denkmäler werden verschoben oder verdreht. Grabsteine fallen um. – An steilen Böschungen treten kleine Hangrutschungen auf. Im Boden entstehen Risse von einigen Zentimeter Ausdehnung. Wasserführung und Wasserstand ändern sich bei Quellen bzw. Brunnen.

IX Allgemeiner Gebäudeschaden: Allgemeine Panik bei Bevölkerung und Tierwelt. Zahlreiche Beschädigungen am Hausrat. Bei vielen verstärkten Bauten treten große Mauerrisse auf. Von den normalen Ziegelbauten oder Gebäuden aus Hohlblocksteinen u. ä. erleiden viele Zerstörungen ganzer Bauteile. Es stürzen Wände ein. Ein geringer Anteil dieses Gebäudetyps wird vollständig zerstört. Denkmäler stürzen um. Beträchtliche Schäden entstehen an Wasserbehältern und unterirdischen Rohrleitungen. In einigen Fällen treten Verbiegungen an Eisenbahnschienen auf. – Bergstürze und Hangrutschungen werden beobachtet. Bodenrisse entstehen in einer Breite von etwa 10 cm. In Schwemmland tritt Wasser, Sand und Schlamm aus dem Boden aus.

X Allgemeine Gebäudezerstörungen: An verstärkten Bauten werden ganze Bauteile zerstört. Die übrigen Gebäude werden zu einem großen Teil vollständig oder sehr weitgehend zerstört. Schwere Schäden treten an Brücken auf. Eisenbahnschienen werden leicht gebogen, Leitungsrohre im Boden reißen oder werden gestaucht. Im Straßenbelag treten wellenförmige Stauchungen auf. – Der Boden zeigt Risse in der Größenordnung von Dezimetern. Lockerboden gleitet von den Hängen ab. An Flußufern und Steilküsten kann Boden in größerem Ausmaße abrutschen. In Küstengebieten zeigen sich Schlamm- und Sandbewegungen.

XI Vernichtend: Schwere Zerstörungen treten an den stabilsten Gebäuden, Brücken, Dammbauten und Eisenbahnschienen auf. Straßen und unterirdische Rohrleitungen werden zerstört. Im Boden treten breite Risse und Spalten auf. Horizontale und vertikale Verschiebungen ganzer Schollen lassen sich feststellen. Böden beginnen zu fließen. Felsstürze werden ausgelöst.

XII Landschaftsverändernd: Hoch- und Tiefbauten werden vernichtet. Die Erdoberfläche wird tiefgreifend umgestaltet. Beträchtliche vertikale und horizontale Schollenverschiebungen sind zu beobachten. Daneben treten ausgedehnte Felsstürze, Uferabbrüche auf. Flüsse verändern ihren Lauf, neue Seen werden aufgestaut.

Diese Stärkeskala zur Beschreibung der Auswirkungen von Erdbeben an der Erdoberfläche wurde 1902 von dem italienischen Seismologen Giuseppe Mercalli *(oben)* aufgestellt und 1962 von S. Medvedev, W. Sponheuer und V. Karnik modifiziert. Die zwölf Stärkegrade basieren auf Augenschein und haben nur begrenzten Wert, da das Ausmaß der Schäden nicht unwesentlich auch von der Entfernung vom Epizentrum, der Beschaffenheit des Untergrundes und der Bauweise der Häuser abhängt.

nach der Richterskala wurde. Es hatte allerdings einen Nachteil. Wenn man es auf die Seite legte, zog die Schwerkraft den Zylinder nach unten und verhinderte das Oszillieren. Es konnte also nur horizontale Bodenbewegungen messen – die Kompressionswirkung der P-Wellen und die Seitwärtsbewegungen der S- und Love-Wellen; die vertikalen Berg- und Tal-Bewegungen der S-Wellen oder die schlenkernden Rayleigh-Wellen registrierte es nur unvollständig.

In den nächsten sieben Jahren gab es verschiedene, doch gleichwohl erfolglose Bemühungen, ein Instrument zu bauen, das sowohl vertikale als auch horizontale Bewegungen genau aufzeichnete. 1930 jedoch entwickelte Victor Hugo Benioff, ein Absolvent des California Institute of Technology, eine Vorrichtung, die, wie man später sagte, eine neue Ära seismologischer Meßtechnik einleitete. Benioff verbesserte Galitzins elektromagnetischen Sensor, indem er das Grundprinzip des Telephons darauf anwandte. Statt wie Galitzin den elektrischen Strom allein durch direkte Umwandlung der Bodenbewegungen zu erzeugen, bediente sich Benioff eines schon vorhandenen konstanten Stromes, den er mit den Stromschwankungen aus der Spule am Pendel überlagerte. Das Ergebnis war ein – verglichen mit der Version von Galitzin – weitaus empfindlicherer Seismograph, der die genaue Aufzeichnung und Analyse der kleinsten vertikalen sowie horizontalen Bodenbewegungen ermöglichte.

Dieser verfeinerte Seismograph war die erste der zahlreichen Erfindungen Benioffs während seiner glänzenden Karriere am Caltech. Knapp zwei Jahre später gelang ihm bereits der Durchbruch auf einem anderen problematischen Gebiet – der Registrierung sehr langwelliger Bewegungen. Jedes Erdbeben erzeugt Wellen, deren Periode – die Zeit, die zwischen zwei aufeinanderfolgenden Wellenbergen verstreicht – von tausendstel bis zu Tausenden von Sekunden dauern kann. Die größten Fortschritte in den 20er und frühen 30er Jahren hatte man bei der Steigerung der Genauigkeit beim Messen von

Wellen am kurzwelligen Ende des Spektrums gemacht. 1936 nun führte Benioff präzise Messungen auch im langwelligen Bereich durch.

Dies gelang ihm mit einem ungewöhnlichen Instrument, das er in einer unterirdischen Kammer in den Hügeln von Pasadena installierte. Es bestand aus einem dünnen, fast 20 Meter langen Quarzstab, dessen eines Ende starr an einem Zementpfosten befestigt war, während das andere zwischen elektromagnetischen Sensoren auf einem zweiten Pfosten frei auflag. Wenn sich die Pfosten relativ zueinander bewegten, regte das freie Ende der Stange die Sensoren an. Benioff hatte das Gerät als Verformungsmesser konzipiert, um Dehnung und Stauchung der Erdkruste zu messen. Aber es funktionierte ebensogut als Seismograph für überlange Wellen und konnte Wellen bis zu einer Länge von 20 Metern registrieren. Solche Wellen erschütterten einen gewöhnlichen Seismographen nur so leicht, daß er sie praktisch nicht wahrnahm. Wenn sie aber den mit dem langen Quarzstab ausgestatteten Pfosten von Benioffs Verformungsmesser anhoben, wurde die Relativbewegung der Pfosten entsprechend verstärkt, und das empfindliche Registriergerät erfaßte die Wellenform. Dieses Instrument erleichterte die Untersuchung der für sehr weit entfernte oder sehr starke Erdbeben typischen längeren Wellen.

So also hatte die Seismologie dank einer Handvoll hervorragender Wissenschaftler bis Mitte der 30er Jahre enorme technische Fortschritte gemacht. Im Laufe von gut einer Generation hatten sich ihre anfangs primitiven Geräte zu einer Vielfalt hochwertiger Instrumente entwickelt, die jede Drehung und Bewegung von Erdbeben erschütterten Gesteins aufzeichnen konnten. Wie aber wertete man die seismologischen Registrierungen aus? Andere Wissenschaftler mußten nun versuchen, die Geheimnisse der vom Seismographen aufgezeichneten Hieroglyphen zu entschlüsseln.

Als Charles F. Richter – er arbeitete gerade an seiner Dissertation auf dem Gebiet der theoretischen Physik – 1927 im Alter von 27 Jahren an das seismologische Labor des Caltech kam, war seine erste Aufgabe die routinemäßige Auswertung von Seismogrammen zur Bestimmung des Epizentrums jedes registrierten Erdbebens. Einige Jahre später beschloß man, auf der Grundlage der am Caltech gesammelten Daten einen Jahreskatalog der südkalifornischen Erdbeben herauszugeben. In den Katalog sollten die 200 bis 300 Erdbeben, die jährlich in diesem Gebiet auftreten, aufgenommen werden, und Richter machte sich Gedanken über Fehlinterpretationen, die aufgrund der seiner Meinung nach „skandalösen Widersprüche“ in der Beschreibung der Beben enstehen würden. Seine Vorstellung von wissenschaftlicher Objektivität stieß sich an den Grenzen der einzigen Methode, nach der man damals Erdbeben maß und verglich – der Anwendung der Intensitätsskala, die noch aus den Anfängen der Seismologie stammte.

Die Skala basierte schlicht und einfach auf dem Augenschein. Ein Wissenschaftler begab sich an den Ort des Geschehens, um das Ausmaß der Schäden zu schätzen. Er sah nach Rissen in Gebäuden, umgeworfenem Mobiliar, Erdrutschen und Bodenspalten. Er hörte sich die Schilderungen der Menschen an, die das Beben miterlebt hatten. Im Anschluß daran verglich er diese Beobachtungen und Berichte mit den Beschreibungen der zwölf Stufen von Bebenintensitäten, die in einer Einheitsskala festgelegt waren; je höher die Stufenzahl, desto schwerer das Beben.

Die Intensitätsskala bleibt ein wertvoller Maßstab sowohl für die Bewertung früherer Erdbeben als auch für die Abschätzung des Zustands beschädigter Gebäude und der Beschaffenheit des Untergrunds. Aber als präzise Eichskala von Erdbebenstärken läßt sie viele Wünsche offen, denn sie stellt kein eigentliches Meßverfahren dar. Sie ist nicht viel mehr als die subjektive Beschreibung von Auswirkungen, die von Dutzenden von Faktoren, die nichts mit der Stärke des Erdbebens zu tun haben, beeinflußt sind. Eingestürzte Gebäude, ein Schlüsselfaktor bei der Bewertung nach der Intensitätsskala, sagen eher etwas über die für den Bau verantwortlichen Firmen und die verwendeten Materialien aus als über die Stärke der Erschütterungen.

Richters Beschäftigung mit Seismogrammen enthüllte eine weitere schwerwiegende Unzulänglichkeit der Intensitätsskala. Er stellte fest, daß ein Erdbeben, obwohl es nur ein unscheinbares Seismogramm erzeugte, in der Nähe eines dichtbesiedelten Gebietes Auswirkungen haben konnte, durch die es auf der Intensitätsskala hoch eingestuft wurde, während ein anderes, das ein bewegteres Seismogramm hinterließ, dessen Epizentrum aber weitab aller Zivilisation lag, möglicherweise niedrig eingestuft wurde. Eine Wissenschaft, die nach mathematischer Genauigkeit strebte, benötigte ein objektiveres Meßverfahren für das Ausmaß eines seismischen Ereignisses. Und Richter erkannte, daß die Lösung direkt vor ihm auf dem Seismogramm stand.

Zuerst schien der Gedanke fast zu einfach. Ihm fiel auf, daß die Seismogramme zweier beliebiger Erdbeben unabhängig davon, wie weit der Seismograph entfernt war, ein konstantes Verhältnis ihrer größten Oberflächenwellen aufwiesen. Auszugehen war jeweils von der größten Amplitude – dem Abstand zwischen Wellental und Wellenkamm – auf dem Seismogramm. Richter zog folgenden Schluß: Wenn das Verhältnis in jeder beliebigen Entfernung konstant war, mußte es auch an den Orten der Erdbeben konstant sein, und wenn das richtig war, konnte man es auch dazu benutzen, die relative Stärke eines Erdbebens direkt vom Seismogramm abzulesen. Aber er sah auch, daß das Verhältnis von Erdbeben zu Erdbeben zu stark schwankte, um eine brauchbare Vergleichsgrundlage zu liefern; die Amplitude eines starken Erdbebens war zehnmillionenmal so groß wie die eines schwachen. Richter beschloß daher, seiner Stärkenskala einen dekadisch logarithmischen Maßstab zugrundezulegen, um sie überschaubarer zu machen. So entsprach einem Anstieg der Bewertung um 1 eine zehnfache Vergrößerung der Amplitude der seismischen Welle. Das Ergebnis war eine kompakte Skala, mit Hilfe derer – unmittelbar ausgehend von den Seismogrammen – eine objektive quantitative Beurteilung der Stärke eines Erdbebens möglich wurde.

Zur Verdeutlichung des Unterschieds zwischen seiner Stärkenskala und der Intensitätsskala sowie zwischen seinem Meßverfahren und der Bewertung der Stärke nach subjektiven Kriterien definierte Richter den Begriff der Magnitude, der in der Astronomie bereits in anderem Zusammenhang zur Beschreibung der Strahlungsintensität entfernter Sterne verwendet wurde. Seine Magnitudenskala hatte keine obere Grenze, aber in der Praxis wurde nie ein Erdbeben mit einem höheren Wert als 8.9 gemessen. „Das ist ein Grenzwert in der Erde", sagte Richter, „nicht auf der Skala."

Die Richterskala erwies sich zwar für die Seismologen am Caltech als sehr nützlich, doch da sie auf den von Wood-Anderson-Seismographen registrierten Seismogrammen basierte, konnte sie nicht unmittelbar auf die Aufzeichnungen der vielen anderen Seismographentypen, die auf der Welt arbeiteten, angewendet werden. Die Wellen, die Richter als Bezugsgrößen zur Aufstellung seiner Skala dienten, wurden im Umkreis von einigen hundert Kilometern von den für Kaliforniens seismische Aktivität typischen flachliegenden Erdbeben gemessen.

Seismogramme, die in größeren Entfernungen aufgezeichnet wurden, erlaubten jedoch nicht, daß man sie unmittelbar – wie Richter in Kalifornien – miteinander verglich. Und Erdbeben, deren Herd tief unter der Erde liegt, erzeugen überhaupt keine Oberflächenwellen. Bevor also Richters Skala weltweite Verbreitung finden konnte, mußten seine Methoden verbessert werden.

In den vierziger Jahren wurden diese Probleme eins nach dem anderen gelöst, und der Nutzwert der Skala stieg. Verschiedene Seismographentypen gaben die Bodenbewegungen, verglichen mit den kalifornischen Registrierungen, zwar stärker oder schwächer wieder, aber letztendlich maßen alle dasselbe, nämlich die Stärke der Erschütterungen. Daher konnte man, wenn auch unter Schwierigkeiten, mathematische Formeln zur Standardisierung von Seismogrammen verschiedener Meßgeräte aus aller Welt entwikkeln, mit Hilfe derer man die jeweiligen Werte auf der Richterskala berechnen konnte.

Nach fünfzehnjährigen Forschungen und Verbesserungen war die Richterskala als Standardmaßstab jedes Erdbebens weltweit im Gebrauch, und praktisch jede Nachrichtensendung über ein Erdbeben irgendwo auf der Welt nannte nach dem Ort des Ereignisses als erstes dessen Stärke auf der Richterskala. Niemand war überraschter über den Nutzwert und die Verbreitung der Skala als Richter selbst. Sein Ziel bei der Arbeit an diesem Projekt war anfangs durchaus begrenzt gewesen, und oft schmälerte er seine Leistung: „Ein ziemlich grobes Verfahren", nannte er es einmal, und er fügte hinzu: „Das Erstaunlichste an der Magnitudenskala war, daß sie überhaupt funktionierte."

Anfang der 50er Jahre hatte man auf der ganzen Welt bereits ungeahnte Schätze an seismischen Daten gesammelt. Doch das Zusammentragen einer ausreichenden Menge von Daten für die genaue Untersuchung eines Erdbebens kostete noch immer mühevolle Monate. Weiterhin stammte noch viel Material von Geräten, die verschiedene Meßskalen hatten, nicht einheitlich geeicht waren und unkorrekte Zeitangaben machten, weil ein Uhrwerk nicht genau eingestellt war oder nicht richtig funktionierte.

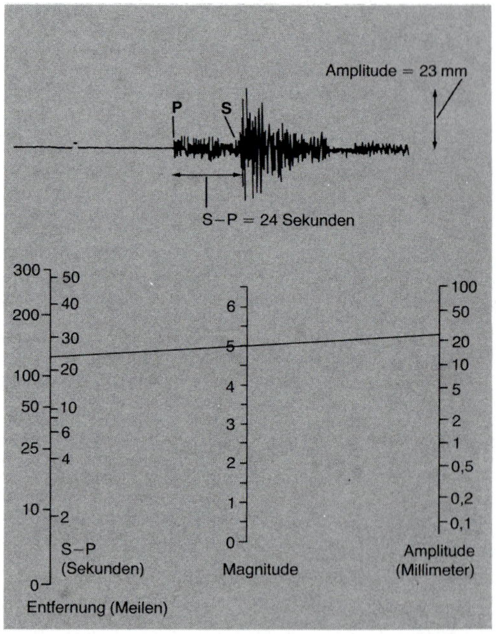

Der Seismologe Charles F. Richter, der hier ein Seismogramm betrachtet, entwickelte 1935 eine Magnitudenskala zur Messung der relativen Stärke von Erdbeben. Auf dem Diagramm *(darunter)* beträgt die Entfernung zum Erdbebenherd, gemessen am Zeitintervall zwischen der Ankunft der P- und S-Wellen, 24 Sekunden. Die größte Amplitude mißt 23 mm. Wenn man die beiden entsprechenden Punkte miteinander verbindet, erhält man die Magnitude des Erdbebens, in diesem Fall 5,0.

Was die Seismologen brauchten, war ein einheitliches, weltweites System hochentwickelter, synchron laufender Instrumente, die durch ein modernes Kommunikationsnetz verbunden waren. Ein derartiges System wurde Ende der 50er Jahre aufgebaut, und zwar nicht zu wissenschaftlichen Zwecken, sondern als Kontrollinstanz internationaler Politik. Die Vereinigten Staaten und die Sowjetunion verhandelten damals gerade über ein Verbot weiterer Atomwaffentests, und eine Überwachungsmöglichkeit unterirdischer Atomexplosionen war von größtem politischem Interesse. Die vorhandenen seismologischen Systeme erwiesen sich für diese Aufgabe als ungeeignet. Daher baute die amerikanische Regierung ein eigenes seismologisches Netz auf.

Geeignete Standardausrüstungen, bestehend aus jeweils sechs mit präzisen Chronometern ausgestatteten Seismographen, die durch Radiosignal geeicht werden konnten, wurden an 120 Stationen in 60 Ländern rund um die Welt verteilt. Die meisten gingen an bereits existierende Warten verbündeter Nationen; einige andere aber wurden in entlegenen und bis dahin vernachlässigten Gebieten wie zum Beispiel der Antarktis aufgestellt, um eine wirklich globale Überwachung zu sichern.

Die Ausführung dieses Plans nahm mehrere Jahre in Anspruch und erforderte einen finanziellen Aufwand von über 10 Millionen Dollar. Das Ergebnis war das WWSSN, das World Wide Standardized Seismograph Network (Weltweites standardisiertes Seismographensystem). Im Jahre 1964 arbeiteten bereits genug Stationen, um bei der Analyse des großen Bebens von Alaska wichtige Aufschlüsse liefern zu können, und 1967 war das Netz praktisch lückenlos. Ironischerweise versagte es bei seiner Hauptaufgabe. Obwohl es große nukleare Explosionen meldete, konnte es die kleinen unterirdischen Tests, die Mitte der 60er Jahre Daten für die Atomwaffenentwicklung lieferten, nicht deutlich genug registrieren. Die durch die kleineren Explosionen verursachten Erschütterungen wurden durch die unaufhörliche eigene seismische Aktivität der Erde weitgehend überdeckt. Das Verteidigungsministerium verlor das Interesse an der Finanzierung des Projekts, und dessen Budget wurde später von der National Science Foundation und verschiedenen internationalen Erdbebenstationen gemeinschaftlich bestritten.

Das WWSSN übernahm nicht die Aufgaben der vielen regionalen und nationalen seismischen Systeme, die ihre Arbeit in gewohnter Weise fortsetzten und mit ihren unterschiedlichen Ausrüstungen eigene Forschungsvorhaben verfolgten. Aber das weltweite Netz ermöglichte zum ersten Mal für jedes größere Erdbeben die rasche Erstellung eines globalen seismischen Profils mit genauesten Zeitangaben und Messungen durch einheitlich geeichte Instrumente. Wäre das Netz beispielsweise 1964 schon komplett gewesen, hätte man Epizentrum, Herd und Magnitude des Erdbebens von Alaska sehr viel einfacher bestimmen können.

Während das WWSSN aufgebaut wurde, installierten auch andere Erdbebenstationen auf der ganzen Welt bessere Seismographen und, noch wichtiger, genaue Uhren. Wie Milne ein halbes Jahrhundert zuvor demonstriert hatte, läßt sich das Epizentrum eines Erdbebens durch genaue Messung des Zeitintervalls zwischen der Ankunft der P- und S-Wellen bestimmen. Dabei ist es nicht erforderlich, daß die Seismographen mit derselben Meßskala arbeiten – entscheidend allein ist die Zeitdifferenz. Als Folge der verstärkten Bemühungen vervierfachten sich Quantität und Qualität der Erdbebendaten in den 60er Jahren. Daher ist es kein Zufall, daß im selben Zeitraum, ausgehend von diesen Daten, auch auf theoretischem Gebiet erhebliche Fortschritte gemacht werden konnten, die die Geowissenschaften revolutionierten.

Zu den ungelösten Problemen, die die Wissenschaftler beschäftigten, gehörte das Berechnen der bei einem Erdbeben freigesetzten Energie. Wollten sie je den Ursprung der gewaltigen Kräfte ergründen, die Erdbeben auslösen, waren genaue Daten über die Energiemengen unentbehrlich. Mit Hilfe der Richter-Magnitudenskala konnte nicht das ganze Erdbeben, sondern nur die Größe der seismischen Wellen gemessen werden. Zweifellos steht die Magnitude in direkter Beziehung zu der freigesetzten seismischen Wellenenergie. Ein großer Teil der Erdbebenenergie wird aber gar nicht in Form von Wellen freigesetzt; statt dessen wird ein Teil der Erdkruste zu großen Schollen aufgeworfen, Gestein entlang der Verwerfungsflächen zermalmt und Hitze durch die Reibung der sich gegeneinander verschiebenden Gesteinsmassen erzeugt.

Viele Seismologen hoffen, die Informationen für eine vollständige Berechnung der Erdbebenenergie auf dem Seismogramm zu finden; sie glauben, ausgehend von den

Meßwerten eine „Seismisches Moment" genannte Größe bestimmen zu können. Der 1966 eingeführte Begriff „Seismisches Moment" wurde als die Größe definiert, die man erhält, wenn man den Wert der Gesteinsfestigkeit mit dem der Verwerfungsfläche und dem des durchschnittlichen Versetzungsbetrages multipliziert. Diese Werte können nicht durch direkte Beobachtung bestimmt werden; der Ausstrich der Verwerfung an der Erdoberfläche zum Beispiel war nur bei 50 Erdbeben unseres Jahrhunderts deutlich sichtbar. Und selbst dann ist das, was man sieht, nur die Spitze eines komplexen Störungssystems, das sich kilometerweit und in verschiedenster Gestalt unterhalb der Erdoberfläche fortsetzen kann.

Doch die technologischen Fortschritte der 60er Jahre eröffneten den Wissenschaftlern neue Wege zur Berechnung der Dimensionen des Erdbebenmechanismus. Die neuesten Seismographen konnten seismische Wellen von hunderten, ja tausenden Kilometern Länge und Perioden von einer Stunde und mehr messen. Die Geräte, die dem WWSSN angeschlossen waren, übermittelten aus allen Erdteilen zuverlässige Daten über Wellen mit sehr langer Periode. Die Einführung von Großrechnern ermöglichte die Analyse der langperiodischen Wellen, die eine konstante Beziehung zwischen ihrer Wellenlänge und dem Produkt aus der Länge der Verwerfungsfläche, dem Versetzungsbetrag und der Gesteinsfestigkeit aufwiesen. Dieses Produkt entsprach dem Seismischen Moment, und weitere Untersuchungen zeigten, daß man mit Hilfe dieser Größe die gesamte Energiemenge berechnen konnte, die von Erdbeben freigesetzt wurde. Sie wird in der Arbeitseinheit *erg* gemessen. Das neue Meßverfahren ergab oft ein völlig verändertes Bild der großen Erdbeben; so berechnet, wurde während des Erdbebens von Alaska 1964 25mal mehr Energie freigesetzt, als Kalkulationen an Hand der Richterskala ergeben hatten.

Zwischen 1970 und 1980 machte man beim Entziffern der Geheimsprache der Seismogramme weitere Fortschritte; zum Beispiel konnten Seismologen jetzt die Richtung ermitteln, in der die Bewegung der Verschiebung während eines Bebens erfolgt, sie konnten die Lage der Verwerfungsfläche errechnen und das Fortschreiten der Brüche entlang der Verwerfungsfläche lokalisieren. Ist der erste Stoß an der Bruchstelle im Gestein auf einen Seismographen hin gerichtet, wird die erste bei der Erdbebenwarte eintreffende P-Welle als nach oben gerichteter Stoß registriert. Verläuft die Stoßrichtung hingegen vom Seismographen weg, wird die erste P-Wellen-Aufzeichnung nach unten gerichtet sein. Eine Zusammenstellung der Registrierungen dieser Ersteinsätze durch die rings um das Erdbeben gelegenen Warten vermittelt den Seismologen ein klares Bild von der räumlichen Lage der Verwerfungsfläche. Die Lage der Verwerfung kann aber auch aus den seismischen Werten der Nachbeben erschlossen werden, wenn sich das dislozierte und gebrochene Gestein seiner ursprünglichen Ausrichtung wieder annähert. Durch genaue Bestimmung von Zeitpunkt und Herd jedes Nachbebens und Vergleich seiner Lage zum Herd des Hauptbebens kann man die Fläche, entlang der der Bruch erfolgte, und das Fortschreiten der Erdstöße im Raum ableiten.

Die Bedeutung der Computer kann hier gar nicht hoch genug bewertet werden. Während Milne die Entfernung des Seismographen vom Epizentrum aus den Differenzen der Ankunftszeiten der P- und S-Wellen noch in mühsamer Kleinarbeit berechnen mußte, können Computer diese Entfernungen in Sekundenbruchteilen bestimmen; und Milnes Verfahren, das Epizentrum durch Triangulieren zu lokalisieren – ein Verfahren, bei dem er von drei verschiedenen Meßwerten ausging und den Schnittpunkt dreier Kreise auf einer Karte einzeichnete – wird heute unter Berücksichtigung der Aufzeichnungen Hunderter von Erdbebenwarten ebenfalls und wesentlich genauer von Computern ausgeführt. Auch die Seismogramme selbst werden zunehmend von Computern erstellt. Zur besseren Speicherung und Analyse der Datenmassen installieren viele Erdbebenwarten Digitalseismographen, die keine Linien auf Papier zeichnen, sondern Ziffernkombinationen ausdrucken, die die Wellenmuster und -amplituden der Erdbeben darstellen. Der Computerseismograph ist auch dann sehr praktisch, wenn Erdbeben vor Ort gemessen werden sollen; wie der Wood-Anderson-Seismograph und andere Neuentwicklungen, die die unförmigen, Anfang des Jahrhunderts benutzten Geräte ablösten, so eröffnet auch der mit einem Computer gekoppelte Seismograph ein noch breiteres Spektrum von Möglichkeiten für Messungen außerhalb des Labors. Tragbare Digitalrecorder sind besonders geeignet, die Nachbeben großer Erdbeben und seismische Erscheinungen, die im Zusammenhang mit Vulkantätigkeit auftreten, aufzuzeichnen.

Zu den Pionieren der amerikanischen Seismologie des 20. Jahrhunderts gehört auch der Jesuitenpater Francis Anthony Tondorf, der hier ein Seismogramm betrachtet. Das Photo wurde im Jahre 1925 an der Georgetown University in Washington, D.C., aufgenommen.

Ein Seismogramm gibt nicht nur über die Einzelheiten des Erdbebengeschehens Auskunft. Schon früh, als die Wissenschaftler die Geheimschrift der seismischen Wellen hinreichend entschlüsselt hatten, gewannen sie manch faszinierenden Einblick in den Aufbau des Erdkörpers selbst – zum Beispiel um die Jahrhundertwende in Jugoslawien, als die damals relativ primitiven Seismographen merkwürdige Veränderungen an seismischen Wellen registrierten, die lange Strecken durch die Erde zurückgelegt hatten.

Wie jung die Wissenschaft der Seismologie ist, läßt sich daran erkennen, daß viele ihrer Pioniere – wie Winthrop, Mallet und Milne – sie mit Leidenschaft als Steckenpferd betrieben, während sie hauptberuflich in einem etablierten Bereich der Forschung tätig waren. Unter vergleichbaren Bedingungen arbeitete auch Andrija Mohorovičić, ein hervorragender jugoslawischer Meteorologe, der 1892 zum Direktor des Observatoriums der Technischen Hochschule Zagreb ernannt wurde. Binnen weniger Jahre hatte Mohorovičić das Observatorium zu einem regionalen Zentrum für Meteorologie und Geophysik ausgebaut und wandte seine Aufmerksamkeit der geheimnisvollen jungen Wissenschaft der Seismologie zu.

Im Oktober 1909 wurde Zagreb von einem schwächeren Erdbeben erschüttert, das Mohorovičić zu einer eingehenden Untersuchung veranlaßte. Er sammelte die Seismogramme von 29 bis zu 2500 Kilometer vom Epizentrum entfernten Erdbebenwarten, und je genauer er sie betrachtete, desto seltsamer erschien ihm, was ihnen zu entnehmen war. Den Seismogrammen zufolge mußte es – und das schien anderen Seismologen bislang entgangen zu sein – je zwei deutlich voneinander verschiedene Gruppen von P- und S-Wellen geben. Mehr noch, die beiden Gruppen breiteten sich offenbar mit verschiedener Geschwindigkeit aus. Warten innerhalb eines Umkreises von 200 Kilometern um das Erdbeben registrierten zuerst die eine Gruppe von P- und S-Wellen; innerhalb dieser Entfernung vom Epizentrum holte eine zweite Gruppe von P- und S-Wellen die erste ein und überholte sie schließlich. Mohorovičić berechnete die Geschwindigkeit der langsameren P-Wellen mit etwas über 6 Kilometern pro Sekunde und die der schnelleren P-Wellen mit etwa 8 Kilometern pro Sekunde; die S-Wellen hatten Geschwindigkeiten von 4 und 5 Kilometern pro Sekunde.

Die Wissenschaftler wußten schon seit einigen Jahren, daß sich die Geschwindigkeiten der P- wie der S-Wellen je nach Art des Materials, das sie durchlaufen, verändern, und zwar so, daß ihre Geschwindigkeit mit der Dichte des Materials zunimmt. Nichts aber hatte darauf hingedeutet, daß es verschiedene Typen P- und S-Wellen mit verschiedenen Geschwindigkeiten gibt. Mohorovičić schloß daraus, daß es eine Schicht unter der äußeren Erdkruste geben müsse, die aus so dichtem Material besteht, daß sie den Weg und damit die Geschwindigkeit der Wellen beeinflußt.

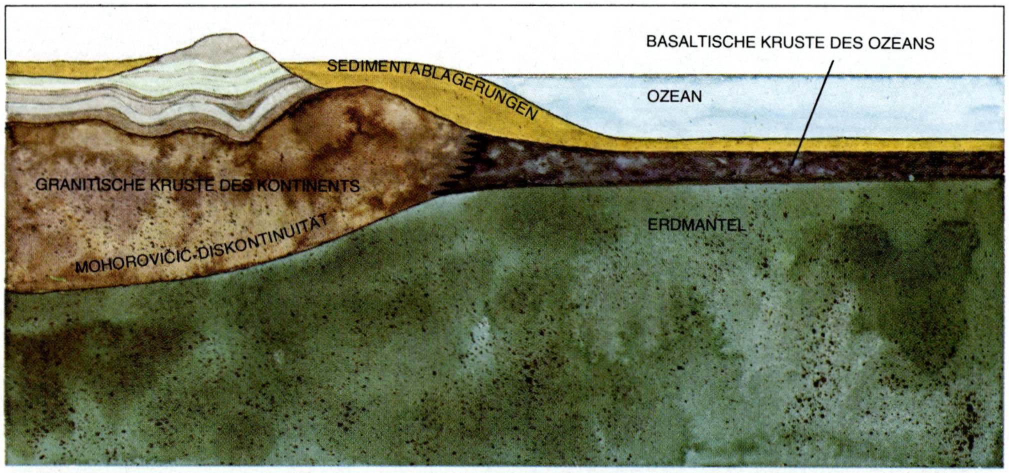

An dem abrupten Übergang von der Erdkruste zum dichteren Mantel liegt die Mohorovičić- („Moho"-)Diskontinuität, eine Grenzfläche, die seismische Wellen ablenkt oder bricht und deren Geschwindigkeiten verändert. Die Tiefenlage der Diskontinuität ist unterschiedlich: Unter dem basaltischen Meeresboden liegt sie etwa sechs bis neun Kilometer tief, unter den größtenteils granitischen Kontinenten hingegen schwankt die Tiefenlage zwischen 30 und 60 Kilometern.

Mohorovičić ging davon aus, daß jeder Wellentyp mit ein und derselben Geschwindigkeit vom Erdbebenherd ausgesandt worden war und daß die Wellen in einer Tiefe, die er mit etwa 50 Kilometern berechnete, auf eine Grenzfläche zwischen der Erdkruste und einer tieferen Schicht dichten Gesteins getroffen waren. Heute wissen die Seismologen, daß die Grenzfläche in dem Gebiet, wo Mohorovičić seine Messungen anstellte, in einer Tiefe von etwa 32 Kilometern liegt, aber seine Erklärung des Phänomens ist nach wie vor als richtig anerkannt. An dieser Grenzfläche teilten sich die Wellen in zwei Gruppen. Eine Gruppe bewegte sich mit der ursprünglichen Geschwindigkeit durch die Erdkruste weiter. Die andere Gruppe aber wurde gebrochen und pflanzte sich im oberen Bereich des dichteren Gesteins unterhalb der Grenzfläche mit größerer Geschwindigkeit fort. Obwohl ihr Weg weiter war, holten die schneller laufenden Wellen die langsameren in der Kruste über ihnen schließlich ein und überholten sie. Daher erreichten die schnelleren Wellen über 200 Kilometer vom Herd entfernte Erdbebenwarten eher, und zwar mit gleichmäßig zunehmendem Vorsprung.

Ausgehend von den Seismogrammen, erarbeitete Mohorovičić eine Karte der oberen Grenzfläche des Erdmantels, einer dichten Gesteinsschicht, die unter der leichteren Erdkruste liegt. In Anerkennung seiner Leistung wurde diese Grenzfläche Mohorovičić-Diskontinuität (oder kurz Moho-Diskontinuität) genannt. Spätere Berechnungen auf der Grundlage seiner Theorien zeigten, daß die Dicke der Erdkruste unter den Kontinenten zwischen 30 und 60 Kilometern schwankt und unter den Tiefseeböden nicht selten nur 6 Kilometer dünn ist. Mohorovičićs Entdeckung war um so bedeutsamer, als ihm nur die damaligen primitiven Seismographen zur Verfügung standen. Außerdem zeigte sie schon sehr früh, wie wertvoll es war, über eine Vielzahl seismischer Registrierungen eines einzelnen Erdbebens zu verfügen.

Zwei Jahre nach dem Erdbeben, das den Anstoß zu Mohorovičićs Entdeckung gegeben hatte, befaßte sich Beno Gutenberg, ein damals 22jähriger Wissenschaftler an der Universität Göttingen, mit dem ungeklärten seismologischen Problem der „Schattenzone". Beim Studium seismologischer Aufzeichnungen aus der ganzen Welt hatten Wissenschaftler einen 4300 Kilometer breiten, ringförmigen Gürtel entdeckt, der sich auf der dem Herd eines Erdbebens gegenüberliegenden Seite der Erde befand und in dem die von den Erschütterungen ausgehenden P-Wellen weitgehend verschwanden. Die P-Wellen konnten den Erdkörper zwar auf direktem Weg von einer Seite zur anderen durchlaufen, waren aber in der Schattenzone nicht mehr aufzufinden.

Für dieses Phänomen boten sich verschiedene Erklärungen an; am einleuchtendsten erschien Gutenberg diejenige, die sich aus den Arbeiten des irischen Geologen Richard D. Oldham, eines Kollegen von John Milne, und des deutschen Geophysikers Emil Wiechert ableiten ließ. Unabhängig voneinander hatten diese beiden Männer im Zentrum der Erde einen großen, dichten, zumindest teilweise flüssigen Kern angenommen. Sie hatten die Theorie aufgestellt, daß P-Wellen, die in einem bestimmten Winkel auf die Grenzfläche dieses Erdkerns treffen, gebrochen werden – Geschossen vergleichbar, die auf den Wasserspiegel eines Sees treffen. Einige Wellen würden zurückgeworfen, einige nach innen abgelenkt; aber innerhalb eines bestimmten Winkelbereiches würde keine in gerader Linie weiterlaufen, und alle würden so abgelenkt, daß sie den als Schattenzone bezeichneten Bereich aussparen.

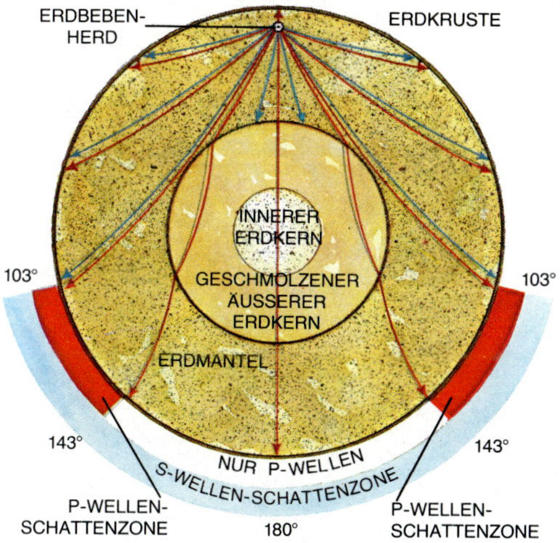

Dieser Querschnitt des Erdkörpers zeigt, wie der Erdkern von einem Erdbeben ausgehende primäre und sekundäre seismische Wellen entweder absorbiert oder ablenkt. Dadurch entstehen auf der dem Erdbeben gegenüberliegenden Seite der Erdkugel wellenfreie „Schattenzonen". Der geschmolzene äußere Kern blockiert die S-Wellen *(blaue Linien)*, die Flüssigkeiten nicht durchlaufen können, wodurch eine breite Schattenzone von 154° Spannweite entsteht. P-Wellen *(rote Linien)* können durch Flüssigkeiten hindurchlaufen, aber an jeder Grenzfläche zwischen flüssigem und festem Material werden sie gebrochen, so daß eine schmalere, gürtelförmige Schattenzone rings um die Erde entsteht.

Gutenbergs Beitrag war mathematischer Art. Ausgehend von den Arbeiten Oldhams und Wiecherts stellte er umfangreiche Berechnungen an, um zu zeigen, wie Bahn und Durchgangsgeschwindigkeit der P-Wellen durch einen dichten Erdkern in verschieden großen Tiefen beeinflußt würden. Er entwickelte mehrere mathematische Modelle der Erde und berechnete für jedes das Verhalten der P-Wellen. Dann suchte er in den Seismogrammen nach Bestätigung eines dieser Modelle. Schließlich fand er heraus, daß die seismischen Daten mit seinen Berechnungen für einen 2900 Kilometer tief unter der Erdoberfläche liegenden Kern übereinstimmten – ein Wert, der später nur geringfügig korrigiert werden mußte. Weitere Untersuchungen ergaben, daß die äußere Zone des Erdkerns in geschmolzenem Zustand vorliegen muß.

Gutenberg ging 1930 als Professor an das California Institute of Technology und war dort von 1947 bis 1958 Direktor des Seismologischen Labors. Bei der Entwicklung der Magnitudenskala arbeitete er mit Richter eng zusammen; besondere Verdienste erwarb er sich durch die Weiterentwicklung der Skala zur weltweiten Anwendbarkeit. Gutenberg leistete der Seismologie Zeit seines Lebens hervorragende Dienste; seine Entdeckung der Gutenberg-Diskontinuität allerdings nennt das anerkannte *Dictionary of Scientific Biography* „seinen elegantesten Forschungsbeitrag".

Mohorovičićs und Gutenbergs sorgfältige Arbeiten Anfang des 20. Jahrhunderts führten zu der Entdeckung, daß der Erdkörper aus drei Hauptzonen aufgebaut ist. Aus den Seismogrammen ließ sich eine äußere Schale, die Erdkruste, abgrenzen, die bis zur Mohorovičić-Diskontinuität reichte, darunter lag der 2900 Kilometer dicke Mantel und im Innern schließlich der Erdkern, der etwa so groß war wie der Planet Mars. Und die Seismogramme hatten immer noch mehr mitzuteilen.

Doch weitere Fortschritte verlangten bessere Arbeitsmittel, als Mohorovičić und Gutenberg zu ihrer Zeit zur Verfügung standen – die verbesserten Seismographen der 20er und 30er Jahre, das weltweite Netz der Erdbebenwarten der 60er Jahre und die Hilfe der Computer, die etwa zum Zeitpunkt des Erdbebens von Alaska 1964 den Forschungsprozeß zu beschleunigen begannen. All diese Faktoren halfen den Menschen, den Aufbau der Erde immer besser zu verstehen.

Der Erdkern, das weiß man heute, besteht nicht wirklich aus einer einheitlichen flüssigen Masse. Es gibt einen inneren und einen äußeren Kern sowie eine Übergangszone, die den festen inneren Kern von der ihn umgebenden Hülle geschmolzenen Gesteins trennt. Auch der Erdmantel besteht aus einer inneren und einer äußeren Zone sowie mehreren konzentrischen Diskontinuitätsflächen, die schwer zu erfassen sind. Ständig werden neue entdeckt. In Tiefen von 250, 400 oder 650 Kilometern prallen P-Wellen manchmal von Grenzflächen ab, über die noch nicht viel bekannt ist. In einer Schicht im oberen Mantel wenig unterhalb der Erdkruste verlieren P- und S-Wellen plötzlich an Geschwindigkeit, was darauf schließen läßt, daß das Gestein hier weniger starr ist und ähnlich wie Sahnekaramel träge zu fließen beginnt.

Vor allem diese Zone des oberen Erdmantels beschäftigt heute die Seismologen, denn in ihr werden die treibenden Kräfte der meisten Erdbeben wirksam. Erkenntnisse über die Vorgänge im oberen Erdmantel, in den späten 60er und 70er Jahren durch eine Reihe von wegweisenden wissenschaftlichen Arbeiten bestätigt, haben die Vorstellungen von den Kräften, die Erdbeben auslösen, grundlegend verändert.

DRIFTENDE KONTINENTE

Bis in die 60er Jahre dieses Jahrhunderts, als die Theorie der Plattentektonik die Geowissenschaften revolutionierte, erinnerte die Vorgehensweise der Seismologen, das Erdbebengeschehen zu erklären, eher der jener blinden Inder aus dem Sprichwort, die sich bemühten, einen Elefanten zu beschreiben, wobei jeder von dem Teil ausging, den er fühlen konnte. Es gab noch kein Gesamtkonzept, auf das sie sich beziehen konnten.

Bei der graphischen Darstellung zahlloser Epizentren auf den Landkarten aber zeichnete sich allmählich das Bild eines in ständiger Bewegung befindlichen Planeten ab. Die überwiegende Mehrzahl der Epizentren liegt im Bereich klar abgegrenzter Gürtel. Diese Erkenntnis und weitere Forschungen führten schließlich zu dem Schluß, daß die starre äußere Schicht der Erde, die Lithosphäre, aus vielen tektonischen Platten besteht. Sieben Hauptplatten tragen die Kontinente und Ozeanbecken. Vorangetrieben durch Kräfte aus dem geschmolzenen Erdinneren, bewegen sich diese Platten schwerfällig mit einer Geschwindigkeit von bis zu zehn Zentimetern jährlich auf einer Schicht weicheren, plastisch verformbaren Gesteins, die Asthenosphäre genannt wird. Bei dieser Bewegung entfernen sich die Platten voneinander oder stoßen gegeneinander, wobei gewaltige, die Erde deformierende Beben ausgelöst werden.

Geologen haben drei deutlich verschiedene Arten von Plattenrändern festgestellt: divergierende Schwellenzonen, in deren Bereich aus dem Erdinnern basaltisches Magma aufdringt, sich ausbreitet und auf diese Weise neuen Meeresboden bildet; Konvergenzzonen, in denen zwei Platten aufeinandertreffen, die entweder frontal zusammenstoßen oder wobei sich die eine unter die andere schiebt; und Scherzonen, in denen die Platten langsam aneinander vorbeigleiten. Man weiß heute, daß an allen diesen Rändern Spannungen im Gestein entstehen, die sich so lange aufstauen, bis sie durch ein Erdbeben gelöst werden. Selbst jene Erdbeben, die Tausende von Kilometern von einem Plattenrand entfernt auftreten, kann man meistens mit dem Stoßeffekt erklären, der durch kollidierende Plattenränder erzeugt wird.

Eine Karte der Erdbebenepizentren *(rote Punkte)* läßt die Ränder der großen tektonischen Platten der Erdkruste erkennen, die sich aufeinander zu- oder voneinander wegbewegen *(Pfeile)*. Die dichteste Konzentration roter Punkte tritt im Bereich der Inselbögen und Kontinentalränder auf, wo tektonische Platten zusammentreffen *(gezackte Linien)*. Weniger dichte Häufung von Epizentren zeigt an, wo sich die Platten voneinander wegbewegen: im Bereich der mittelozeanischen Rücken.

DER AUSLÖSENDE VORGANG: VERSETZUNG ENTLANG EINER VERWERFUNG

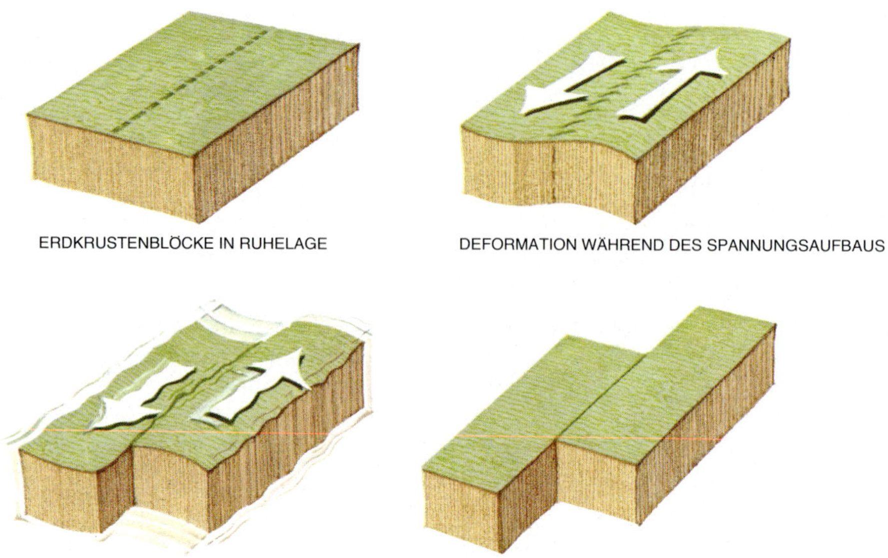

Alle Erdbeben – von der unbedeutendsten Erschütterung bis zum explosionsartigen Bersten – entstehen praktisch durch dasselbe Phänomen: die Versetzung von Gesteinsmassen entlang Verwerfungen genannter Bruchlinien. Diese oben veranschaulichte Theorie wurde von dem amerikanischen Seismologen Harry Fielding Reid nach dem Erdbeben von San Francisco 1906 entwickelt.

Reid ging von drei geodätischen Meßkampagnen aus, die in einem Zeitraum von 55 Jahren vor und nach dem Erdbeben im Gebiet von San Francisco durchgeführt worden waren. Die ersten beiden Vermessungen zeigten Reid, daß sich Straßen, Zäune und Wasserläufe im Gebiet der San-Andreas-Verwerfung allmählich geringfügig in ihrer Lage verändert hatten. Eine dritte Vermessung direkt nach dem Erdbeben ergab, daß dieselben Zäune, Straßen und Flüsse an manchen Stellen über sechs Meter weit versetzt worden waren.

Reid erkannte, daß Gestein elastische Eigenschaften besitzt; im Laufe der Zeit läßt diese Elastizität das Gestein entlang einer Verwerfung Spannungsenergie ansammeln. Jahrelang wird die Spannung durch Haftreibung erhalten, und das Gestein verharrt in seiner Ursprungslage. Schließlich jedoch übersteigt die Spannung den Haftreibungswiderstand, und das Gestein bricht. Die angestaute Energie wird in Form von seismischen Wellen freigesetzt, die sich vom Erdbebenherd aus in alle Richtungen ausbreiten. Der Bruchvorgang dauert vom Bruchteil einer Sekunde bei kleineren Erdbeben bis zu fünf Minuten bei schweren Beben.

Reid nannte diesen Vorgang nach der Art, wie das Gestein in eine neue Gleichgewichtslage zurückschnellt, wenn sich die Spannung löst, „elastisches Rückschnellen".

Beben im mittelozeanischen Rücken

Die Entstehung neuen Meeresbodens an mittelozeanischen Rücken wird von fast unaufhörlicher Erdbebentätigkeit begleitet. Doch diese Beben werden höchstens von einigen Wissenschaftlern bemerkt, weil ihre Magnitude niedrig ist und sie keine Menschen gefährden.

Entlang der zentralen Furche der gewaltigen untermeerischen Rücken dringt heißes, zähflüssiges Material – basaltisches Magma – aus der darunterliegenden Asthenosphäre auf. In einem stetigen Prozeß sucht sich das Magma seinen Weg durch das umgebende Gestein. Vom Wasser des Ozeans gekühlt, erstarrt es beim Aufsteigen und lagert sich zu beiden Seiten des Rückens an.

So entsteht neuer Meeresboden – und mit ihm neue Erdbeben. Wenn das frische Magma in ältere Verwerfungen und Risse eindringt, bauen sich im umgebenden Gestein so lange Spannungen auf, bis sie von einem mäßig starken Erdbeben wieder aufgehoben werden – manchmal auch von einer ganzen Reihe von Mikrobeben in den oberen acht Kilometern der Lithosphäre. Während sich der neue Meeresboden zentimeterweise von beiden Seiten des Rückens weg- und auf eine Tausende von Kilometern entfernte Subduktionszone zubewegt, wird er immer härter und schwerer.

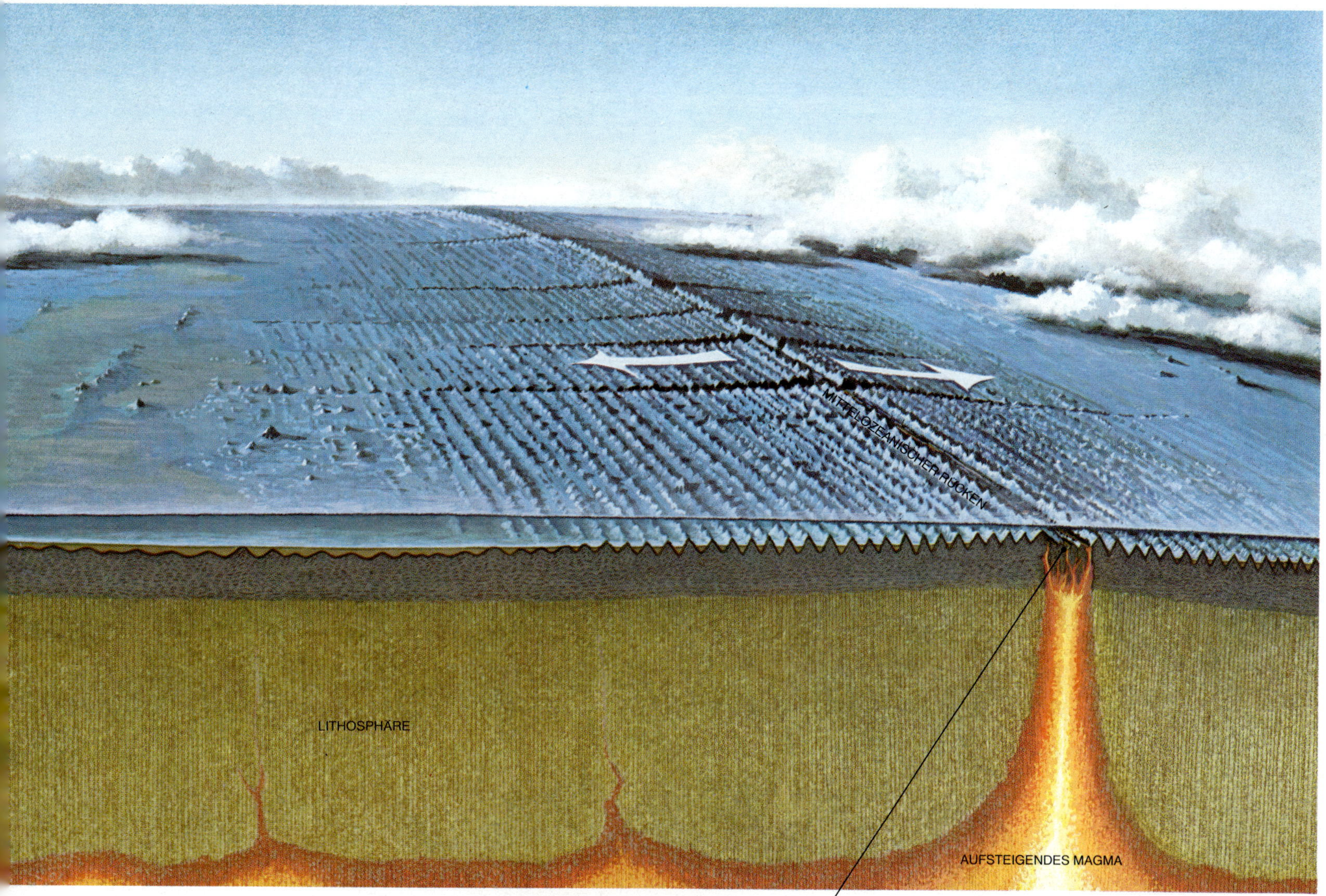

Diese Panoramadarstellung einer ozeanischen Platte zeigt, wie durch eine im Querschnitt trichterförmige Zufuhrspalte in der Lithosphäre basaltisches Magma aufsteigt und im Bereich einer schmalen Zone entlang einem mittelozeanischen Rücken neuen Meeresboden bildet und Erdbeben auslöst. Die immer härter und fester werdende neue Kruste bewegt sich langsam von dem Rücken weg auf eine Subduktionszone zu, wo sie in die Tiefe abtaucht – ein immenser Zyklus, der insgesamt schätzungsweise 200 bis 300 Millionen Jahre dauert.

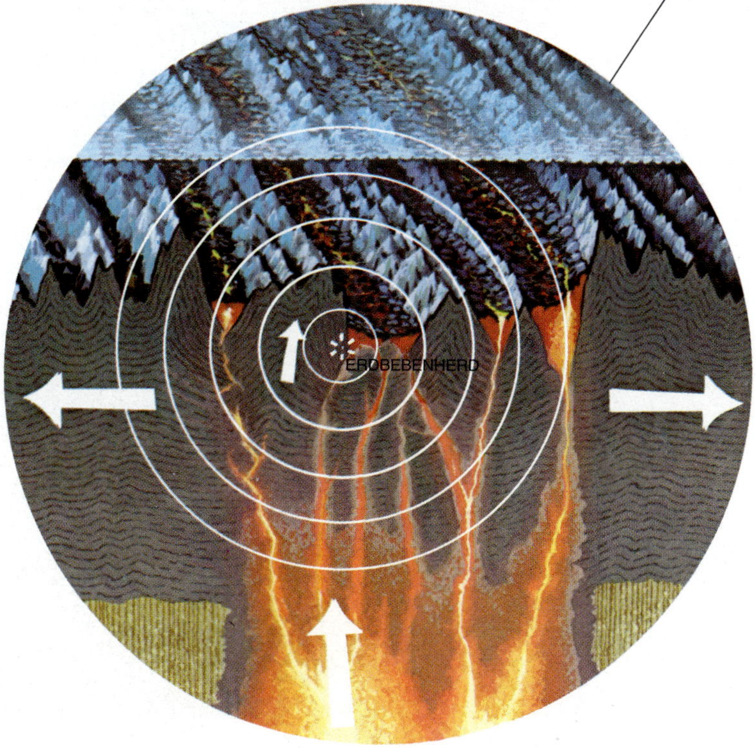

In dünne Spalten, sogenannte Gänge, die aus Rissen im neugebildeten Ozeanboden entstanden sind, dringt aufsteigendes Magma ein. Wenn sich die dünne Schicht erstarrten Gesteins beidseitig des ozeanischen Rückens nach außen fortbewegt, bringen durch das aufsteigende Magma erzeugte Zerrspannungen eine Schwachstelle zum Zerbrechen und lösen damit ein Erdbeben aus.

Subduktionszonen – Schauplätze der gewaltigsten Erdbeben

Fast 90 Prozent der durch die Plattenbewegung freigesetzten seismischen Energie stammt von Erdbeben in Subduktionszonen, die vor Archipelen und an Kontinentalrändern liegen, dort, wo sich eine tektonische Platte unter eine andere schiebt. Wenn die Lithosphärenplatte in die Asthenosphäre abtaucht, erfährt sie gewaltige Deformationsspannungen, durch die sie bis in große Tiefen seismisch aktiv bleibt.

Die meisten großen Erdbeben der Welt finden unter den Tiefseerinnen selbst statt, dort, wo sich die ozeanische Platte unter eine Platte drängt, die eine Inselkette oder einen Erdteil trägt. Diese Brüche, die in Tiefen bis 50 Kilometern auftreten, pflanzen sich nach oben fort und lösen oft in einem System dachziegelartig übereinander angeordneter Verwerfungen, einer sogenannten Imbrikationszone, weitere Beben mit abnehmender Magnitude aus.

Beim Abtauchen in die Asthenosphäre wird die Platte in der Benioff-Zone – einer ausgeprägten, scharf begrenzten seismischen Fläche, die nach einem ihrer Entdecker, dem amerikanischen Seismologen Hugo Benioff, benannt wurde – weiter deformiert. Dort, in Tiefen zwischen 100 und 700 Kilometern, verursachen Hitze und Spannungen in der noch spröden Platte Tiefherdbeben.

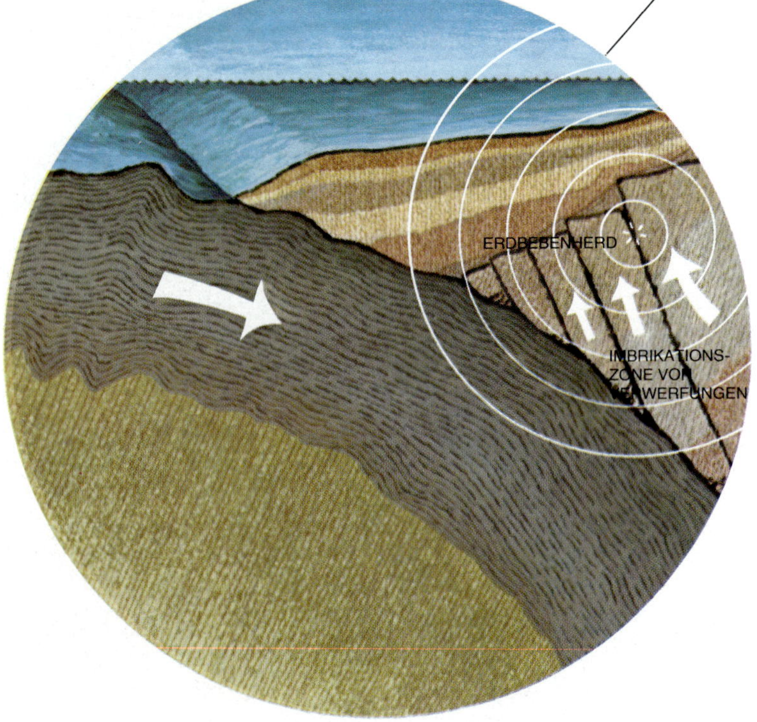

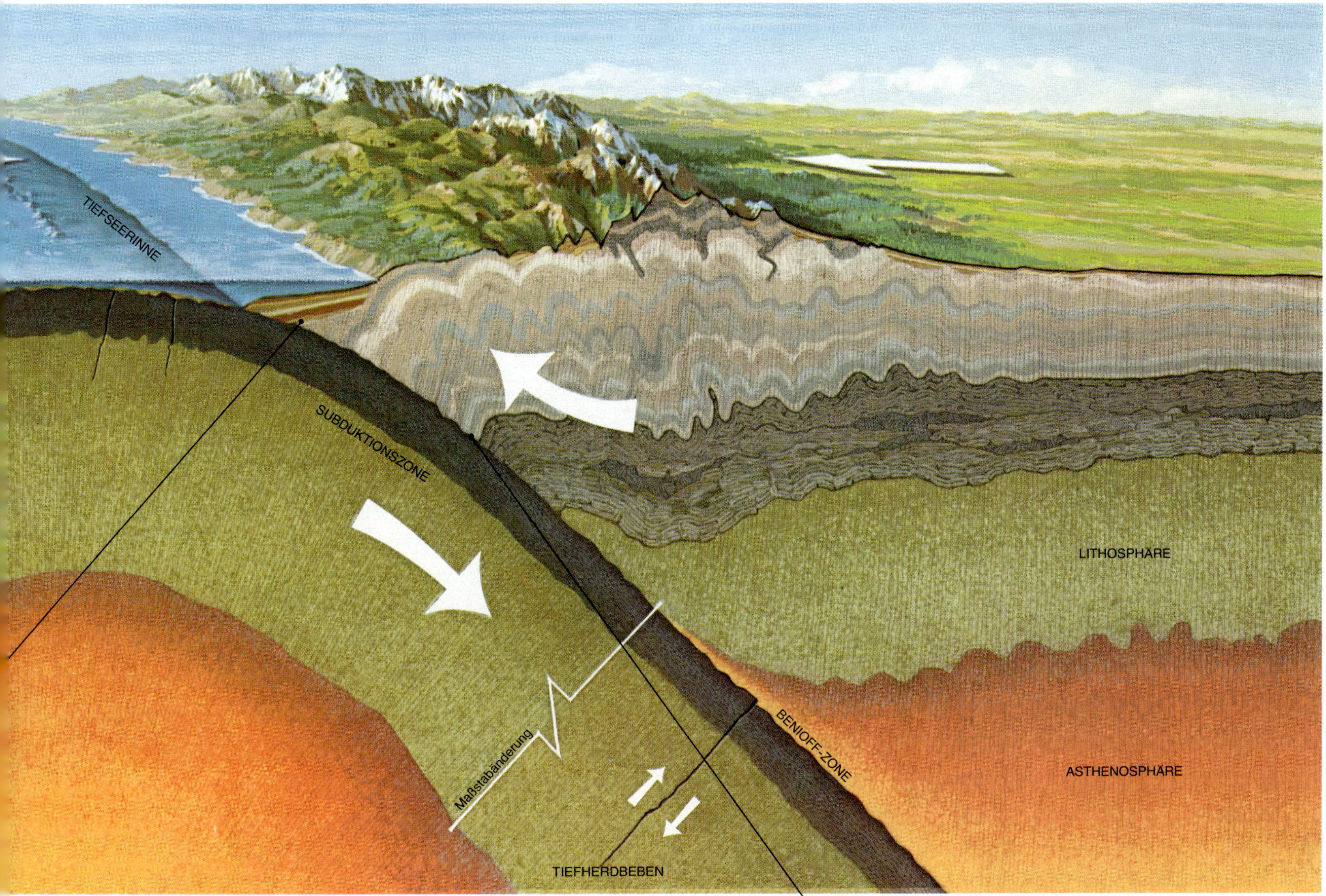

Eine sich entlang einer Tiefseerinne biegende ozeanische Platte taucht an einem konvergenten Plattenrand unter eine Kontinentalplatte in die Tiefe ab, wo sie absorbiert und dem Kreislauf wieder zugeführt wird. Dieser Subduktion genannte tektonische Prozeß wird von lebhafter Erdbebentätigkeit begleitet.

Oberhalb der abtauchenden Lithosphärenplatte befindet sich die durch sekundäre Erdbebentätigkeit gekennzeichnete Imbrikationszone – eine komplexe Zone leicht verformbaren Gesteins mit dachziegelartig übereinander angeordneten Verwerfungen. Die in dieser Zone auftretenden Erdbeben sind eine direkte Folge der Gleitvorgänge entlang den Rändern der tektonischen Platten.

Die durch das Verbiegen und die Konvergenz zweier Platten entstehenden gewaltigen Deformationen erzeugen an den Plattenrändern unterhalb der Tiefseerinne gewaltige Spannungen, die zu großen Verstellungen in der Bewegungsrichtung und entsprechend großen Erdbeben führen. Beben unterhalb der Tiefseerinne haben bereits Stärken von bis zu 8,9 auf der Richterskala aufgewiesen; sie heben den Meeresboden manchmal um Meter an und zählen zu den schwersten überhaupt.

Transform-Störungen: riesige Scherzonen der Natur

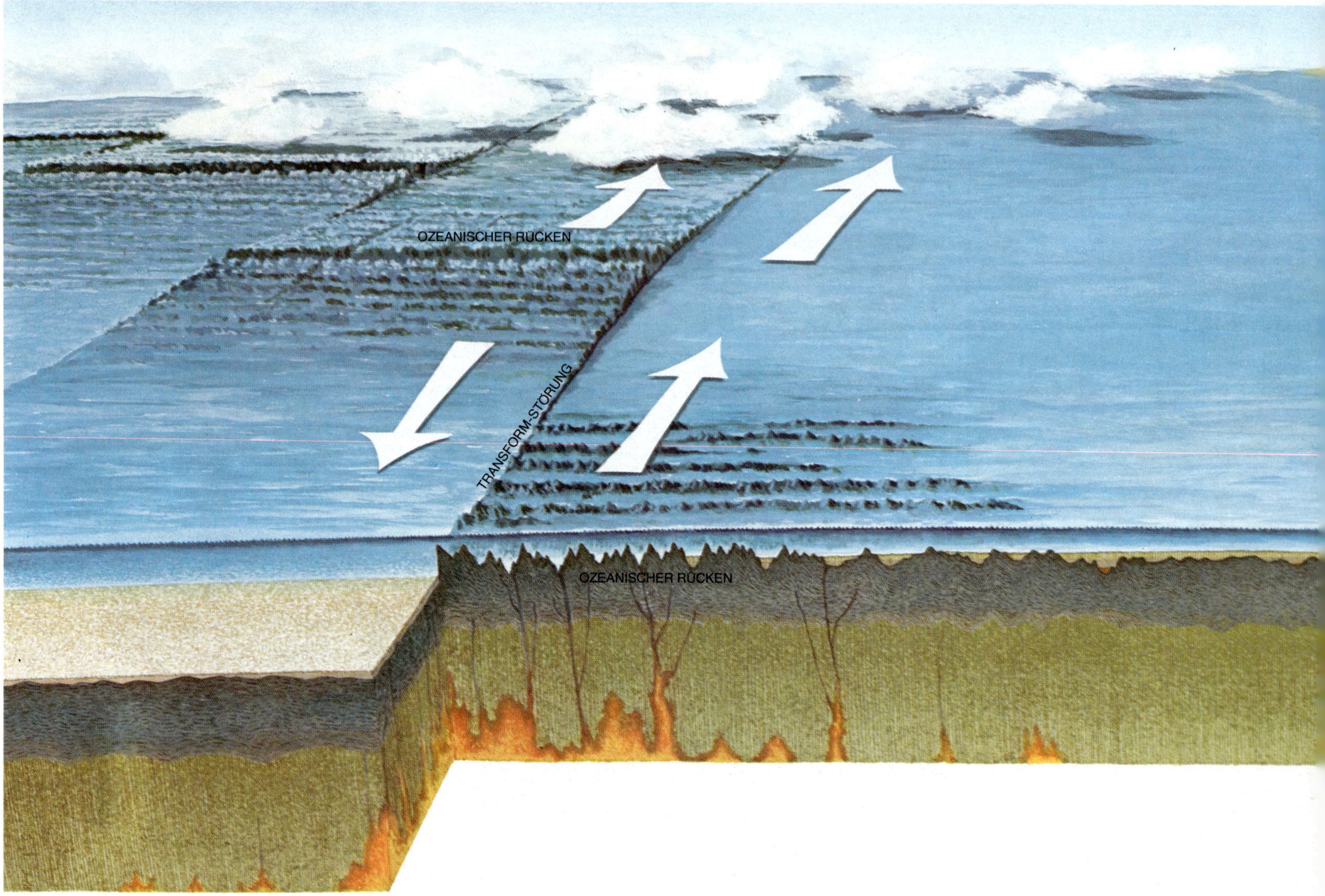

Die ozeanischen Rücken, an denen durch aufdringendes Magma neuer Meeresboden gebildet wird, werden immer wieder von senkrecht zum Kamm des Rückens verlaufenden Verwerfungen oder Bruchzonen versetzt. Die Wissenschaftler können noch nicht mit Sicherheit sagen, welche Kräfte diese den regelmäßigen Verlauf der untermeerischen Gebirgszüge störenden Versetzungen verursacht haben, die Bruchzonen sind ihnen jedoch als Entstehungsorte zahlreicher Tiefseebeben bekannt.

Da sich von beiden Seiten eines ozeanischen Rückens aus neuer Meeresboden ausbreitet, entsteht jeweils in dem Abschnitt der Bruchzone, in dem sich ein Block des Meeresbodens in entgegengesetzter Richtung zum Nachbarblock bewegt, ein Schereffekt. Eine ähnliche, Erdbeben auslösende Scherbewegung tritt auf, wenn sich – wie in Kalifornien, Teilen Südamerikas oder der Türkei – zwei große tektonische Platten aneinander entlangschieben.

Der kanadische Geophysiker Tuzo Wilson, der sich als erster mit dieser Art seismisch aktiver Zonen beschäftigte, nannte sie Transform-Störungen, weil die Verwerfungslinie plötzlich ihre Lage ändert und ihre Bewegung dabei in eine andere Art von Bewegung transformiert wird. Die von diesen Zonen ausgehenden Erdbeben sind gewöhnlich flachliegend – sie treten in den oberen 15 Kilometern der Lithosphäre auf – und meist schwächer als die Beben im Bereich der Tiefseegräben.

Aneinandergrenzende tektonische Platten schieben sich im Bereich von Transform-Störungen zu Lande oder unter Wasser mit einer scherenden Bewegung aneinander entlang. Die dabei entstehenden Spannungen werden durch Erdbeben gelöst. Transform-Störungen sind manchmal Hunderte von Kilometern lang und verbinden versetzte Segmente des ozeanischen Rückens.

Wenn ein Erdbeben die Spannung im Bereich einer Transform-Störung löst, gleiten die Krustensegmente mit nur geringer oder ganz ohne vertikale Verschiebung aneinander entlang. Solche Verschiebung wird immer in einem Punkt in Subduktion oder Wachstum von Meeresboden umgewandelt oder „transformiert" – eine wichtige Erkenntnis, die die Wissenschaftler von der Richtigkeit der Theorie der Plattentektonik überzeugte.

Auswirkungen einer Kollision zweier Kontinente

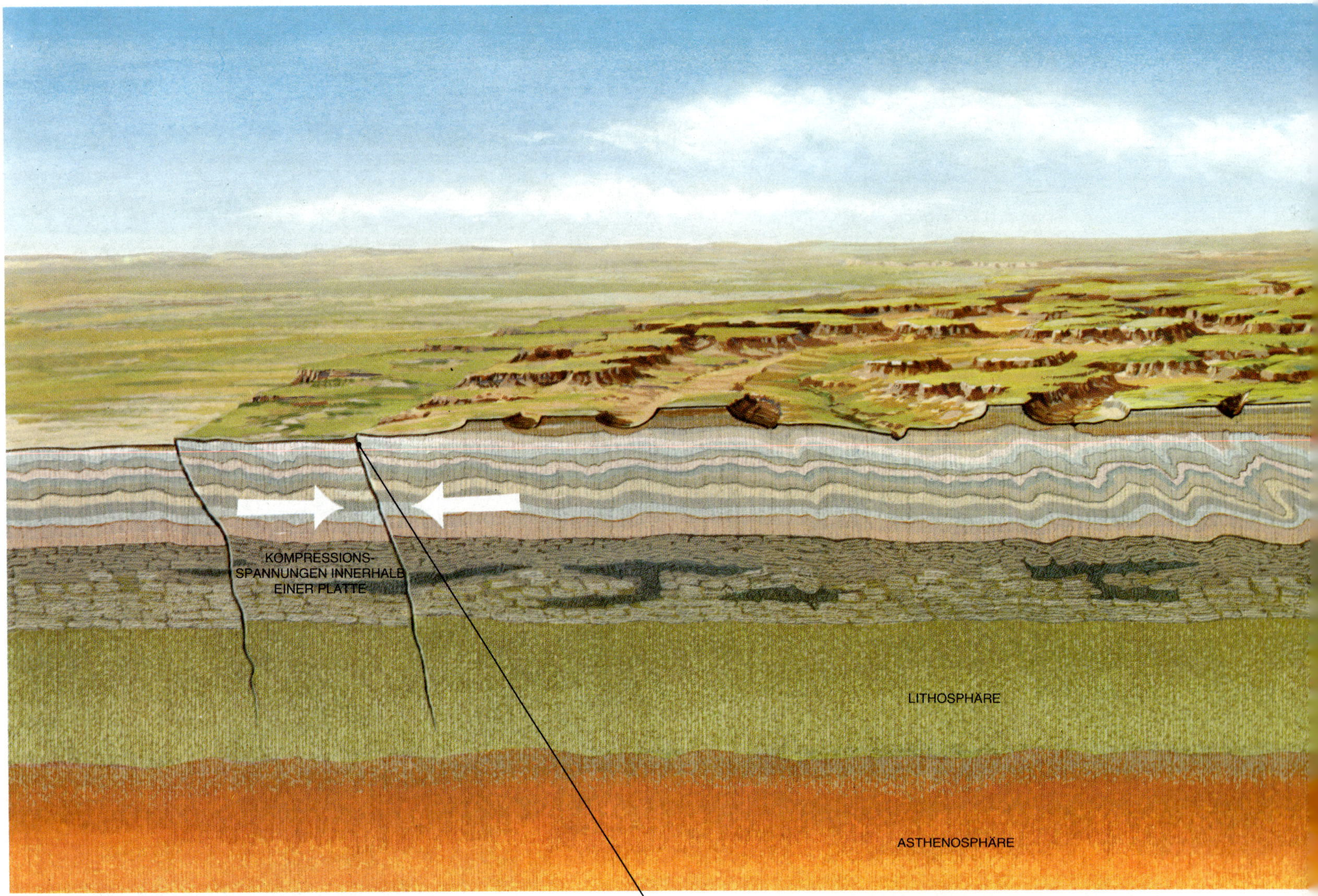

Wenn sich zwei kontinentale tektonische Platten aufeinander zu bewegen, gibt es keinen Subduktionsvorgang wie an den Tiefseerinnen. Statt dessen kommt es einfach zu einem frontalen Zusammenstoß, und die Platten falten sich wie ein Akkordeon zusammen. Auf diese Weise sind die großen Gebirge der Erde entstanden – die Alpen und der Himalaya – aber auch andere breite, seismisch aktive Deformationsgürtel.

Zu diesen Gebieten gehören Italien, Jugoslawien und Rumänien sowie Teile der Türkei und des Irans, wo die Platte, die Afrika trägt, gegen die Eurasische Platte drängt. Doch die eindrucksvollsten Beispiele von Kollisionsbeben bietet der asiatische Subkontinent, wo sich die Indo-Australische Platte mit einer Geschwindigkeit von 5 Zentimetern pro Jahr schwerfällig gegen die Eurasische Platte schiebt – ein Prozeß, der sich schon über 40 Millionen Jahre hinzieht und viele schwere Erdbeben in ganz Asien ausgelöst hat.

Kollisionsbeben treten meist in den oberen 25 Kilometern der Lithosphäre auf, normalerweise in der Nähe der Plattenränder. Aber die gewaltige Kompressionswirkung hat eine große Reichweite, und riesige Verwerfungen entstehen noch Tausende von Kilometern von den Plattengrenzen entfernt.

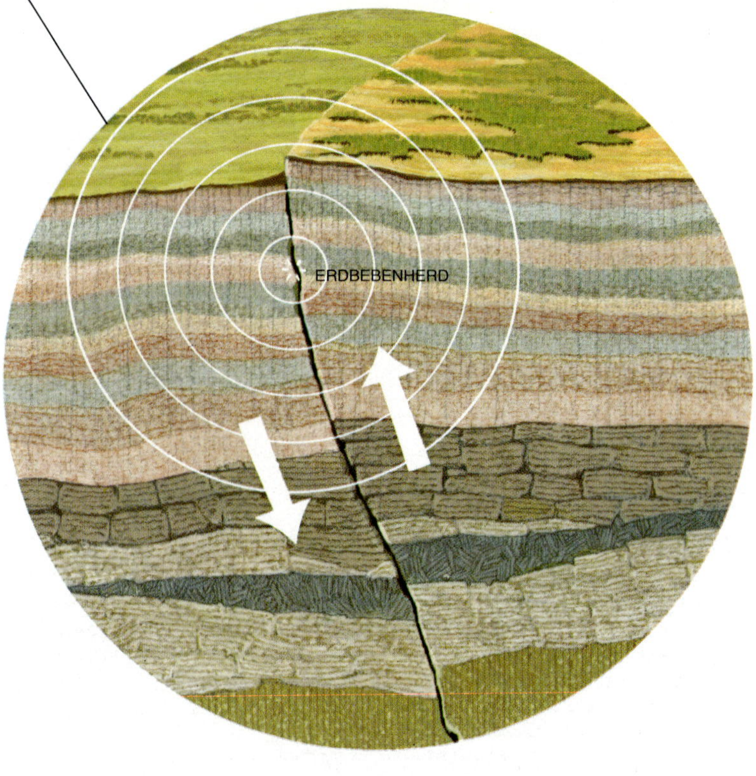

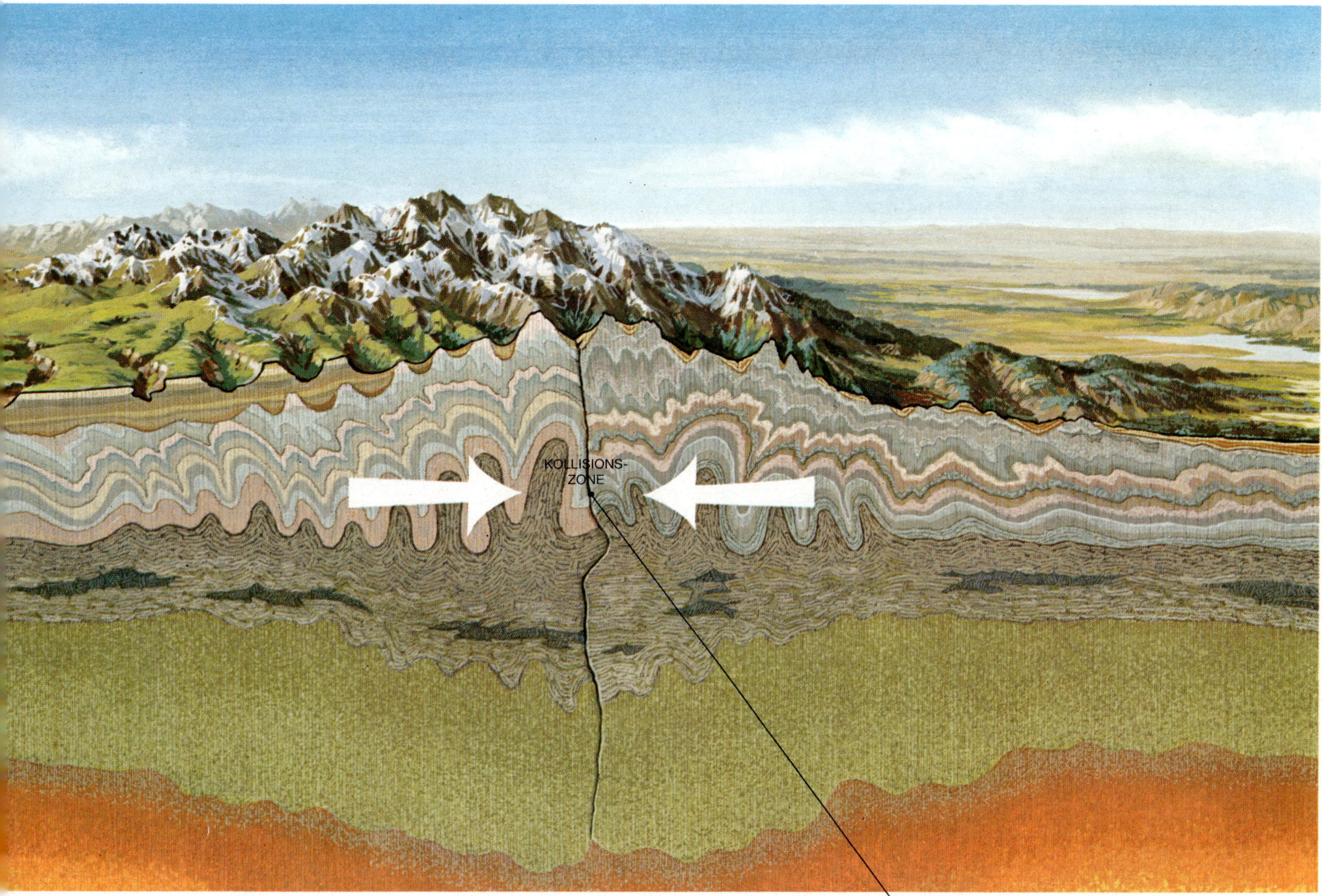

Gegeneinanderdrängende Kontinentalplatten stauchen und verformen die oberen Zonen der Lithosphäre; dabei bilden sich Gebirge, und an den Plattengrenzen und in anderen Zonen des Gebirges werden Erdbeben ausgelöst. Im Laufe von Jahrmillionen werden Plattenteile miteinander verschweißt, denn die ursprünglich etwa 30 Kilometer dicke kontinentale Kruste hat zuviel Auftrieb, um in den Erdmantel abtauchen zu können.

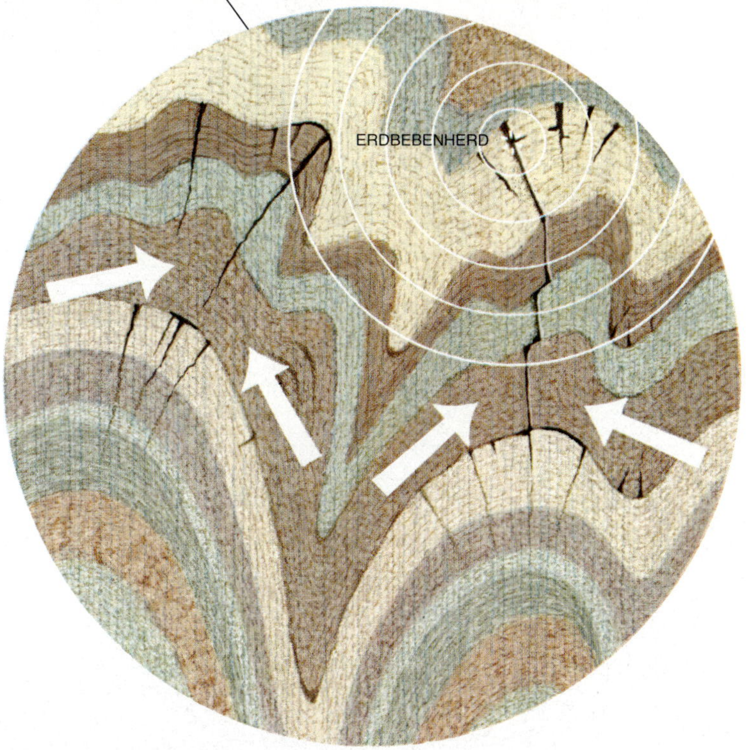

In einer Schwachzone innerhalb einer der kollidierenden Platten läßt aufgestauter Druck das Gestein ruckartig zerbrechen, wodurch ein Erdbeben ausgelöst wird. Bei diesen Erschütterungen kann sich eine Seite der Verwerfung vertikal über die andere schieben *(wie abgebildet)* oder aber horizontal daran entlanggleiten – je nachdem, in welche Richtung die Spannung wirkt.

In den Frontpartien zweier kollidierender Platten lassen gewaltige Kompressionskräfte im oberen Bereich der Lithosphäre das stark deformierte Gestein zerbrechen. Die Verstellungen verlaufen sowohl vertikal als auch horizontal und können schwere Erdbeben verursachen.

Kapitel 4

DER SIEGESZUG EINER NEUEN THEORIE

Auf dieser zeitgenössischen Darstellung eines Erdbebens, das 1843 die karibische Insel Guadeloupe zerstörte und 5000 Menschenleben forderte, sieht man den Vulkan La Soufrière unheildrohende Rauchwolken ausstoßen. Vulkanische Tätigkeit und Erdbeben treten oft zusammen auf; in diesem Fall könnte das Erdbeben die unterirdischen Magmakammern des Vulkans erschüttert und ihnen einen Zugang zur Erdoberfläche geöffnet haben.

Wir sind wie Richter vor einem Angeklagten, der die Aussage verweigert – wir müssen die Wahrheit an Hand von Indizien herausfinden." Für den deutschen Meteorologen Alfred Wegener, den Wegbereiter der modernen Geologie, war der Angeklagte unser Planet selbst. Anfang des 20. Jahrhunderts versuchte er, die unbekannten, im Inneren der Erde wirkenden Antriebsmechanismen zu ergründen: Welche Kräfte formten die Kontinente und Meere, auf welche Weise entstanden Berge und Vulkane, was ließ die Erde aufbrechen und beben?

1915 veröffentlichte Wegener, der „Indizien" aus den verschiedensten wissenschaftlichen Disziplinen zusammengetragen hatte – unter anderem aus Biologie, Klimatologie, Geologie und Seismologie – seine Vorstellungen über den Planeten Erde und stellte damit die herrschende Lehrmeinung auf den Kopf. Jahrzehntelang waren die Geowissenschaftler übereinstimmend der Ansicht gewesen, die Erdoberfläche sei eine statische Haut über einem geschmolzenen, allmählich abkühlenden Inneren. Beim Abkühlen sei die Erdkugel geschrumpft, und die Außenflächen hätten sich wie ein runzliger, vertrocknender Apfel zu Bergen und Tälern verzogen; dabei hätten heftige Erdbeben von Zeit zu Zeit Abscherungen, Einbrüche und Absenkungen verursacht. Man war der festen Überzeugung, daß sich die Erde mit ihren Kontinenten und Ozeanen von den Verformungen durch den Schrumpfungsprozeß abgesehen nicht veränderte.

Jetzt legte Wegener eine lange Liste von Fragen und Beobachtungen vor, die mit den geltenden Theorien nicht beantwortet beziehungsweise erklärt werden konnten. Wenn Gebirge wirklich durch die Kontraktionsbewegung eines abkühlenden Planeten entstünden, sagte Wegener, wären sie mehr oder weniger einheitlich über die Erdoberfläche verstreut; tatsächlich aber waren sie auf schmale Zonen konzentriert, die einen völlig anderen Prozeß vermuten ließen. Wie schon anderen vor ihm fiel auch Wegener auf, wie merkwürdig genau die Ostküste Südamerikas und die Westküste Afrikas aneinanderpaßten, wenn man sie auf einer Karte zusammenschob; er konnte dies nicht für einen Zufall halten. Wegener entdeckte enge Parallelen in der geologischen und biologischen Geschichte der beiden Küstengebiete und warf eine Frage auf, die mit den damaligen geologischen Vorstellungen nicht zu beantworten war: Wie kommt es, daß sich an beiden Küsten, zwischen denen Tausende von Kilometern liegen, die gleichen Lebensformen und Gesteinsformationen finden?

1912 bot Wegener mit seiner Theorie der „Kontinentalverschiebung" selbst eine Antwort an. Die Erdoberfläche sei nicht statisch, behauptete er, sondern dynamisch. Die Kontinente und Ozeane befänden sich relativ zueinander in ständiger Bewegung. Wegener zog den Schluß, die Kontinente seien einst eine einzige große, zusammenhängende Landmasse gewesen, eine Rieseninsel in einer Welt aus Wasser. Etliche Millionen Jahre später sei diese Insel auf irgendeine Weise zerbrochen, und die Bruchstücke schwammen auf der Erdoberfläche umher wie im Meer treibende Packeisschollen.

Wegeners kühne Hypothese wurde von der Fachwelt mit Hohngelächter aufgenommen. Ein Kollege meinte ironisch, Wegeners Methode bestehe aus „einem Grundgedanken und einer selektiven Suche nach erhärtenden Fakten in der Literatur, die fast alles ignoriert, was diesem Grundgedanken widerspricht, und in einem Zustand von Selbstvergiftung endet, in dem die subjektive Idee schließlich als objektive Tatsache erscheint".

Die Kritik war nicht unbegründet. Wegeners Beweise waren tatsächlich nicht sehr überzeugend und berechtigten keineswegs zu solch atemberaubenden Schlüssen. Doch in den folgenden Jahrzehnten sollten die Geowissenschaftler Wegeners Theorie anfangs widerstrebend, dann voll und ganz akzeptieren; und sie sollten erfahren, daß viele Erkenntnisse, die ihre Wissenschaft veränderten, aus der Erdbebenforschung kamen.

Der deutsche Wissenschaftler Alfred Wegener wurde durch seine Theorie der Kontinentalverschiebung berühmt. Der helläugige, wettergegerbte Exzentriker ging darüber hinaus auch noch anderen wissenschaftlichen Interessen nach: Er studierte Astronomie, schrieb Bücher über Meteorologie und Geophysik und leitete drei Forschungsexpeditionen ins grönländische Inlandeis, dessen Einöde ihm schließlich zum Verhängnis wurde.

Die ersten seismologischen Daten, die eine völlig neue Betrachtungsweise der globalen Antriebskräfte erlaubten, stammten aus den 30er Jahren, als die Wissenschaft begann, sich näher mit den Erdbeben in den Randgebieten des Pazifischen Ozeans zu befassen. Östlich der Inselketten vor der asiatischen Ostküste befindet sich eine Reihe riesiger Tiefseerinnen. Es handelt sich um die tiefsten Senken in der Erdkruste. Die Geowissenschaftler wußten schon seit vielen Jahren von diesen Rinnen; anfangs fehlten ihnen jedoch noch die Geräte, um deren Tiefe auszuloten. Später stellten sie fest, daß die Rinnen bei den Marianen über 11 000 Meter tief waren. Die Tiefseerinnen und die zu ihnen gehörigen Inselgruppen markieren den inneren, seezugewandten Rand des großen zirkumpazifischen Erdbebengürtels.

Einer der ersten, der dieses bemerkenswerte Zusammentreffen von geologischer Formation und seismischer Aktivität untersuchte, war der junge japanische Seismologe Kiyoo Wadati. 1925 verließ Wadati die Universität Tokio als Diplomphysiker und ging an das Zentrale Meteorologische Observatorium, um dort Aufzeichnungen des Seismographennetzes auszuwerten. Er begann, die genaue Verteilung der Erdbebenherde auf dem japanischen Archipel zu verzeichnen, und entdeckte, daß die Herdtiefe mit Annäherung an den asiatischen Kontinent zunahm. Auf dem Meeresboden nahe der Japanrinne lagen die Bebenherde in nur wenigen Kilometern Tiefe. Aber nach Westen nahm die Herdtiefe sprunghaft zu – sie betrug 80 bis 250 Kilometer unter den Inseln selbst, 500 Kilometer unter dem Japanischen Meer und ganze 650 Kilometer unter der mandschurischen Küste, die etwa 1000 Kilometer von der Japanrinne entfernt ist. Vom Tiefseegraben zum asiatischen Kontinent verlief die Fläche der Erdbebenherde in einem Winkel zwischen 35 und 60 Grad abwärts.

Nach den herrschenden Theorien war die Konsistenz des Mantels unter den Druck-Temperaturbedingungen der tiefliegenden Bebenherde nicht so spröde, daß es zum Bruch kommen konnte. Wenn die Kruste, wie man in Fachkreisen damals annahm, eine dünne Schicht über einem geschmolzenen Inneren war, müßte eine auf das verflüssigte Material unterhalb der Kruste ausgeübte Beanspruchung dieses zum Fließen bringen, nicht aber zum ruckartigen Zerbrechen. Hier aber schien ein Beweis für die Hinfälligkeit der herkömmlichen Theorien vorzuliegen: Man hatte seismische Stöße gemessen, deren Ursprung in der Tiefe des dichten Erdmantels lag – in einer Tiefe, die etwa einem Zehntel des Erdradius entsprach.

Ende der 40er Jahre begann Hugo Benioff, derselbe, der die Seismographen am Caltech verbessert hatte, die Erdbebentätigkeit im Bereich der Pazifikküste Südamerikas zu studieren. Dort bildet eine Tiefseerinne eine 4500 Kilometer lange, in nordsüdlicher Richtung von Ecuador bis nach Chile verlaufende Falte. Er fand die gleiche in die Tiefe abtauchende Fläche, an der die Erdbebenherde aufgereiht sind, wie Wadati; die Fläche taucht hier in östlicher Richtung schräg unter den südamerikanischen Kontinent ab. Und als Benioff die Erdbebenherde der Tongarinne zwischen Neuseeland und Samoa untersuchte, fand er das gleiche Bild – eine schiefe Ebene, die sich im Winkel von 60 Grad unter die Tongainseln und westlich in Richtung Fidschiinseln schob. Bei der genaueren Untersuchung weiterer Tiefseerinnen erkannte man, daß es rings um den Rand des Pazifik Zonen massierter Erdbebentätigkeit gab; sie waren größer, als man je vermutet hatte, und verliefen schräg abwärts in den Erdmantel hinein.

1954 veröffentlichte Benioff seine Entdeckungen in einer epochemachenden Arbeit; darin stellte er die These auf, daß riesige Partien des Meeresbodens schräg unter das angrenzende Land abtauchen. Die Kraft dieser Subduktion, wie sie später genannt wurde, verursache nicht nur schwere Erdbeben, sondern löse auch die Tätigkeit der Vulkane auf den pazifischen Archipelen aus. Benioff fand im Bereich der Küsten Kaliforniens und Britisch-Kolumbiens keinen Hinweis auf Subduktion, nahm aber an, sie habe dort irgendwann in ferner Vergangenheit stattgefunden. Seine Theorie, bemerkte er stark untertreibend, „wich etwas von den älteren Vorstellungen ab", die auf dem Konzept einer statischen Erde basierten.

Obwohl sich alle Wissenschaftler einig waren, daß mit dem Ozeanboden im Verlauf dieser sogenannten Benioff-Zonen etwas Wichtiges vorging, konnten viele anerkannte Seismologen Benioffs Erklärung nicht ohne weiteres akzeptieren. Daß der Meeresboden schräg nach unten in den Mantel hineingezogen werde, war schon eine ziemlich kühne Behauptung. Benioffs Kritiker wiesen darauf hin, daß er die Quelle der riesigen Energiemengen, die die dazu erforderlichen Antriebskräfte entfalteten, nicht näher bezeichnet hatte. Wenn er darüber hinaus postulierte, daß die Erdkruste beim Abtauchen in die Tiefseerinnen verschluckt werde – durch was sollte sie seiner Meinung nach ersetzt werden? Denn zweifelsohne mußte es irgendeinen Ersatz geben, da die Oberfläche der Erde noch immer ganz von Kruste bedeckt war.

Die Antworten kamen nach und nach mit den seismischen Untersuchungen des Meeresbodens, die man ab Mitte der 50er Jahre anstellte. Die Columbia University hatte gerade ihr Lamont Geological Observatory eingerichtet, und 1953 hatte dessen erster Direktor, der Meeresgeophysiker Maurice Ewing, den Schoner *Vema*, einen alten Dreimaster, als Forschungsschiff ausgerüstet. Die *Vema* war mit Echolotvorrichtungen, Seismometern und anderen Geräten zur Untersuchung des Meeresbodens ausgerüstet. 20 Jahre lang kreuzte sie auf Entdeckungsreisen auf dem Nord- und Südatlantik und hatte schließlich fast 800 000 Kilometer zurückgelegt.

Die Forscher an Bord der *Vema* erzeugten künstliche seismische Wellen und ließen sie vom Meeresuntergrund reflektieren. Anfangs warfen sie dazu selbstgebaute TNT-Bomben ins Wasser, später benutzten sie einen Schallwellengenerator, der am Heck des Schiffes befestigt war. Die Analyse ihrer Messungen ließ nicht nur die Konturen des Meeresbodens erkennen, sondern auch seinen Aufbau bis in eine Tiefe von mehreren Kilometern. Mit der Erforschung der Brechung und der Geschwindigkeitsveränderungen seismischer Wellen schälte sich für die Wissenschaftler nach und nach das erste genaue Bild der Erdkruste unter den Ozeanen heraus. Es rief Erstaunen hervor. „Man kann sich gar nicht vorstellen, wie primitiv unser Wissen war", sagte Bruce Heezen, einer der Wissenschaftler an Bord der *Vema*. „Allein das Problem, wie es da unten eigentlich aussah, beschäftigte uns völlig. Wir waren in einem so primitiven Stadium, daß andere Forscher nicht verstanden, wie man so etwas überhaupt Wissenschaft nennen konnte."

Die erste Überraschung bot das Sediment auf dem Meeresboden. Es war nirgends auch nur annähernd so dick, wie die Lamont-Forscher erwartet hatten. Angesichts der vielen Jahrmillionen, in denen Meeresorganismen ihre Schalenreste dort abgelagert hatten und Material durch Erosion von den Kontinenten ins Meer geschwemmt wurde, erwartete man eine enorm dicke Sedimentschicht; sie war jedoch relativ geringmächtig, durchschnittlich etwa 1,5 Kilometer stark. Am mächtigsten waren die Sedimente in der Nähe der Kontinente, und zur Ozeanmitte hin, wo sich aus der Tiefsee-Ebene ein langer, hoher Rücken erhob, wurden sie zunehmend dünner.

Teile dieser untermeerischen Gebirgsketten waren schon seit vielen Jahren auf nautischen Karten verzeichnet, doch bis zur Fahrt der *Vema* und ähnlichen Unternehmen anderer Forschungsschiffe hatte niemand eine Vorstellung von der riesigen Ausdehnung und gewaltigen Höhe des Rückens. Auch seine Schlüsselrolle bei der Entstehung der globalen Antriebskräfte des Erdbebengeschehens war bis dahin unbekannt.

Der mittelatlantische Rücken, wie er sich den Wissenschaftlern der *Vema* nun darstellte, glich keinem kontinentalen Gebirgszug. Sie hatten einen monumentalen Kamm entdeckt, der den Atlantischen Ozean von der Arktis bis fast zur Antarktis durchschnitt und sich fast genau in der Mitte zwischen den Kontinenten auf beiden Seiten hinzog. Anders als die Alpen und die Rocky Mountains, die hauptsächlich aus Kalkstein, Schiefer und Granit bestehen, war der Rücken aus Basalt – erstarrter Lava – aufgebaut. Seine Steilabbrüche bildeten scharfe, zerklüftete Stufen, die wie eine Treppe 2000 bis 3000 Meter über den Ozeanboden aufragten.

Und was besonders erstaunlich war: In der Mitte des Rückens befand sich statt eines Gebirgskammes eine riesige Senke – ein 10 bis 50 Kilometer breiter Graben, der tiefer war als der Grand Canyon in Arizona und sich über die ganze Länge des Rückens hinzog. An vielen Stellen wurde der Rücken selbst von senkrecht zu ihm verlaufenden, steilen Abbrüchen zerschnitten. Und an einigen Stellen war er deutlich versetzt: Er endete abrupt an einem dieser Abbrüche und setzte sich ebenso unvermittelt viele Kilometer weit nach links oder rechts verschoben fort.

Auf dem Ozeanboden in der Nähe des Rückens gab es sehr wenig Sediment, und einige Lamont-Forscher sahen darin einen Beweis, daß sich der Boden auf irgendeine Weise vom Rücken fortbewegte. Eine solche Bewegung, sagten sie, würde erklären, warum die Sedimenthaut am Rücken, wo der Boden am jüngsten war, so dünn blieb und erst in größerer Entfernung mächtiger wurde. Sie würde auch erklären, warum es überhaupt insgesamt weniger Sediment auf dem Meeresboden gab, als man früher angenommen hatte. Ein großer Teil davon war von dem wandernden Boden wie auf einem Fließband fortgetragen worden. Die Frage, wohin es abtransportiert wurde und was damit geschah, blieb allerdings vorläufig offen.

Während die *Vema* über die Meere fuhr, registrierten und studierten andere Wissenschaftler die Seismogramme von Erdbeben unter dem Atlantik. Sorgfältig berechneten sie Entfernungen und Richtungen, um die Epizentren genau zu lokalisieren. Auch dabei ergab sich eine unerwartete Anordnung: Fast alle Beben gingen von einer schmalen Zone aus, die genau mit dem mittelatlantischen Rücken zusammenfiel. Die Beben traten entweder in dem großen zentralen Graben auf oder in den Abbrüchen, die den Rücken in rechtem Winkel schnitten. Bei diesen Abbrüchen müßte es sich nach Meinung der Seismologen um Verwerfungslinien handeln. Als das Lamont-Team im weiteren daranging, die mittelozeanischen Rücken des Pazifik und des Indischen Ozeans zu erforschen, entdeckten sie die gleichen Merkmale: ein abgetrepptes Basaltgebirge, das sich vom Meeresboden zu einem großen Rücken mit einem zentralen Graben erhob, der fortwährend von Flachherdbeben erschüttert wurde.

All diese Entdeckungen fügten sich allmählich zu einem Bild, das immer besser mit Wadatis und Benioffs Studien über Tiefseerinnen und Inselbögen vereinbar war. Der große Erdbebengürtel, der den Pazifik säumt, stimmte mit den Benioff-Zonen überein, Gebieten, in denen sich der Ozeanboden unter den jeweiligen Kontinent schiebt. Beim Kartieren der mittelozeanischen Rücken hatten die Forscher vom Lamont-Observatorium einen entsprechenden Gürtel entdeckt, innerhalb dessen sich der Meeresboden allem Anschein nach in Richtung auf die Subduktionszonen fortbewegte. Die zwingende Schlußfolgerung war, daß beide Gürtel zu demselben globalen Bewegungssystem gehörten, in dem sich die Erdkruste beständig regeneriert: In der zentralen Achse der mittelozeanischen Rücken drang neues Material auf, wurde senkrecht zum Verlauf der Rücken abtransportiert und verschwand dann in den Tiefseerinnen. Bei diesem Prozeß löste es 95 Prozent der Erdbeben auf der Welt aus.

Hiermit war der Beweis für Wegeners Theorie der Kontinentalverschiebung erbracht. Wenn die Erdkruste sich bewegte, schien auch die Vorstellung sich bewegender Kontinente nicht länger absurd. Die neuen Erkenntnisse stützten zwar nicht Wegeners Ansicht, daß die Kontinente gewissermaßen durch die Kruste pflügten, doch sie legten die Vermutung nahe, daß die Kontinente Teile eines in Bewegung befindlichen Systems waren. Aber die Beweise waren noch viel zu lückenhaft, um allgemein von der Fachwelt akzeptiert zu werden. Wie logisch und folgerichtig der Gedanke auch schien – die Aufgabe, seine wissenschaftliche Haltbarkeit zu beweisen, schien entmutigend. So wurde auch eine frühe Darstellung der umstrittenen Theorie von ihrem Verfasser, Harry H. Hess, selbstironisch eine Übung in „Geopoesie" genannt: Noch beruhte die Theorie mehr auf Intuition als auf stichhaltigen wissenschaftlichen Beweisen.

Neue Erkenntnisse ließen die Theorie immer brauchbarer erscheinen. Anfang der 60er Jahre führten zwei Arbeiten, eine theoretische und eine praktische, die Hypothese aus dem Bereich reiner Spekulation heraus und verhalfen ihr zu allgemeiner Anerkennung. Beide Arbeiten widmeten sich der Erdbebentätigkeit der Verwerfungen, die senkrecht zu den mittelozeanischen Rücken verlaufen und sie versetzen.

1962 stellte Lynn Sykes, ein Wissenschaftler am Lamont Geological Observatory, eine Karte der Epizentren im Bereich des vor Mittel- und Südamerika gelegenen Teilabschnitts des mittelozeanischen Rückens zusammen, der als Ostpazifische Schwelle bekannt ist. Ihm fiel auf, daß Erdbeben nicht an allen Verwerfungen auftreten, die den ozeanischen Rücken schneiden, sondern lediglich auf solche Verwerfungen beschränkt sind, die den Rücken in seinem regelmäßigen Verlauf unterbrochen und versetzt haben. Die Beben treten darüber hinaus nicht über die ganze Länge dieser Verwerfungen auf, sondern konzentrieren sich jeweils auf den Teil, der zwischen den versetzten Partien des

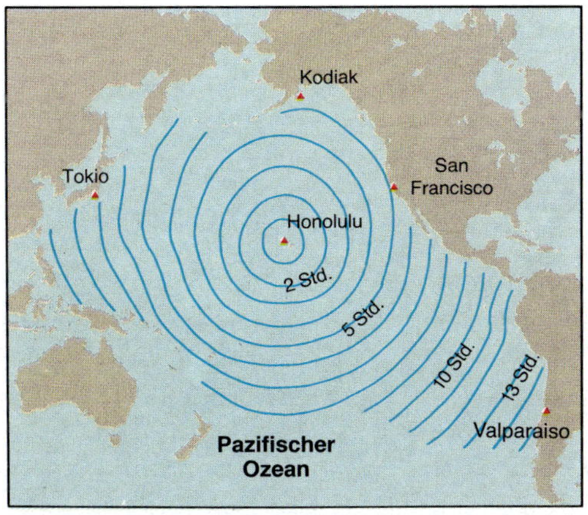

Wie Fäden eines riesigen Spinnennetzes sehen die konzentrischen Kreise dieser nach Computerberechnungen angefertigten Tsunami-Warnkarte aus; an Hand dieser Linien kann man ablesen, wie viele Stunden seismische Meereswogen von verschiedenen Ausgangspunkten in der zirkumpazifischen Zone bis nach Hawaii brauchen. Eine bei Valparaiso in Chile entstehende Welle zum Beispiel würde Hawaii in 15 Stunden erreichen.

Die als Tsunamis bekannten, todbringenden Meereswogen nähern sich so unauffällig und scheinen in der Ferne noch so harmlos, daß sie bis vor kurzem immer überraschend hereinbrechen konnten. Draußen auf dem offenen Meer können die Kämme der Tsunamis 150 Meter voneinander entfernt und nur einen Meter hoch sein – Seeleute, deren Schiffe weitab der Küste von diesen Wellen erfaßt werden, nehmen sie ohne Argwohn zur Kenntnis. An der Küste ist das erste Anzeichen oft ein Verebben des Wassers, bei dem zappelnde Fische auf dem Trockenen zurückbleiben. Aber wer leichtsinnig hinläuft, um sie einzusammeln, wird keine Freude an ihnen mehr haben. Denn dies ist kein Rückzug – hier sammeln sich Kräfte. Wenn sich die Wellen schließlich der Küste nähern, bäumen sie sich steil auf und brechen über Hafen und Strände herein, als wollte der Ozean das ganze Land verschlingen.

Diese seismischen Meereswogen haben mit dem Mond oder den Gezeiten nichts zu tun, und das japanische Wort *tsunami,* übersetzt etwa „lange Hafenwelle", bezieht sich mehr auf das Ziel als auf den Ausgangspunkt. Tsunamis können verschiedene Ursachen haben: untermeerische Erdbeben oder Beben an der Küste, Sedimentlawinen oder vulkanische Tätigkeit. Was auch immer der Auslöser sein mag – die Wellenbewegung beginnt mit einem plötzlichen Stoß, der wie der Schlag eines Riesenpaddels das Wasser verdrängt. Je stärker dieser Schlag unter Wasser, desto größer ist auch die verheerende Kraft der Tsunamis.

1883 brach auf der Insel Krakatau zwischen Java und Sumatra der gleichnamige Vulkan aus, und die ganze Insel verschwand 250 Meter tief unter Wasser. Gewaltige, bis zu 35 Meter hohe Tsunamis brandeten zwischen Java und Sumatra hin und her und töteten 36 000 Menschen. 1896 vernichteten 25 bis 35 Meter hohe Wellen über 100 000 Häuser an der Ostküste Japans und ertränkten 26 000 Menschen.

1946 löste ein Erdbeben der Stärke 7,2 nahe der Insel Unimak im Südwesten Alaskas eine seismische Meereswoge aus, die so hoch war, daß sie nicht nur den 10 Meter über dem Meeresspiegel stehenden Scotch-Cap-Leuchtturm mit fünf Männern darin wegfegte, sondern auch die in 30 Meter Höhe stehende Funkantenne. Dann lief die Welle 3700 Kilometer weit bis zu den Hawaii-Inseln, wo sie 159 nicht vorgewarnte Menschen mitriß und Sachschäden in Höhe von mehreren Millionen Dollar anrichtete *(folgende Seiten).*

Heute können die Hawaiianer und andere Bewohner des Pazifiks gewarnt werden. Der Tsunami von 1946 führte zum Aufbau eines Tsunami-Warnsystems, dessen Zentrale in Honolulu mit Hilfe von Computern, Fernschreibern und Funksatelliten rund um die Uhr im Dienst ist. Wenn ein Tsunami droht, werden die Ankunftszeiten der Wellen in Honolulu von Computern berechnet und eine Tsunami-Warnung ausgegeben. Ein Netz hochempfindlicher Flutmesser innerhalb des pazifischen Raumes liefert weitere Daten.

Bestätigt sich der Verdacht auf seismische Meereswogen, gibt das Zentrum in Honolulu innerhalb weniger Stunden Alarm für alle bedrohten Orte im Pazifikgebiet aus. Zwar kann man Tsunamischäden auch heute nicht vermeiden, aber die Zahl der Todesopfer bewegt sich eher in Dutzenden als in Tausenden. Das verheerende Überraschungsmoment wurde den Tsunamis genommen.

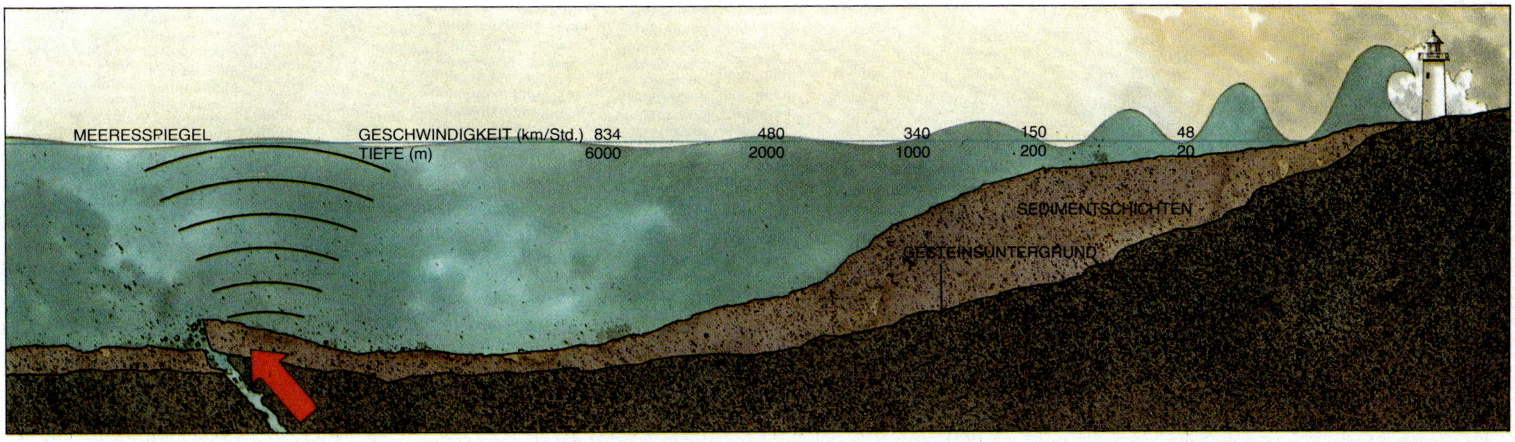

Die Tsunami-Vorhersage basiert auf dem hydrodynamischen Prinzip, daß die Geschwindigkeit einer Welle und die Quadratwurzel der jeweiligen Wassertiefe in konstantem Verhältnis stehen. So bewegt sich, wie auf der Zeichnung oben gezeigt wird, eine Welle bei 6000 Meter Wassertiefe mit einer Geschwindigkeit von 830 Kilometern pro Stunde; die Geschwindigkeit sinkt bei 20 Meter Wassertiefe auf 48 Kilometer pro Stunde ab. Die abnehmende Wassertiefe hat zwar einen Bremseffekt auf den unteren Teil der Wellensäule, doch der Wellenkamm strebt weiter voran und wird immer steiler, bis er sich mit gewaltiger, zerstörerischer Kraft an der Küste bricht.

Den sicheren Tod vor Augen, steht ein Mann in Hilo auf Hawaii wie erstarrt inmitten der wirbelnden Fluten, die ihn gleich verschlingen werden. Diese Tsunamis, die an den Aleuten bei Alaska ausgelöst wurden, waren noch zwischen 9 und 17 Metern hoch, als sie am 1. April 1946 Hawaii erreichten. Sie schlugen mit ungeheurer Wucht über zwei Stunden lang gegen die Inseln. Der Dampfer *Brigham Victory,* von dem aus dieses Photo gemacht wurde, überstand den Ansturm der Wellen, aber 159 Menschen auf Hawaii verloren das Leben.

Rückens liegt. Die Verwerfungen selbst setzen sich zu beiden Seiten des Rückens bis zu 1000 Kilometern weit nach außen fort; außerhalb des Abschnitts zwischen den versetzten Rückenteilen treten selten Erdbeben auf.

Tuzo Wilson, ein kanadischer Geophysiker, beschäftigte sich damals gerade mit der Theorie des *seafloor spreading,* der Ausbreitung des Meeresbodens, und sah in Sykes Beobachtungen eine mögliche Bestätigung seiner Hypothese. Wenn es stimmte, daß sich der Meeresboden von den Rücken wegbewegte, dann mußte sich der Basalt entlang der Verwerfungen zwischen zwei versetzten Rückenabschnitten in entgegengesetzten Richtungen bewegen und dabei an der Verwerfungslinie Reibung und Spannungen verursachen, die sich von Zeit zu Zeit als Erdbeben abbauen. Außerhalb der versetzten Partien des Rückens jedoch würde sich der Meeresboden beiderseits der Verwerfung mit gleicher Geschwindigkeit in die gleiche Richtung bewegen und keine Spannung an der Verwerfungslinie aufbauen *(S. 98–99).* Da das, was er beschrieb, eine Transformation von Kräften und ihrer Richtungen entlang der Verwerfungslinie war, nannte Wilson diese Verwerfungen Transform-Störungen. „Mit dem Nachweis ihrer Existenz", schloß er, „hätte man praktisch auch die Kontinentalverschiebung bewiesen und könnte die Ursache der damit verbundenen Verschiebungen erklären."

Sykes setzte seine Arbeit am Lamont-Observatorium fort und nutzte die neuen Möglichkeiten des WWSSN (Weltweites Standardisiertes Seismographennetz), um genauere seismische Registrierungen von der Ostpazifischen Schwelle und ähnlichen Rückengebilden im Mittelatlantik und im Golf von Aden zu sammeln. Er untersuchte die Seismogramme auf die Bewegungsrichtung entlang der Verwerfungslinien hin und fand heraus, daß sich der Meeresboden in genau der Weise bewegte, wie Wilson vermutet hatte. „Die daraus abgeleiteten Erdbebenmechanismen und die Verteilungsmuster der Beben", schrieb Sykes, „scheinen sich nur durch einen kontinuierlichen Prozeß der Entstehung neuen Meeresbodens nahe oder direkt am Kamm des mittelozeanischen Schwellensystems erklären zu lassen."

Ähnliche Befunde aus anderen Bereichen der Geowissenschaften sprachen ebenfalls für die Richtigkeit der Theorie. Ozeanologen untersuchten Bohrproben vom Meeresboden, die eine auf der Theorie des *seafloor spreading* basierende Vermutung bestätigten: Auf den ozeanischen Rücken war die Kruste am jüngsten, in den Subduktionszonen am ältesten. Genaue Messungen von Anomalien der Anziehungskraft der Erde im Bereich der ozeanischen Rücken und Tiefseerinnen ergaben Werte, die die Theorie, daß dichter Basalt an den Rücken aufdrang und unter den Tiefseerinnen abtauchte, bestätigten. Sorgfältige Messungen der Krustentemperatur zeigten, daß das entlang der ozeanischen Rücken aufquellende Material relativ heiß und das unter den Tiefseerinnen abtauchende Material ausgekühlt ist. Durch sorgfältige Untersuchung der Änderungen der magnetischen Ausrichtung in breiten Bändern des Ozeanbodens parallel zur Rückenachse konnten Wissenschaftler verschiedene Epochen der Erdgeschichte mit jeweils unterschiedlich schneller Ausbreitung des Meeresbodens genau rekonstruieren. Und zahllose Beobachtungen auf anderen Gebieten wiesen ebenfalls auf die Unhaltbarkeit der herkömmlichen Theorien hin.

1966 wurde das Fundament der Theorie von einer statischen Erde erheblich erschüttert, und 1967 brach es dann auf einer Reihe wissenschaftlicher Kongresse in den Vereinigten Staaten endgültig auseinander. Obwohl der Anstoß von dem deutschen Meteorologen Alfred Wegener ausging, wurde die Auseinandersetzung nach dem Zweiten Weltkrieg – vor allem auf Grund der regen Forschungstätigkeit von Instituten wie dem Lamont Geological Observatory, dem U.S. Geological Survey und der englischen Cambridge University – überwiegend auf dem Boden Englands und der Vereinigten Staaten ausgetragen. Die kritische Runde der Auseinandersetzungen begann im November 1966 am Goddard Institute for Space Studies in New York mit einem Symposion über die Erdkruste und wurde im April 1967 beim Jahrestreffen der American Geophysical Union in der Hauptstadt Washington fortgesetzt. Beide Male wurden die Teilnehmer von Dutzenden von Vorträgen von Wissenschaftlern in Aufregung versetzt, die voneinander unabhängig zu Ergebnissen gekommen waren, die allesamt in dieselbe neue Richtung wiesen. Besonders spektakulär waren Lynn Sykes' Forschungsergebnisse, die auf dem Kongreß von 1967 zum ersten Mal vorgestellt wurden und die die neuen Theorien der Transform-Störungen und des *seafloor spreading* untermauerten.

Noch größeres Aufsehen erregte eine völlig neuartige Darstellung der Grenzzone zwischen der Erdkruste und dem darunterliegenden Erdmantel. Ein Haupteinwand gegen Wegeners Theorie der Kontinentalverschiebung war ein einfaches mechanisches Problem gewesen: Auf dem starren, kompakten Körper, für den man die Erde hielt, konnte die Oberfläche einfach nicht gleiten. Nach allem, was man über den Aufbau der Erde und die Beschaffenheit der Erdschichten wußte, schien jede Möglichkeit großer horizontaler Verschiebungen ausgeschlossen, die den Kontinenten erlauben würden, sich einen Weg durch Tausende von Kilometern fester Erde zu bahnen.

Aber jetzt vermuteten die Seismologen, daß eine Übergangszone innerhalb des Mantels vielleicht nicht ganz starr ist, sondern flüssig genug, daß sich große Platten oder Schollen der Kruste einigermaßen darauf bewegen konnten. Ihre Theorie basierte auf einer neuen Interpretation des Phänomens, das Beno Gutenberg 50 Jahre zuvor entdeckt hatte. Bei seinen Untersuchungen des Verhaltens seismischer Wellen hatte Gutenberg die später nach ihm benannte Gutenberg-Diskontinuität entdeckt, die etwa 150 Kilometer unter der Erdoberfläche beginnt – eine Zone, in der die seismischen Wellen langsamer werden und damit anzeigen, daß das Gestein dort weniger starr ist. Er hatte diese Beobachtung nicht weiter verfolgt.

Aber jetzt, als Seismologen auf der ganzen Welt nach Erklärungen für die Subduktionszonen und das *seafloor spreading* suchten, glaubten sie, zumindest eine Teilantwort in der Gutenberg-Diskontinuität gefunden zu haben. Das Gestein in dieser Zone brauchte ihrer Meinung nach nicht unbedingt flüssig zu sein; die seismischen Erscheinungen wiesen aber immerhin darauf hin, daß es weicher wurde, etwa wie ein Stück Eisen in der Schmiede. Unter geeigneten Temperatur- und Druckbedingungen könnte es so weich geworden sein, daß sich die Platten der Erdkruste, die die Kontinente tragen, ganz langsam darauf entlangschieben konnten. In diesem Punkt entfernte man sich am weitesten von Wegeners Theorie; er hatte geglaubt, daß sich die Kontinente durch die ozeanische Kruste hindurchpflügen, statt sich mit ihr zu bewegen.

Einen bedeutenden Wendepunkt in der Geschichte der Geowissenschaften stellte der Kongreß der Geophysical Union 1967 dar. Fast 70 Arbeiten zum Problem des *seafloor spreading* wurden vorgestellt; viele davon stammten von Skeptikern, die ihr eigenes Material noch einmal überprüft hatten, um Gegenargumente gegen die neue Theorie der globalen Antriebskräfte zu haben, und sie statt dessen bestätigt fanden. Andere, wie der durch das Erdbeben von Alaska berühmt gewordene George Plafker, waren von der neuen Theorie bereits voll überzeugt.

Plafkers Analyse der bedeutenden Hebungen und Senkungen in Alaska 1964 trug wesentlich dazu bei, viele Teilnehmer des Kongresses von 1967 davon zu überzeugen, daß der Meeresboden des Pazifiks sich tatsächlich unter die Küste von Alaska schiebt. Seine Beobachtungen ließen sich nicht durch die früheren Theorien erklären, die davon ausgingen, daß die auf die Erdkruste wirkenden Kontraktionskräfte senkrecht zur Erdoberfläche stehende Verwerfungen erzeugen und eine Krustenbewegung verursachen, die an der Verwerfung direkt aufwärts oder abwärts verlief. Die gewaltigen Deformationen Alaskas ließen sich mit der Vorstellung eines beweglichen Krustenblocks, der sich unter einen anderen schob, ohne weiteres vereinbaren.

Eine prägnante Zusammenfassung der neuen Situation bot den Kongreßteilnehmern eine Arbeit von Lynn Sykes und zweien seiner Lamont-Kollegen, Jack Oliver und Bryan Isacks. Sie griffen noch einmal das Bild der Erde mit den sich verschiebenden Platten auf und zeigten, daß es durch die sich häufenden seismologischen Befunde gestützt wurde. Die gesamte Oberfläche des Planeten, schrieben sie, sei in etwa ein halbes Dutzend riesiger Platten zerlegt, die gegeneinanderdrängen und -stoßen wie Eisschollen. Dort, wo die Platten auseinanderbrechen, aneinanderreiben oder sich untereinanderschieben, gibt es Erdbeben. Die Platten bewegen sich schwerfällig und langsam – nur wenige Zentimeter pro Jahr –, aber beständig und unaufhaltsam, und diese Bewegung hat das Gesicht der Erde im Laufe von Jahrmillionen immer wieder von neuem geformt und verändert. Die Verschiebung der Platten hat die Ozeane breit und wieder schmäler werden lassen, sie hat Gebirge und Vulkane entstehen lassen und wieder zerstört, und währenddessen waren die Kontinente unabhängig in Bewegung.

Die Plattenbewegung erklärte das Muster der Erdbebenherde auf den seismischen Karten der Erde *(S. 92–93)*. Dicht beieinanderliegende Epizentren markieren die Stellen, wo die Plattenränder zusammenstoßen oder sich voneinander entfernen. Der schmale

Gürtel der mittelozeanischen Erdbebentätigkeit zeigt die Rücken an, wo die Platten entstehen. Die große zirkumpazifische Erdbebenzone läßt den äußeren Rand der großen Pazifischen Platte erkennen, die von der Ostpazifischen Schwelle nach Nordwesten bis zu den asiatischen Archipelen und Alaska vorstößt und dabei auch die Küste Kaliforniens streift. Ganz Nordamerika und die Hälfte des Nordatlantik bewegen sich auf einer einzigen Platte nach Westen. Ein Kranz von Epizentren umgibt Afrika und konturiert die Afrikanische Platte; ein weiterer Ring von Epizentren markiert die Ränder der Platte, die Indien und Australien trägt.

So dargestellt, wurde die Vorstellung von einer dynamischen Erdkruste als Theorie der Plattentektonik bekannt, die nach den Kongressen von 1966 und 1967 zur bestimmenden Theorie der Geowissenschaften wurde. Jahrelang war allein schon der Gedanke, die Erdkruste könne beweglich sein, von der Fachwelt mit solcher Verachtung zurückgewiesen worden, daß ein junger Geologe, der sich dazu bekannt hätte, seine akademische Zukunft riskiert hätte. Man hielt fast 40 Jahre lang unverändert an Rollin T. Chamberlins Auffassung von 1928 fest: „Wenn wir Wegeners Hypothese glauben sollen, müssen wir alles vergessen, was wir in den letzten 70 Jahren gelernt haben, und wieder ganz von vorn anfangen." Aber um 1970 zeigte der Mangel an Zuversicht, mit dem sich die letzten Gegner der Plattentektonik äußerten, wie überwältigend die Veränderungen waren, die sie überholt hatten. Und der sowjetische Geologe W. W. Belussow stellte in diesem Zusammenhang fest: Die neuen Ideen „üben einen hypnotischen Zauber aus und werfen ihre Schatten auf vieles Alte und Vertraute".

Die Theorie der Plattentektonik konnte zwar die Ursache von 95 Prozent der seismischen Aktivität der Erde befriedigend erklären, doch es blieb ein ungeklärter Rest von 5 Prozent. Noch immer gab es unbeantwortete Fragen zu schweren Erdbeben, die weit vom nächsten Plattenrand entfernt auftraten.

Eine Serie von Beben, die zu den Schlimmsten zählten, die man in Nordamerika je erlebt hatte, erschütterte im Winter 1811/12 den Südosten von Missouri und Arkansas. Die beiden US-Bundesstaaten liegen etwa in der Mitte der nordamerikanischen Platte. Es war ein Glück, daß es damals erst wenige Siedler dort gab – im Mississippigebiet lebten etwa 3000 Trapper und Farmer in Blockhäusern. Als am 16. Dezember 1811 um etwa zwei Uhr die Erde zu wogen begann, wurden ganze Wälder entwurzelt, und riesige Spalten öffneten sich. Einige waren so breit, daß kein Pferd hinüberspringen konnte. In New Madrid, der größten Siedlung in Missouri, sprangen die erschrockenen Menschen aus den Betten und stürzten aus ihren zersplitternden Hütten. Sie berichteten von unheimlichen Blitzen am Himmel, ähnlich fernem Wetterleuchten, und dicken Schwefeldämpfen in der Luft. Sand- und Kohlenstaubfontänen wurden emporgewirbelt und musterten die Landschaft kilometerweit.

In den nächsten Monaten erschütterten zwei weitere Erdbeben das Siedlungsgebiet im Mittelwesten; das zweite am 7. Februar war das schlimmste von allen. Die Stöße waren so

Während eines starken Erdbebens, das 1811 Missouri heimsuchte und den Mississippi aufwühlte, versucht die Besatzung eines Bootes, das rettende Ufer zu erreichen. Dieses ungewöhnliche Erdbeben weitab von jedem Plattenrand gibt bis heute Anlaß zu Spekulationen; es erschütterte weite Landstriche im Osten der USA und verwüstete einen großen Teil des Mississippigebietes.

Die Linien auf dieser isoseismischen Karte zeigen die Auswirkungen eines Erdbebens, das 1886 ein Gebiet um Charleston in South Carolina erschütterte, das man für seismisch inaktiv gehalten hatte. Die Stöße verursachten erhebliche Gebäudeschäden in Zone 9 und wurden noch in über 1500 Kilometer Entfernung in Zone 2 verspürt. Nahe am Epizentrum *(oben rechts)* bildeten sich durch Absetzungen in lockeren Sedimentschichten Dutzende kleiner Krater von bis zu 6 Meter Durchmesser.

mächtig, daß in Washington, D.C., Fenster klirrten und Kronleuchter schaukelten, Uhrenpendel in Charleston, South Carolina, stehenblieben, in Richmond, Virginia, die Kirchenglocken zu läuten begannen und die Einwohner von Pittsburgh, Pennsylvania, aus dem Schlaf gerissen wurden. Aus dem nahen Kentucky berichtete der Naturforscher John James Audubon, daß „sich der Boden in fortlaufenden Wellenbewegungen hob und senkte wie die windbewegte Wasseroberfläche eines Sees. Die Erde wogte wie ein Kornfeld im Sommerwind."

Als sie sich endlich beruhigte, hatte sich die Landschaft bis zur Unkenntlichkeit verändert. Felder und Flußufer wurden von einem Labyrinth von Furchen und Spalten durchzogen; tausende Hektar Prärie waren in eine Sumpflandschaft verwandelt worden; ein Seebett war angehoben und trockengelegt worden, und Sanderuptionen hatten in der Ebene breite Wälle von weißem Quarzsand abgelagert. New Madrid, das nahe an den Epizentren von zweien der drei Erdbeben lag, war dem Erdboden gleichgemacht, und der Boden war dort 4,50 Meter tief eingesunken. Mississippiinseln waren verschwunden, und an manchen Stellen war das Flußufer abgebrochen und schnitt zeitweilig den Lauf des Flusses ab. Trotz all dieser Zerstörungen gab es nur wenige Todesopfer: In New Madrid wurde ein Mann unter dem Dach seines Hauses begraben, und einige Leute ertranken, als ihre Boote auf dem Mississippi kenterten.

Das Interesse, diese Erdbeben zu erklären, hat bis heute ständig zugenommen. Was 1811 noch Wildnis war, ist heute das dichtbesiedelte industrielle Herz Amerikas. Zwischen Little Rock in Arkansas und Evansville in Indiana würde ein Erdbeben von vergleichbarer Stärke heute etwa 12 Millionen Menschen in Gefahr bringen und Sachschäden in Höhe von 50 Milliarden Dollar oder mehr verursachen.

Ende der 70er Jahre machten der Seismologe William Stauder und seine Kollegen von der St. Louis University eine Entdeckung, die erste brauchbare Aufschlüsse über den Mechanismus der Erdbeben von 1811/12 geben könnte. Der Mississippi hatte im Laufe von Jahrtausenden mehrere tausend Meter mächtige Sedimente in seinem Tal abgelagert. Diese Ablagerungen hatten jede Anzeichen von Verwerfungen im Erdbebengebiet verdeckt. Aber als Stauders Forschungsteam in dieser Gegend ein dichtes Seismographennetz installierte, zeigten die Instrumente häufige Mikrobeben an. Zur Überraschung aller war das Gebiet 160 Jahre nach der großen Katastrophe des 19. Jahrhunderts noch immer seismisch aktiv. Mehr noch, das Team von St. Louis entdeckte, daß die Epizentren dieser Mikrobeben auf bestimmte Gebiete konzentriert waren, die wahrscheinlich eine Verwerfungszone in geringer Tiefe unter den Sedimentgesteinen bildeten. Diese Verwerfungszone schien sich über 190 Kilometer weit in nordöstlicher Richtung von Arkansas bis in den Süden von Illinois zu erstrecken.

Angeregt von der Entdeckung des St.-Louis-Teams beschäftigten sich der Seismologe Mark Zoback und andere Mitarbeiter des U.S. Geological Survey näher mit der

Verwerfungszone von New Madrid; sie wandten dazu mehrere neue Verfahren an, darunter eines, das reflexionsseismische Profilaufnahme genannt wird. Künstlich erzeugte seismische Wellen wurden tief in das Gestein unter den Mississippisedimenten gesandt. Das seismische Bild, das die reflektierten Wellen erzeugten, ließ vermuten, daß die Verwerfungszone weit größer als erwartet war – an manchen Stellen war sie 320 Kilometer lang und 80 Kilometer breit.

Es war eine große Schwachzone, die sich wahrscheinlich vor 190 Millionen Jahren bei der Entstehung des Atlantischen Ozeans gebildet hatte, als sich die Kontinente voneinander entfernten. Bei ihrer fortlaufenden Wanderung nach Westen reibt sich die nordamerikanische Platte am darunterliegenden Mantel. Die Wissenschaftler vom Survey glaubten, daß die durch die Reibung zwischen Platte und Mantel in der Schwachzone erzeugten Spannungen für die schweren Erdbeben verantwortlich seien.

Die weitere Erforschung der seismischen Zone im Zentrum der nordamerikanischen Platte kann vielleicht auch Aufschluß über andere Erdbeben im Osten und in der Mitte der Vereinigten Staaten geben. Im August 1886 wurde das östliche Drittel des Landes von einem Erdbeben erschüttert, dessen Herd in der Nähe von Charleston in South Carolina lag und das fast ebenso stark wie die New-Madrid-Beben war. Obwohl es bis heute häufig kleinere Beben in dieser Gegend gibt, hat man unter South Carolina keine Hinweise für größere Verwerfungen wie im Mississippigebiet entdecken können. Die Antwort scheint in einem anderen Phänomen zu liegen.

Nur wenige Kilometer unter der Erdoberfläche und nahe an den Zentren der jüngsten Erschütterungen im Gebiet um Charleston haben Geophysiker ein stark magnetisches Gebiet mit hoher Dichte entdeckt. Irgendwann im Laufe der Erdgeschichte, vermuteten sie, drang geschmolzenes Gestein aus dem äußeren Mantel in die darüberliegende Kruste ein und erstarrte als Pluton. Die so entstandene besonders dichte Struktur ist so schwer, daß sie kräftige Spannungen im umgebenden Gestein ausübt, und diese reichen möglicherweise aus, um in alten Verwerfungszonen Erdbeben auszulösen.

Einen weiteren Pluton haben Geophysiker im Ozean vor Cape Ann in Massachusetts entdeckt; auch hier könnte es sich um aufgestiegenes und erstarrtes Mantelgestein handeln. Der von diesem Pluton ausgeübte Druck könnte die Erdbeben verursacht haben, die 1755 Boston erschütterten. Ähnliche Plutone wurden in Maine, New Hampshire und Quebec entdeckt, wo überall von Zeit zu Zeit Erdbeben auftreten. Auch in der Verwerfungszone unter New Madrid wurden Plutone gefunden.

Das Problem der innerhalb der Platten auftretenden Erdbeben läßt sich mit der Theorie der Plattentektonik noch immer nicht befriedigend erklären. Solange sich die verschiedenen Hypothesen zu dieser Art seismischer Ereignisse nicht zu einer systematischen und mit dem Phänomen der Krustenbewegung vereinbarenden Theorie verbinden lassen, werden sie die letzten Gegner der neuen Theorie weiter ermutigen.

Die vulkanischen Erdbeben – ein anderer Erdbebentyp, der ebenfalls nicht ausschließlich an den Plattenrändern auftritt – machen den Verfechtern der Theorie der Plattentektonik weniger Schwierigkeiten. Sie sind der Erdbebentyp, der am einfachsten zu beobachten und zu verstehen ist, und vielleicht hat man deshalb früher in der Tätigkeit der Vulkane die einzige Ursache für die Entstehung von Erdbeben gesehen. Heute weiß man, daß mit der Wechselwirkung zwischen Vulkanen und Erdbeben nur ein Bruchteil der seismischen Aktivität der Erde zu erklären ist, doch die gegenseitige Beeinflussung kann unter Umständen spektakuläre Folgen haben.

Am 29. September 1955 wurde die Halbinsel Kamtschatka, die sich vom sibirischen Festland bis kurz vor die Kurilen erstreckt, von einem mittleren Erdbeben erschüttert. Während der darauffolgenden Woche gab es jeden Tag ein kleineres Erdbeben, und gegen Ende der dritten Woche wurden die Bewohner der Halbinsel täglich von über 100 Erdbeben aufgeschreckt. Die Seismologen stellten fest, daß die Epizentren der Beben in unmittelbarer Nähe des Besimjannij-Vulkans lagen, der so lange untätig gewesen war, daß man ihn für erloschen hielt. Bis zum 22. Oktober hatten die Erdbeben eine Frequenz von über 200 täglich erreicht; insgesamt waren es jetzt fast 1300. An diesem Tag begann der Besimjannij auszubrechen.

Während der Vulkan Asche, Dampf und Gase spie, erhöhte sich die Anzahl der Erdbeben auf 450 täglich. Einen Monat lang stieg eine 8 Kilometer hohe Aschewolke vom Besimjannij auf, die sich 120 Kilometer weit über den pazifischen Ozean hinzog. Ende

Eine 2500 Meter hohe Rauchwolke *(ganz oben)* steigt nach der Detonation von 6000 Tonnen Sprengstoff über der Nordseeinsel Helgoland auf. Die Sprengung, eine der größten nichtnuklearen Explosionen unserer Zeit, wurde 1947 von der britischen Marine durchgeführt, um die Reste deutscher militärischer Anlagen zu zerstören. Sie verwandelte nicht nur die Gebäude in Ruinen, sondern bot auch Seismologen die Chance, ein gezielt ausgelöstes künstliches Erdbeben zu beobachten.

November ließ die Erdbebentätigkeit plötzlich nach, und die Zahl der Eruptionen sank. Vier Monate lang ruhte der Vulkan, und auch die Erde blieb relativ ruhig – bis es am 30. März 1956 zum großen Ausbruch kam.

An diesem Tag sprengte der Besimjannij während einer gewaltigen Eruption geschmolzener Lava seine Spitze weg. Die Explosion pulverisierte die oberen 200 Meter des Berges, ließ einen Krater mit anderthalb Kilometern Durchmesser entstehen und entwurzelte Bäume bis in 25 Kilometer Entfernung. Gleichzeitig erschütterte ein schweres Erdbeben die Halbinsel Kamtschatka.

Nach dem Hauptausbruch und den begleitenden Erdbebenstößen ließen seismische Aktivität und Eruptionen schnell nach; im Juni waren Berg und Erde wieder ruhig. Innerhalb eines Zeitraums von acht Monaten hatte es über 33 000 Erdbeben gegeben, deren Häufigkeit ungefähr parallel zur Heftigkeit der Vulkantätigkeit verlief.

Die genaue Untersuchung solcher Ereignisse hat der Wissenschaft Aufschlüsse über den Mechanismus vulkanischer Erdbeben gegeben. Wenn die flüssige Lava als Magma aus dem Erdinnern aufsteigt, übt sie Druck auf das Gestein aus, heizt es auf und dringt in Risse und Öffnungen. Dabei dehnt sie das Gestein und schließlich den ganzen Berg. Die Spannung, unter der das aufsteigende Magma steht, löst die dichten Serien von Erdbeben aus, die der Eruption vorausgehen. Und je näher der Erdoberfläche das Magma sich sammelt, desto seichter werden die Erdbebenherde und desto näher rücken sie dem Berg. Die Gewalt des Vulkanausbruchs selbst kann gegebenenfalls ein schweres Erdbeben auslösen, wie es beim Besimjannij der Fall gewesen zu sein schien. Nach der Eruption, während das Magma wieder zurückfließt, setzt sich das neugebildete vulkanische Gestein, kontrahiert und erzeugt auf diese Weise neue Spannungen, die weitere Erdbeben mit größerer Herdtiefe und abnehmender Magnitude verursachen können, bis der Prozeß abgeschlossen ist und der Vulkan ruht.

Vulkanausbrüche haben oft Erdbeben zur Folge; manchmal ist der Prozeß aber auch umgekehrt, und ein starkes Erdbeben weckt einen ruhenden Vulkan. Dies geschah am 29. November 1975, als eine Verwerfung unter der Küste von Hawaii, 48 Kilometer südlich von Hilo, brach. Weniger als eine Stunde nach dem Hauptbeben brach der Kilauea im Südosten der Insel aus. Tiefe Risse, aus denen sich Lavaströme ergossen, öffneten sich im Krater, und weißglühende Lavafontänen schossen in die Luft.

Das geschmolzene, überhitzte und durch die gelösten Gase brodelnde Gestein in den Magmakammern des Kilauea hatte auf die Erschütterungen wie kohlensäurehaltiges Wasser in einer Flasche reagiert und während einer 18stündigen Eruption Blasen überhitzten Dampfes hochgeschleudert. Drei Meter tiefe Lavaströme schossen mit einer Geschwindigkeit von fast 50 Kilometern pro Stunde über die Hänge des Berges und hinunter ins Meer. Die Eruption, so eindrucksvoll sie auch verlaufen war, verursachte weitaus weniger Schäden als das Erdbeben, das Straßen blockierte, die Stromversorgung abschnitt und einige ältere Gebäude einstürzen ließ.

Manchmal allerdings ist der Zusammenhang zwischen Erdbebentätigkeit und Vulkanausbrüchen nicht so leicht zu erkennen. Eines der seismisch aktiveren Gebiete Nordamerikas liegt in der zerklüfteten Kette der zentralen Rocky Mountains zwischen den Staaten Montana im Norden und Utah im Süden. Dieses Gebirge wurde vor über 100 Millionen Jahren aufgefaltet. Die mit seiner Entstehung verbundene Vulkantätigkeit hat längst aufgehört – außer an einer Stelle. Im Yellowstone-Nationalpark im Nordwesten Wyomings brodeln noch immer heiße Quellen und Geysire, die späten Nachwirkungen einer langen und intensiven vulkanischen Tätigkeit. In den vergangenen Jahrmillionen wurde das Yellowstone-Gebiet dreimal tätig, und der letzte Ausbruch vor 600 000 Jahren verteilte große Lavadecken über Hunderte von Quadratkilometern. Tatsächlich ist der ganze Nationalpark der eingebrochene Krater eines gigantischen prähistorischen Vulkans. Hier wurde die Erde am 17. August 1959 vom stärksten Erdbeben, das je in den Rocky Mountains registriert wurde, erschüttert.

Der Hauptstoß traf den Hebgen Lake unmittelbar westlich der Parkgrenze kurz vor Mitternacht. Ein frischer, von einer Verwerfung gebildeter Abbruch zog sich quer durch die benachbarten Hügel, und auf einer Seite fiel der Boden sechs Meter tief ab. Der Seeboden stellte sich schräg, und 11 Stunden lang wogte das Wasser wild hin und her. Ein Teil davon lief über den Hebgen-Damm und strömte tosend das Flußbett des Madison hinunter, wobei es Uferpartien wegriß und Bäume entwurzelte. Ein stromabwärts liegender Berghang brach ab und stürzte auf eine Gruppe zeltender Urlauber. Von den 150 Menschen starben 28 – sie wurden unter Millionen Tonnen von Gestein begraben. Die Lawine staute den Madison-Fluß und bildete ein neues Wasserbecken von 1,5 Kilometer Breite und 8 Kilometer Länge, das bald Erdbebensee genannt wurde. Das Erdbeben wurde in einem Gebiet von 1,5 Millionen Quadratkilometern verspürt und erschütterte den Yellowstone-Park so stark, daß einige neue Geysire ausbrachen.

Bei der Untersuchung der von dem Erdbeben ausgelösten seismischen Wellen entdeckten die Mitarbeiter des U.S. Geological Survey, daß direkt unter dem Park ein riesiger, birnenförmiger, bis zu 240 Kilometer Tiefe hinabreichender Magmakörper mit einem Durchmesser von etwa 50 Kilometern liegt – wie weit er bis unter die Erdoberfläche reicht, weiß man noch nicht. Seismische P-Wellen werden dort langsamer; Schwerkraft und Magnetismus sind ungewöhnlich gering, das elektrische Leitvermögen ist hoch, und das Gebiet gibt im Durchschnitt etwa zwanzigmal mehr Wärme an die Atmosphäre ab als ein gleich großes auf dem übrigen Kontinent – alles Hinweise auf einen unterirdischen Magmakörper, der heiß genug ist, um teilweise flüssig zu sein. Die von diesem Körper ausgehende Druckwirkung kann zu den Spannungen beigetragen haben, die das Gestein am Hebgen Lake zum Bersten brachten.

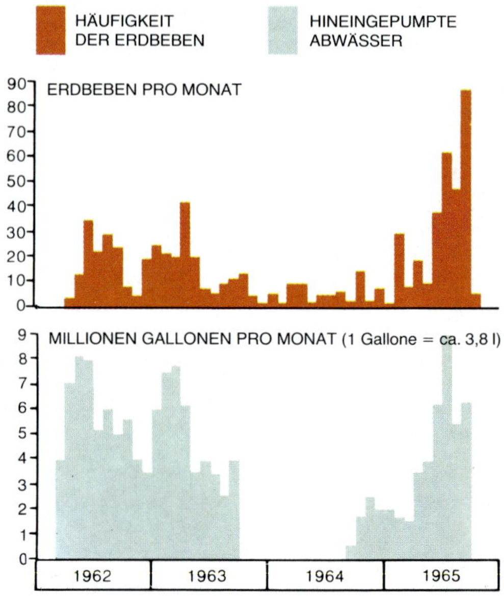

Diese Diagramme für die Jahre 1962 bis 1965 zeigen den direkten Zusammenhang zwischen dem plötzlichen massierten Auftreten kleiner Erdbeben und dem Hineinpumpen von giftigen Abwässern in ein tiefes Bohrloch im Rocky-Mountain-Arsenal bei Denver in Colorado. Wegen der erschreckenden Anzahl von Erdbeben stellte die U.S. Army das Pumpen 1966 schließlich ein.

Gelegentlich lösen Menschen selbst Erdbeben aus. Diese künstlich erzeugten Erdbeben erreichen selten die Magnitude des Bebens vom Hebgen Lake, doch einige waren ebenso zerstörerisch und kamen ebenso unerwartet. Ein Paradebeispiel bot sich 1935 bei der Fertigstellung des Hoover-Staudamms am Colorado. Wahrscheinlich hatte es in der Gegend schon immer unbemerkte schwache Beben gegeben; aber als sich das Wasser hinter dem Damm zu stauen begann und den Lake Mead bildete, nahmen die Erdbeben an Stärke und Häufigkeit zu. 1940 erreichten sie die Magnitude 5 auf der Richterskala, genug, um im nahen Las Vegas einige geringfügige, aber beunruhigende Erschütterungen auszulösen. Solche Beben treten dort bis heute periodisch auf.

Als man auch in anderen Ländern riesige Staudämme baute, ergaben sich ähnliche Probleme. In Sambia im südlichen Afrika ließ man 1958 Wasser in den Kariba-Stausee fließen, dessen 125 Meter hoher Damm aus Erde gebaut war, und in den fünf Jahren, in denen sich das Reservoir langsam füllte, wurde das Gebiet des Staudamms von über 2000 Erdbeben mit Magnituden bis zu Stärke 5,8 erschüttert. Seismologen beobachteten auch den chinesischen Hsing-Fengkiang-Staudamm bei Kanton, als 1959 das Wasser ins Becken zu strömen begann, und im Laufe der folgenden 12 Jahre stellten sie insgesamt nicht weniger als 250 000 Erdstöße fest. Die meisten waren zwar in der Regel ziemlich leicht, aber 1962 erreichte einer die Stärke 6,1 auf der Richterskala und führte zu schweren Schäden an der Betonkonstruktion des Dammes.

Das schlimmste von einem Staudamm verursachte Erdbeben trat 1967 in Koyna in Indien auf. Früher hatte es nie Anzeichen für seismische Aktivität in Koyna gegeben. Als aber der Staudamm 1962 fertiggestellt war und der See sich zu füllen begann, setzten auch schon die ersten Erdbeben ein. Nach den jährlichen Regenperioden traten sie massiert auf und steigerten sich bis zu einem verheerenden Beben der Magnitude 6,5 auf der Richterskala am 11. Dezember 1967. Das Gebiet von Koyna ist dichtbesiedelt; über 1500 Menschen wurden bei dem Beben verletzt und 177 getötet.

Jahrelang durchschauten die Seismologen den Mechanismus dieser Beben nicht. Nach ihren Berechnungen reichte das Gewicht des Wassers allein nicht aus, um das Gestein zum Bersten zu bringen. Sie glaubten, die Ursache der Erdbeben sei auf eine andere, kompliziertere und komplexere Kraft zurückzuführen. Die genauen Zusammenhänge entdeckte man durch Zufall Mitte der 60er Jahre im Rocky-Mountain-Arsenal der US-Armee in der Nähe von Denver in Colorado.

In dem Arsenal wurden chemische Waffen in einem Verfahren hergestellt, bei dem große Mengen flüssiger Giftabfälle anfielen. Um das verseuchte Wasser abzuleiten, teuften Armeeangehörige in einem abgeteilten Bereich des Arsenals ein über 3000 Meter tiefes Bohrloch von etwa 14 cm Durchmesser ab. Im März 1962 begann man die Abwässer unter Druck mit einer Geschwindigkeit von 1150 Litern pro Minute in das Loch zu pumpen. Einen Monat nach Beginn der Aktion begannen die örtlichen Seismographen auszuschlagen, obwohl es im Gebiet von Denver seit 80 Jahren kein größeres Erdbeben gegeben hatte. 1966 waren schon über 600 Millionen Liter Abwässer in das Loch gepumpt und über 1000 Erdbeben mit Richter-Magnituden bis zu 4,6

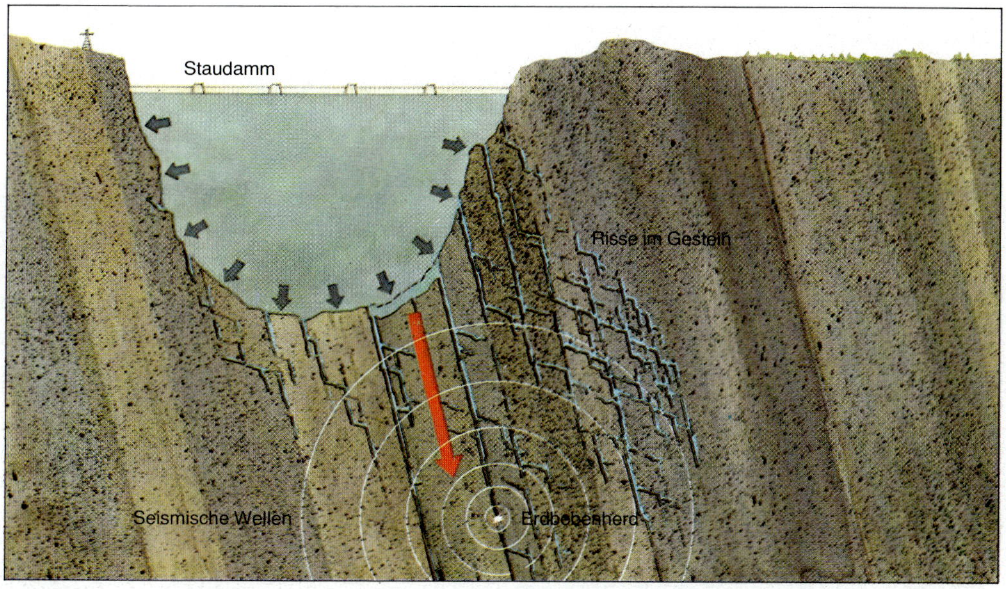

Diese Zeichnung illustriert, wie durch das Füllen eines großen Stausees ein Erdbeben ausgelöst werden kann. Das vor dem Damm aufgestaute Wasser übt auf das darunterliegende Gestein Druck aus *(kleine Pfeile)*. Zusammen mit dem in die Risse eingesickerten Wasser verringert es die Reibung im Gestein und führt zu Versetzungen entlang von Verwerfungen *(großer Pfeil)*.

registriert worden. Wenn man den Pumpvorgang unterbrach, hörten auch die Erdbeben auf – fing man wieder an, setzten sie wieder ein *(gegenüberliegende Seite)*.

Wissenschaftler des U.S. Geological Survey erschienen mit 64 Seismographen vor Ort, um die Beben zu messen, und nach der Auswertung der Seismogramme glaubten sie, die näheren Zusammenhänge erkannt zu haben: Das Gebiet von Denver wurde von einer Anzahl alter Verwerfungen durchzogen, die zumeist längst inaktiv waren, aber immer noch unter Spannung standen. Wenn Flüssigkeit unter Druck durch das Loch hinuntergepumpt wurde, sickerte sie in die Risse, folgte den Verwerfungsflächen und benetzte sie. Dadurch wurde schließlich eine Verstellung des Gesteins möglich, die ein Erdbeben auslöste, das sonst nicht eingesetzt hätte.

Die Forscher des Geological Survey hatten bald Gelegenheit, ihre Theorie zu überprüfen. Sie fuhren zum ausgebeuteten Ölfeld von Rangely im Westen Colorados; durch die in diesem Gebiet ab und zu auftretenden Erdbeben war bekannt, daß dort eine gewisse tektonische Spannung herrscht.

Vier Jahre lang injizierten die Wissenschaftler über die alten Bohrlöcher Wasser in die unteren Bodenschichten; dabei variierten sie Wassermenge und -druck und überwachten das Gebiet mit einer besonderen Kombination von Seismographen. Erfreulicherweise zeigten sich unmittelbare Wirkungen. Immer, wenn der Wasserdruck im Porenraum des Gesteins 260 Kilopond pro Quadratzentimeter erreichte, nahm die Erdbebentätigkeit sprunghaft zu. Sank der Druck unter diesen Wert ab, hörten die Beben auf. Die Theorie, die man nach den Ereignissen von Denver aufgestellt hatte, war durch das kontrollierte Experiment von Rangely bestätigt worden.

Dasselbe Prinzip erklärt auch die Entstehung von Erdbeben unter großen Dammbauten. Wenn das Reservoir sich füllt, dringt das Wasser in die Poren und Spalten des Grundgesteins ein und wirkt wie ein Schmiermittel, das vorhandene Verwerfungslinien gleitfähig macht und das Gleichgewicht der Kräfte im Gestein aufhebt. Wenn der Wasserdruck den kritischen Punkt erreicht, werden Verstellungen an den Verwerfungen ausgelöst, und ein Erdbeben setzt ein *(oben)*.

Anfang der 70er Jahre hatte die Seismologie also eine neue Richtung eingeschlagen, und ihre Vertreter fühlten sich durch ihre neuen Erkenntnisse über die Kräfte, die in unserem Planeten wirken, ermutigt. Doch nach Ansicht vieler Fachleute ließ die neue Theorie noch etwas Wichtiges vermissen. William Whewell, ein englischer Philosoph und Wissenschaftler des 19. Jahrhunderts, hatte es folgendermaßen ausgedrückt: „Die Hypothesen, die wir akzeptieren, sollten Phänomene erklären können, die wir beobachtet haben." Dieses Kriterium erfüllte die Theorie der Plattentektonik ausgezeichnet. „Aber sie sollten noch mehr leisten", fuhr Whewell fort. „Unsere Hypothesen sollten Phänomene *vorhersagen* können, die noch nicht beobachtet worden sind." Viele Wissenschaftler waren der Ansicht, daß das wichtigste Stück Arbeit noch vor ihnen lag: die Aufgabe, eine zuverlässige Methode zu entwickeln, mit der man Ort und Zeit eines Erdbebens genau vorhersagen konnte.

EINE STÄNDIGE BEDROHUNG

Als eine Besuchergruppe von Seismologen im Juni 1966 bei Parkfield in Kalifornien frisch entstandene Bodenspalten besichtigte, sagten die Gäste scherzhaft ein großes Erdbeben in dem Gebiet voraus. Zwei Wochen später, am 28. Juni 1966, wurde daraus Ernst: Parkfield wurde von einem Erdbeben der Magnitude 5,3 auf der Richterskala erschüttert.

Diese richtige Vorhersage, obwohl eher ein Glückstreffer, schien eine Art gutes Omen zu sein, denn man beendete eben eine Konferenz über Erdbebenvorhersagen, an der Seismologen aus Japan und den Vereinigten Staaten teilgenommen hatten. Im Labor und im Gelände hatten sich die Gäste über großangelegte Forschungsvorhaben informiert, durch die man Daten und Datenmuster zur Erdbebenvorhersage zu erhalten hoffte.

Diese Untersuchungen werden bis heute mit zunehmendem Interesse und nicht ohne Erfolg fortgeführt. Eine große Zahl immer aufwendigerer Instrumente, die in seismisch aktiven Gebieten auf der ganzen Welt aufgestellt sind, liefern den Seismologen Daten über Veränderungen der Erdkruste. Das Spektrum der verwendeten Instrumente reicht von riesigen Radioteleskopen, die die Bewegung der Kontinente zu Fixpunkten am Rande des Universums messen, bis zu koffergroßen Apparaten, die die Bewegungen winzigster Partikel registrieren, durch die man Veränderungen im Magnetismus des Gesteins entdecken kann.

Trotz ihrer schier unvorstellbaren Präzision – einige Meßfehler betragen nur ein zehntausendstel Promille – basieren die meisten Instrumente auf einfachen Prinzipien, die in den schematischen Darstellungen auf dieser und den folgenden Seiten erklärt werden. Zur Verdeutlichung werden Verformungen in der Erdkruste als Bruch dargestellt.

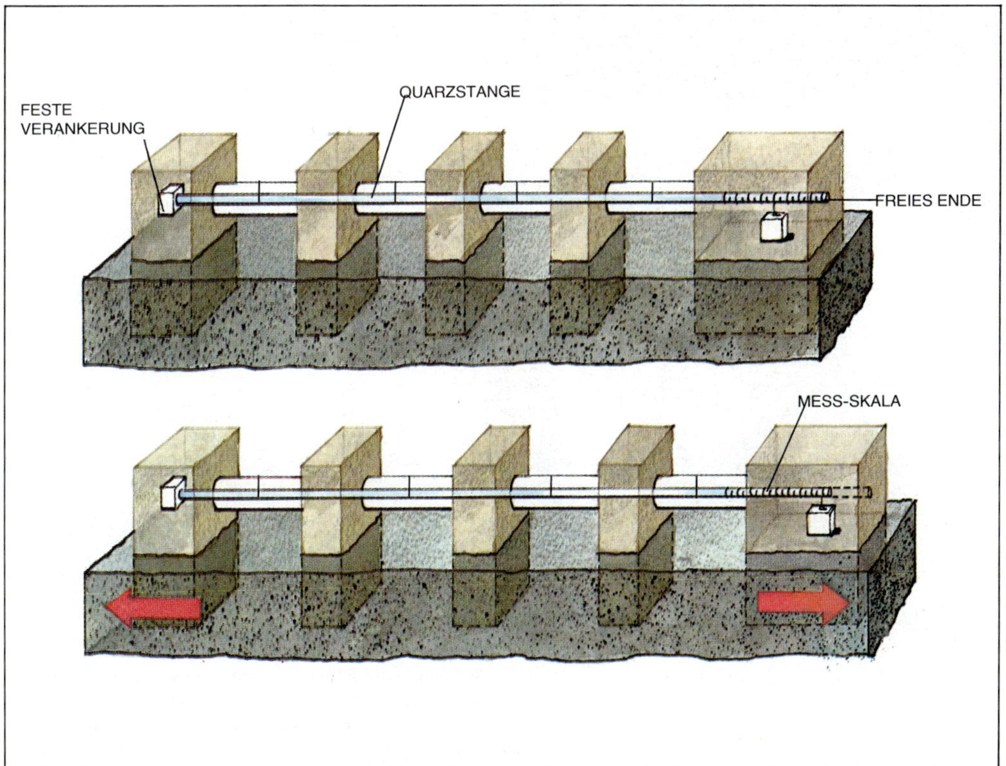

In einem Tunnel, der im Zweiten Weltkrieg als Zuflucht für Kaiser Hirohito gebaut wurde, kontrolliert ein Mitarbeiter des Seismologischen Observatoriums Matsushiro in Japan ein Extensiometer, das über eine 100 Meter lange Quarzstange verfügt und Dehnungen und Kontraktionen des Gesteinsuntergrundes registriert. In dem Tunnel sind die Instrumente des Observatoriums gut untergebracht, denn er schützt sie vor irritierenden Umwelteinflüssen wie Temperaturschwankungen und künstlichen Erschütterungen. Das eine Ende der Quarzstange ist fest in einem Betonblock verankert, das andere Ende ist in Achsrichtung frei verschiebbar in einem zweiten Block gelagert. Während das Gestein sich ausdehnt oder zusammenzieht, bleibt die Länge der Quarzstange immer konstant, und die relative Bewegung ihres freien Endes zeigt den veränderten Abstand zwischen den beiden Endblöcken an. Die Veränderung kann an einer Skala abgelesen oder elektronisch gemessen werden. Bei extrem langen Extensometern wie diesem wird der Quarzstab noch von weiteren Blöcken unterstützt.

Ein Geophysiker liest ein Gravimeter (Schweremesser) ab, mit dem man Veränderungen der Schwerkraft messen kann, die durch Hebung oder Senkung des Bodens oder Veränderungen in der Dichte des Untergrunds verursacht werden. Das Gerät registriert die Lage einer kleinen, an einer Feder aufgehängten Masse; Veränderungen der Schwerkraft beeinflussen das Gewicht der Masse, die sich entsprechend auf- oder abbewegt. Die empfindlichsten elektronischen Gravimeter können schon Niveauveränderungen ab etwa einem Zentimeter messen.

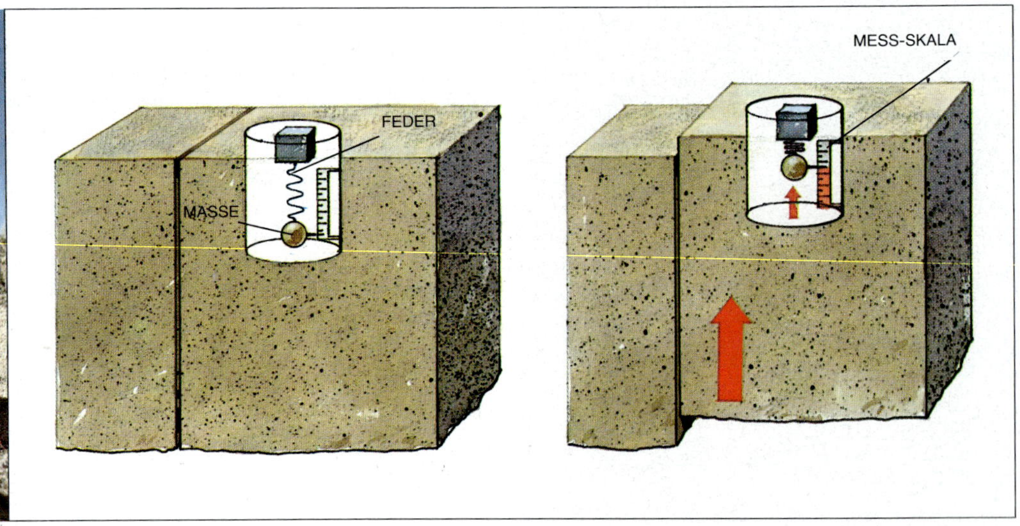

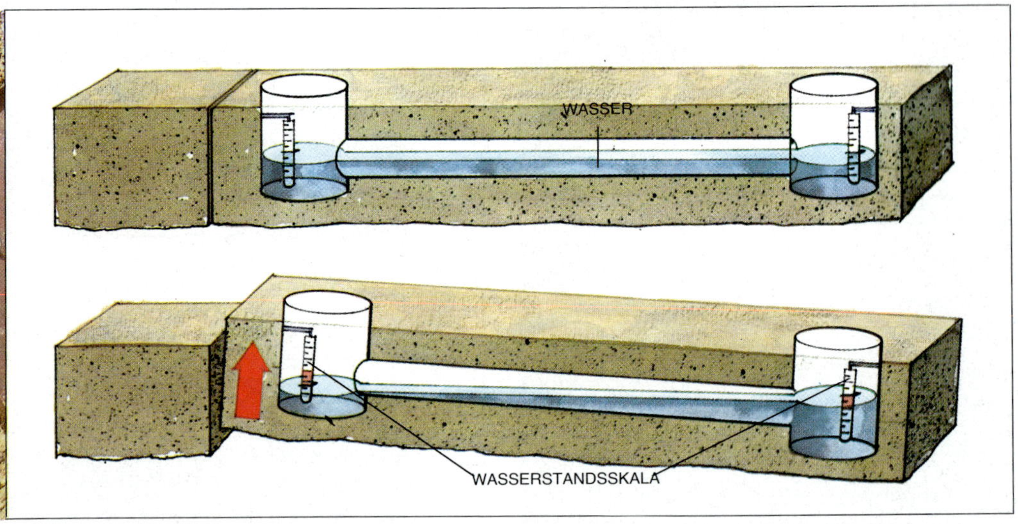

In einem Schacht befinden sich die Beobachtungsvorrichtungen eines Neigungsmessers, mit dem man Veränderungen des Gefälles im Bereich einer Verwerfung feststellen kann. Ein Wasserrohr-Neigungsmesser besteht aus zwei wassergefüllten Gefäßen, die durch ein Rohr miteinander verbunden sind. Höhenveränderungen des Untergrunds lassen den Wasserstand im tieferliegenden Gefäß ansteigen, im höheren dagegen sinken. Der Wasserstand kann optisch oder elektronisch abgelesen werden. Im Gelände können mit einem neun Meter langen Neigungsmesser dieses Typs schon Verstellungen von einem zehntausendstel Grad nachgewiesen werden.

Messung von Spannungen an der Erdoberfläche

In Verwerfungszonen, in denen die Ränder zweier tektonischer Platten aneinanderreiben, baut sich so lange Spannungsenergie in Gestalt von elastischen Verformungen auf, bis sie plötzlich durch einen Bruch in der Verwerfung als Erdbeben freigesetzt wird. Geophysiker, die diese seismisch aktiven Gebiete beobachten, haben verschiedene feinste Veränderungen im Gestein dicht unter der Erdoberfläche festgestellt, die mit dem Aufbau von Spannungen zusammenhängen könnten.

Das deutlichste Anzeichen für Spannungen ist ein „Kriechen“ genanntes Phänomen – eine langsame, ununterbrochene Bewegung entlang eines Abschnitts einer Verwerfung, die den

Registrierungen eines Protonen-Präzessions-Magnetometers zeigen durch Spannungen verursachte Veränderungen im Magnetfeld der Erde an. In regelmäßigen Zeitabständen richtet ein kurzzeitiges künstliches Magnetfeld die rotierenden Protonen aus; das viel schwächere Magnetfeld der Erde übt dann eine entgegengesetzte Kraft aus, die die rotierenden Protonen wie Kreisel Präzessionsbewegungen ausführen lassen. Eine Veränderung der Präzession von einer Ablesung zur nächsten zeigt eine Verschiebung des örtlichen Magnetfelds an.

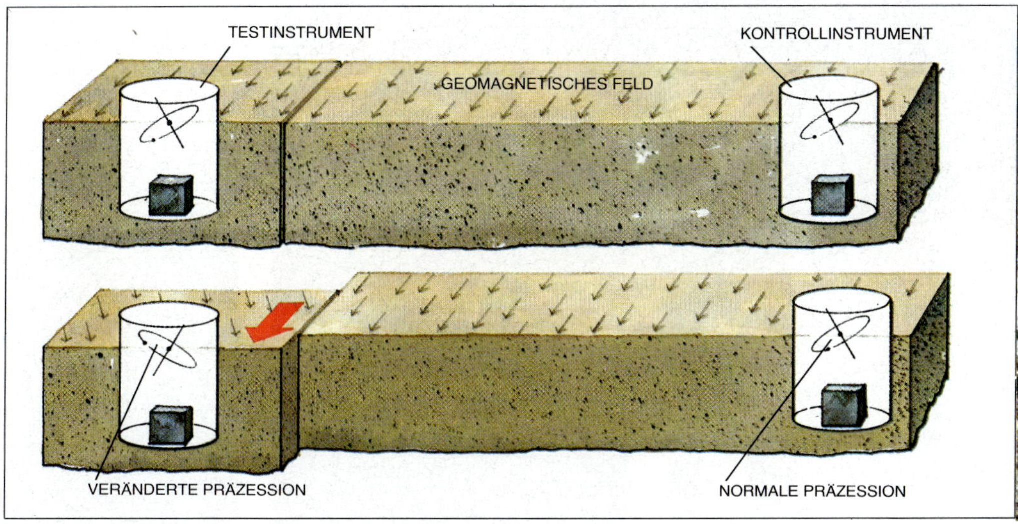

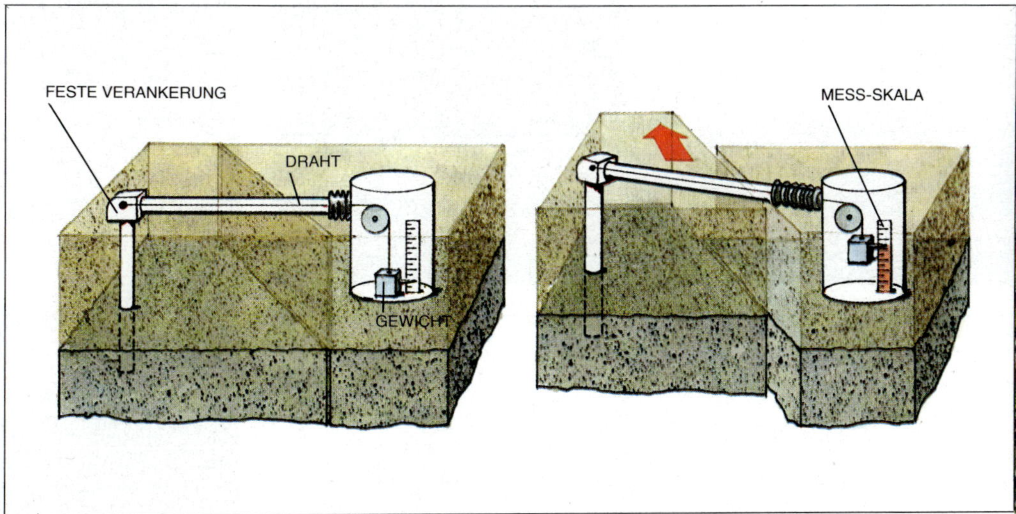

Eine Technikerin kontrolliert im Schacht eines Kriechmessers das eine Ende des langen Drahtes, der in einer elastischen Führung über eine kriechende Verwerfung hinweg zu einem zweiten Schacht läuft. Das eine Ende des Spezialdrahts ist fest verankert, das andere Ende läuft frei beweglich über eine Rolle. Ein Pendelgewicht hält den Draht gespannt und steigt oder sinkt, wenn in der Verwerfung eine Bewegung abläuft und der Abstand zwischen den beiden Blöcken verändert wird.

Untergrund versetzt und Risse in Wänden und Straßenpflaster entstehen läßt. Auch Kippungen des Untergrunds im Bereich einer Verwerfung hat man mit den wachsenden Spannungen in Zusammenhang gebracht, desgleichen Veränderungen der Schwerkraft und Schwankungen des geomagnetischen Feldes.

Unter besonders intensiver Beobachtung steht die San-Andreas-Verwerfung in Kalifornien und die sie begleitenden kleineren Verwerfungen, in deren Gebiet Wissenschaftler Hunderte von Instrumenten aufgestellt haben. Im Gegensatz zu den großen seismologischen Observatorien, deren riesige Geräte in Tunnels, Schächten und Kellergewölben installiert sind, weisen die meisten dieser Geländestationen eine einfache Konstruktion auf und sind leicht zu handhaben; die meisten werden in flachen Gruben im Boden aufgestellt.

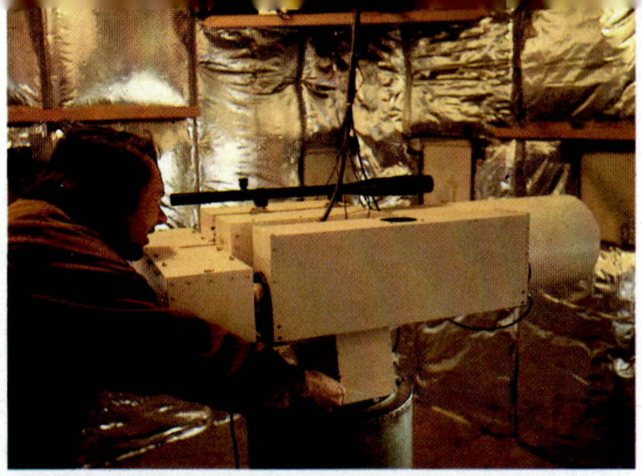

Ein Zielfernrohr vergrößert die entfernten Reflektoren für die sehr genau arbeitende Laserkanone *(rechts)*. Mit diesem an einem genau berechneten Ort aufgestellten Lasergerät peilt man bis zu neun Punkte rings um den Standort an. Neben der Geländestation *(unten)* fängt ein auf fünf verschiedene Reflektoren eingestellter Belichtungszeitmesser die zurückkehrenden Lichtstrahlen auf.

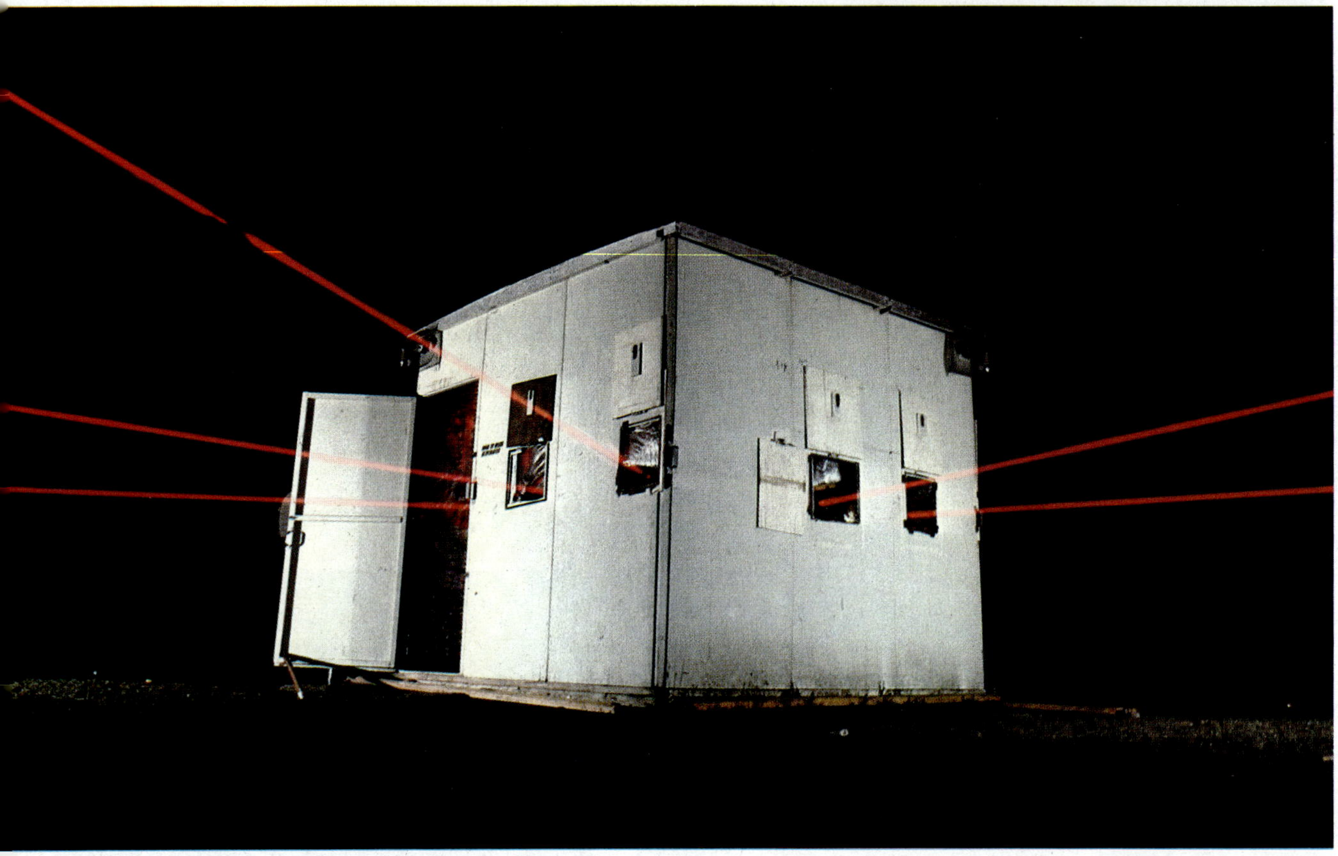

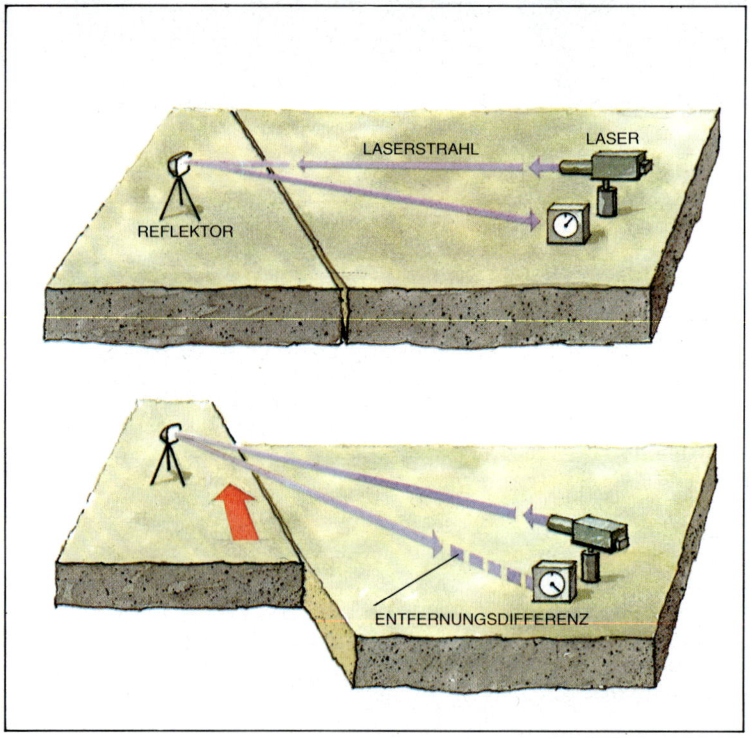

Zur Messung von Entfernungen mit Hilfe von Lichtstrahlen wird die Laserkanone auf einen Reflektor gerichtet, der auf der anderen Seite einer Verwerfungszone steht. Ein atomar betriebener Zeitmesser mißt die Laufzeit bis zur Rückkehr des Strahles in Milliardstelsekunden, die dann in die Entfernung zum Reflektor umgerechnet wird. Eine Verschiebung entlang der Verwerfung hat eine Veränderung der Entfernung zur Folge; da Licht sich mit einer konstanten Geschwindigkeit von 300 000 Kilometern pro Sekunde ausbreitet, ändert sich auch die Laufzeit der Strahlen entsprechend.

Wie ein Juwel funkelt der Laserstrahl eines Richtinstruments vom Gipfel eines Berges der kalifornischen Stadt Hollister. Man hat damit in diesem Gebiet schon besorgniserregende Oberflächenverschiebungen von 0,4 Zentimetern innerhalb von zehn Tagen gemessen.

Genaue Messungen mit Laserstrahlen

Um die Mitte des 20. Jahrhunderts war die topographische Erfassung der Erde weitgehend abgeschlossen; die einzelnen Punkte hatte man durch Triangulieren mit Hilfe optischer Instrumente und trigonometrischer Prinzipien bestimmt. Bei kartographischen Geländevermessungen wurde eine geographische Position fixiert, indem ihre Lage von zwei anderen Punkten aus – den Endpunkten einer Basislinie bekannter Länge – berechnet wurde. Die Genauigkeit hing von der Länge der Basislinie ab, und Messungen über größere Entfernungen konnten beträchtliche Abweichungen aufweisen.

Dieses Verfahren war für Geophysiker, die Bewegungen entlang von Verwerfungen in der Größenordnung von wenigen Millimetern oder Zentimetern pro Jahr feststellen wollten, nicht brauchbar. Der Durchbruch kam erst in den 60er Jahren mit der Entwicklung komplizierter Lasergeräte. Ein Laser bündelt Lichtwellen zu einem eng fokussierten Strahl, der seine Intensität über weite Strecken beibehält. Mit den Geräten lassen sich Entfernungen bestimmen, indem die Zeit gemessen wird, die ein Laserstrahl braucht, um einen Reflektor zu erreichen und anschließend wieder zu seinem Ausgangspunkt zurückzukehren. Die ersten Laserkanonen verbesserten die Meßgenauigkeit zwar schon erheblich, erforderten jedoch ein Flugzeug, das atmosphärische Schwankungen entlang der Meßstrecke feststellte.

Mitte der 70er Jahre entwickelte man bessere Lasersysteme, die das Messen atmosphärischer Einflüsse unnötig machten. Mit diesen Geräten können Geophysiker über eine Entfernung von 20 Kilometern bereits Veränderungen der Erdoberfläche von 2 Millimetern messen.

Hilfe durch die Raumfahrtforschung

Um die Bewegungen der großen tektonischen Platten festzustellen, die für die meisten Erdbeben verantwortlich sind, benötigt die Geophysik präzise Messungen, die ganze Kontinente erfassen und nicht nur Gebiete von wenigen Quadratkilometern. Konventionelle Lasergeräte können das nicht leisten; doch die moderne Raumfahrttechnologie bietet faszinierende Möglichkeiten. Hauptsächlich benutzt man zwei Systeme: Radioteleskope und Weltraumsatelliten. Beide arbeiten grundsätzlich nach demselben Prinzip. Sie sind auf einen festen Bezugspunkt im äußeren Weltraum ausgerichtet, mit dessen Hilfe die Wissenschaftler die relative Lage von Punkten auf einer Basislinie von mehreren hundert oder tausend Kilometern Länge auf der Erde festlegen können.

Am brauchbarsten als Fixpunkte im Universum sind extragalaktische Radioquellen. Diese Quasare und Radiogalaxien sind extrem weit von der Erde entfernt; würde sich eine von ihnen mit halber Lichtgeschwindigkeit – 150 000 Kilometern pro Sekunde – entlang einer senkrecht zur Verbindungsgeraden zwischen ihnen und der Erde verlaufenden Linie fortbewegen, würde es 400 Millionen Jahre dauern, bis der Winkel zwischen der alten und der neuen Verbindungsgeraden einen Grad beträgt. Andere Bezugspunkte im Raum können Satelliten sein, die in eine Erdumlaufbahn befördert wurden, die sich von Umlauf zu Umlauf nur geringfügig ändert.

Die auf diesen beiden Techniken basierenden Messungen sind so genau, daß Geowissenschaftler damit Bewegungen der tektonischen Platten in der Größenordnung von einem Zentimeter pro Jahr feststellen können.

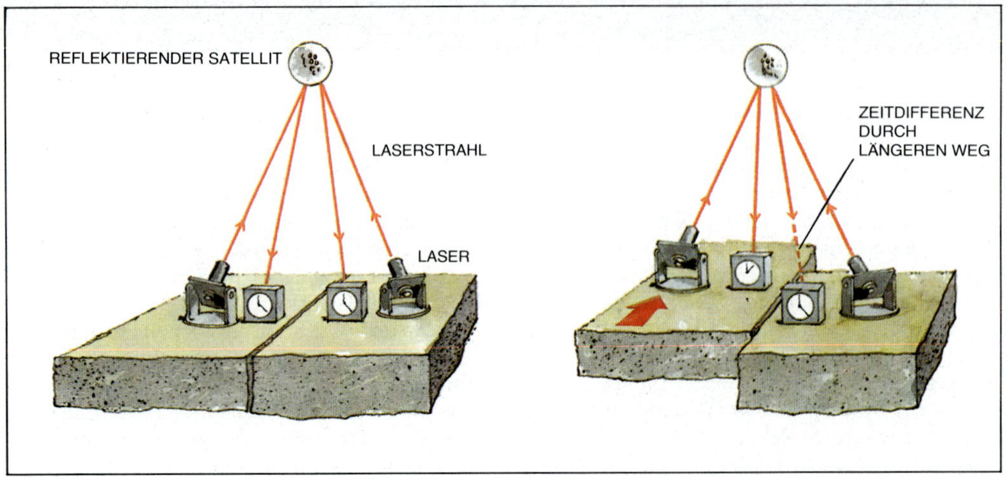

Labortechniker testen die Silizium-Laserreflektoren eines Lageos-Satelliten (Laser Geodynamic Satellite). Laserimpulse, die von zwei auf den gegenüberliegenden Seiten einer Plattengrenze stehenden Bodenstationen zum Satelliten ausgesandt werden, setzen Zeitmesser in Gang, die so lange laufen, bis die reflektierten Impulse an den Stationen wieder aufgefangen werden. Aus der abgelaufenen Zeit sowie der bekannten Position des Satelliten berechnet ein Computer die genaue Lage der Bodenstation. Jede Bewegung der Bodenstation wird als Veränderung der Laufzeit des Laserstrahls registriert.

Ein fahrbares Radioteleskop, das Bewegungen auf der Erde mit Hilfe eines Fixpunktes im Raum mißt, richtet sich auf das schwache Signal aus, das ein fünf Milliarden Lichtjahre entfernter Quasar aussendet. Eine Atomuhr mißt die geringfügigen Differenzen in der Ankunftszeit der Radiowellen zwischen diesem Teleskop und einem zweiten jenseits der Plattengrenze. Ausgehend von der Zeitdifferenz und den Richtwinkeln der Antennen wird der Abstand zwischen den beiden Stationen geometrisch errechnet; beide Faktoren ändern sich, wenn sich durch Verformungen oder Versetzungen der Erdkruste die Lage der beiden Stationen zueinander verändert.

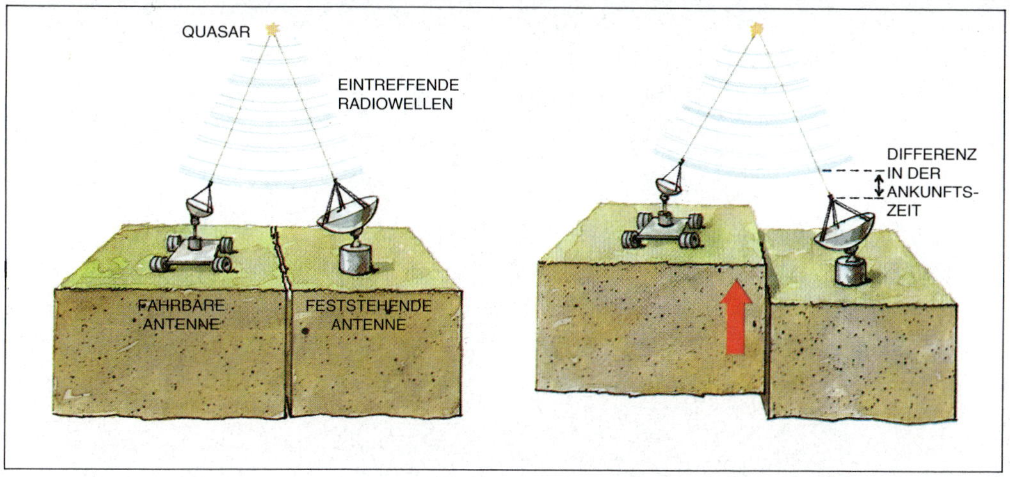

Kapitel 5

DER TRAUM VON DER GENAUEN VORHERSAGE

An der San-Andreas-Verwerfung in Kalifornien richten Seismologen Laserstrahlen auf einen entfernten Reflektor aus. Von einem Flugzeug aus werden Temperatur und Luftfeuchtigkeit gemessen, die die Geschwindigkeit der Strahlen beeinflussen. An Hand von Veränderungen der Zeit, die die Strahlen für ihren Hin- und Rückweg brauchen, können die Forscher selbst winzigste Verschiebungen entlang der Verwerfung berechnen.

Die Menschen der zivilisierten Welt wüßten gern", sagte der Geologe und Geograph Grove Karl Gilbert 1909, „ob wir schon zu einer wissenschaftlichen Erdbebenvorhersage imstande sind oder nicht." Der 65jährige Gilbert bewegte sich weit außerhalb seines eigentlichen Fachgebietes, als er in seiner Neujahrsansprache vor der American Association of Geographers das Problem der Erdbebenvorhersage anschnitt. Er sei, sagte er, ein Vertreter des Prinzips wissenschaftlicher Grenzüberschreitung. Obwohl er selbst Geologe und Geograph war, hegte er ein leidenschaftliches Interesse für die Seismologie.

Gilbert hatte ein für seine Zeit beträchtliches Verständnis für die Prinzipien des Erdbebenmechanismus entwickelt und beleuchtete deshalb in seiner Ansprache das Thema der Vorhersage unter allen Aspekten. Viele Jahre später bezeichnete ein Sprecher des U.S. Geological Survey Gilberts Rede als die „scharfsinnigste, umfassendste und ausgewogenste Analyse" vor 1960.

Gilbert begann mit einer Revision der weitverbreiteten Annahme, daß Erdbeben mit einer gewissen feststellbaren Regelmäßigkeit aufträten, und wenn man nur genug über frühere Erdbeben wisse, würden sich Gesetzmäßigkeiten abzeichnen, die zuverlässige Prognosen über eine Wiederholung erlauben würden. Gilbert hielt diese These für unwahrscheinlich. „Angesichts der Vielfalt von Bedingungen und der komplizierten Wechselwirkung von Spannungen", schrieb er, „ist anzunehmen, daß sich keine Situation zu irgendeinem Zeitpunkt genau wiederholen wird."

Er prüfte Faktoren, die man für die Auslösung von Erdbeben verantwortlich machte – Gezeiten, winterliche Schneelasten und steigenden Luftdruck. Er teilte zwar die Ansicht, daß solche Phänomene ein Erdbeben auslösen können, wo sich tektonische Spannungen bis zur Bruchgrenze aufgestaut haben, war aber überzeugt, daß sie wegen ihrer vielfältigen Auswirkungen für langfristige Vorhersagen nahezu unbrauchbar seien. Er zog auch Symptome wie vorausgehendes Rumpeln und ungewöhnliches Verhalten bestimmter Tiere in Betracht. Er fand sie interessant, aber nicht sehr nützlich.

Mit Blick auf die Zukunft meinte Gilbert, er halte es für wahrscheinlicher, daß Wissenschaftler den genauen Ort eines drohenden Erdbebens angeben, als daß sie den genauen Zeitpunkt des Ausbruchs vorhersagen können. Trotzdem hoffe er, daß irgendwann „Verbesserungen seismographischer Geräte und Methoden" den Seismologen ermöglichen würden, der Gesellschaft ähnliche Dienste erweisen zu können wie die Meteorologen: „Sie versuchen nicht, den Lauf der Natur zu kontrollieren; aber mit Hilfe der Wissenschaft sagt der Meteorologe die bevorstehenden Veränderungen voraus, damit die Menschen in dem betreffenden Gebiet gewarnt sind und sich vorbereiten können. Die Ernte wird vor dem Regen eingebracht, die Herde verläßt die Niederungen, bevor die Flut kommt, und die Schiffe erreichen den Hafen vor dem Sturm."

Gilbert, der 1918 im Alter von 74 Jahren starb, war unter Geologen vor allem durch seine genauen Untersuchungen des Erdbebens von San Francisco 1906 bekannt. Seine kritische Bestandsaufnahme der Aussichten für eine Erdbebenvorhersage war fast ein halbes Jahrhundert lang praktisch vergessen, und das Problem der Vorhersage selbst wurde fast völlig vernachlässigt. Die Seismologen waren vollauf damit beschäftigt zu verstehen, was Erdbeben überhaupt sind und warum sie auftreten. Ein schweres Erdbeben veranlaßte schließlich sowjetische Wissenschaftler zu einer sofortigen und mit Nachdruck betriebenen Suche nach der Möglichkeit verläßlicher Prognosen.

Am 10. Juli 1949 erschütterte ein Erdbeben der Stärke 7,5 die gebirgige Garm-Region Tadschikistans im mittleren Süden der Sowjetunion, begrub das Dorf Chait unter einem gewaltigen Felssturz und tötete 12 000 Menschen. Im Oktober davor waren 20 000 Menschen bei einer Erdbebenkatastrophe im 1100 Kilometer weiter westlich gelegenen Aschkhabad umgekommen. Dieses Mal zogen die Sowjets Konsequenzen. In Regierungskreisen war man der Meinung, Katastrophen derartigen Ausmaßes müßten sich schon vorher ankündigen, und man war fest entschlossen, sich kein drittes Mal unvorbereitet überraschen zu lassen.

Als erstes leitete man eine geologische Untersuchung des betroffenen Gebietes in bisher unbekanntem Maßstab ein. Dutzende von Wissenschaftlern wurden nach Tadschikistan geflogen, richteten sich in entlegenen Dörfern ein und versuchten, sämtliche mit Erdbeben in Zusammenhang zu bringenden geologischen Besonderheiten des Gebietes in Erfahrung zu bringen. Sie maßen Schwereverteilung, Magnetismus und elektrische Leitfähigkeit. Sehr sorgfältig wurden auch Seismogramme der andauernden, wenn auch ziemlich schwachen Erdbeben erstellt.

Jahr für Jahr sammelten sich die Daten. Einmal pro Woche kam ein Lastwagen zu jeder Station; er brachte Vorräte und nahm Aufzeichnungen für die große seismische Datenbank des Gebietes mit, die die Sowjets aufbauten. Erst nach Ablauf von 15 Jahren – Mitte der 60er Jahre – entdeckten die Russen etwas, das eindeutig ein frühzeitiges Warnsignal für Erdbeben zu sein schien.

Eine bestimmte Zeit vor jedem registrierbaren örtlichen Erdbeben zeigten die Seismographen eine merkwürdige Fluktuation in den relativen Geschwindigkeiten der P- und S-Wellen an, die von Mikrobeben in derselben Gegend stammten. Etwas schien im Gestein vorzugehen, das den Durchgang der seismischen Wellen beeinflußte. Normalerweise liefen P-Wellen etwa 1,75mal schneller als S-Wellen; aber häufig genug fiel der Faktor auf 1,6 ab. Da die sowjetischen Wissenschaftler in dem Gebiet sehr viele Seismographen installiert hatten, konnten sie die Aufzeichnungen vergleichen und feststellen, unter welchen Umständen und wo genau die Geschwindigkeitsveränderung eintrat. Das abnorme Geschwindigkeitsverhältnis konnte ein paar Tage, ein paar Monate oder sogar Jahre andauern. Dann normalisierte es sich wieder – und kurz danach gab es jedesmal ein relativ starkes Erdbeben. Je länger das Verhältnis unter dem Normalwert blieb, um so größer war die Magnitude des darauffolgenden Erdbebens.

Die Sowjets präsentierten ihre aufsehenerregenden Entdeckungen 1971 auf einem internationalen wissenschaftlichen Kongreß in Moskau, und unter den Seismologen verbreitete sich plötzlich die Zuversicht, hier könne der Schlüssel zu einer zuverlässigen Erdbebenvorhersage liegen. Auch Lynn Sykes, dessen seismologische Forschungen im Bereich der mittelozeanischen Gebirgszüge zur Untermauerung der Theorie des *seafloor spreading* beigetragen hatten, nahm am Moskauer Kongreß teil. Trotz seiner Begeisterung befürchtete er, die Sowjets könnten auf ein nur für die Geologie Tadschikistans charakteristisches Phänomen gestoßen sein. Gleich nach seiner Rückkehr ans Lamont Geological Observatory (das kurz zuvor in Lamont-Doherty Geological Observatory umbenannt worden war), dessen seismologische Abteilung er leitete, drängte er einen seiner Studenten, Yash Aggarwal, den von den sowjetischen Forschern gewiesenen Weg in den New Yorker Adirondack Mountains weiter zu verfolgen.

Aggarwal, ein 31jähriger Doktorand, begann seine Arbeit damit, die seismischen Registrierungen der Erdbebenstation des Lamont-Doherty Geological Observatory am Blue Mountain Lake im Norden des Bundesstaats New York genau zu überprüfen. Es gab reichlich unausgewertetes Material von einer Serie von Mikrobeben, die 1971 in diesem Gebiet aufgetreten waren, und bald konnte er berichten, daß sich das Verhalten der seismischen Wellen dort vor dem Erdbeben tatsächlich geändert hatte. Wie die Sowjets stellte er außerdem fest, daß Dauer und Ausmaß der Veränderungen in direkter Beziehung zur Magnitude des darauffolgenden Erdbebens zu stehen schienen. Aggarwal und Sykes vermuteten, daß P-Wellen stärker beeinflußt waren als S-Wellen, und ihr Verdacht bestätigte sich bald.

Drei Geophysiker vom Caltech waren von der Moskauer Konferenz angespornt worden, ihr seismisches Material aus den Jahren vor dem Erdbeben von San Fernando 1971 noch einmal durchzugehen, einem Beben der Magnitude 6,6, das 64 Menschen getötet und Sachschaden in Höhe von 500 Millionen Dollar angerichtet hatte. Sie fanden heraus, daß das Geschwindigkeitsverhältnis der seismischen Wellen, die das Gebiet durchliefen, vor dem Erdbeben etwa drei Jahre lang verändert war. Und sie entdeckten etwas, das die Sowjets übersehen hatten: Nur die P-Wellen veränderten ihre Geschwindigkeit und wurden um 10 bis 15 Prozent langsamer, während das Tempo der S-Wellen praktisch unverändert blieb.

Bestätigendes Material begann sich zu häufen, aber bevor sich die Wissenschaftler auf das Phänomen als solches verlassen konnten, mußten sie es ausgiebig prüfen – und sie mußten eine Begründung dafür finden.

Die ersten Vermutungen stammten von einem amerikanischen Wissenschaftler, der Mitte der 60er Jahre in Labortests das Verhalten von Gesteinen untersuchte. Der Geologe William Brace vom Massachusetts Institute of Technology hatte Gestein in mächtigen, schraubstockähnlichen Kompressoren zusammengepreßt, um zu sehen, wie es sich unter Spannung verhielt. Er fand heraus, daß Gestein – unmittelbar bevor es bricht – anschwillt oder sich infolge feiner Haarrisse, die kurz vor dem eigentlichen Bruch auftreten, dehnt. Neben diesem Anschwellen zeigten sich außerdem verschiedene Veränderungen in den physikalischen Eigenschaften des Gesteins: Es wurde poröser und leitete Elektrizität besser, verlangsamte aber den Durchgang von höherfrequenten Wellen, kompressiven Stoßwellen, die mit seismischen P-Wellen gleichzusetzen sind. Brace, der von dem in der Sowjetunion gesammelten Material nichts wußte, vermutete, daß die Auswirkungen der Dehnung – das Anschwellen des Gesteins – als Erdbebenwarnsignal gewertet werden könne, verfolgte dieses Gedanken aber nicht weiter.

Zwei ehemaligen Studenten von ihm, den Geophysikern Amos Nur von der Stanford University und Christopher Scholz vom Lamont-Doherty Geological Observatory, blieb es vorbehalten, eine Verbindung zwischen der Theorie der Gesteinsdehnung und den Geschwindigkeitsveränderungen der P-Wellen zu ziehen. Amos Nur war der erste, der einen theoretischen Zusammenhang zwischen Dehnung des Gesteins und veränderter Wellengeschwindigkeit sah. Wenn die Spannung im Gestein sich der Bruchgrenze näherte, wurde es von einer Unzahl von Haarrissen durchzogen, die die Dehnung verursachten. Eine Folge der sich öffnenden Risse war, schloß Nur, daß sie mehr Platz für das vorhandene Grundwasser schufen. Er erklärte, daß die Geschwindigkeit der P-Wellen beim Durchgang durch einen mit Wasser gefüllten Riß konstant bleibe, sich beim Passieren eines mit Luft gefüllten aber verringere. Wenn sich also durch Dehnung unzählige kleine Spalten in der Bruchzone öffneten, konnte dort, wo vorher festes Gestein und unter Druck stehendes Wasser sich befanden, Luft eindringen, und die P-Wellen verloren an Geschwindigkeit.

Wenn die Rißbildung ihren Höhepunkt erreichte und unmittelbar vor dem endgültigen Bruch innehielt, sickerte frisches Grundwasser aus der Umgebung in die Risse ein, stellte schließlich den alten Wasserdruck wieder her und führte dazu, daß sich die P-Wellen wieder mit ihrer Normalgeschwindigkeit ausbreiteten. Je größer das Dehnungsgebiet, desto länger dauerte die Wiederherstellung des Wasserdrucks. Spätere Untersuchungen zeigten, daß die Veränderung der P-Wellen-Geschwindigkeit einige Monate vor einem Erdbeben der Stärke 6, ein Jahr vor einem Beben der Stärke 7 und ganze zehn Jahre vor einem Beben der Stärke 8 eintrat.

Ausgehend von Nurs Hypothese vermutete Christopher Scholz einen direkten Zusammenhang zwischen dem Dehnungsvorgang und verschiedenen Phänomenen, die man in der Sowjetunion und anderswo vor dem Einsetzen von Erdbeben beobachtet hatte: Die Volumenvermehrung des Gesteins durch die Risse erklärte die vor vielen Erdbeben beobachteten Hebungen und Verstellungen der Erdkruste. Die größere Wassermenge im Gestein erhöhte dessen Leitvermögen. Die Risse vergrößerten die Kontaktflächen zwischen Gestein und Wasser und damit die Menge radioaktiver Elemente, die im Grundwasser in Lösung gingen. Die Russen hatten vor Erdbeben erhöhte Mengen eines radioaktiven Elements – Radon – gemessen.

Ermutigt durch vielversprechende neue Techniken und ihre umfassende neue Theorie begannen Seismologen 1973 ganz vorsichtige Vorhersagen zu wagen. Die erste machte Yash Aggarwal auf Grund der seismischen Daten, die man im Laufe der Jahre im Gebiet des Blue Mountain Lake gesammelt hatte. Anfang Juli hatte er die bereits existierende Lamont-Doherty-Erdbebenstation am Blue Mountain Lake um sieben tragbare Seismographen erweitert, die Mikrobeben registrieren und jede Veränderung der Wellengeschwindigkeit genau lokalisieren konnten. Zwei Wochen lang war er täglich etwa 150 Kilometer gefahren, um die Aufzeichnungen aller Seismographen zu kontrollieren, und Ende Juli entdeckte er in dem von ihm untersuchten Gebiet die verräterischen Anzeichen verringerter P-Wellen-Geschwindigkeit.

Am 1. August stellte Aggarwal fest, daß sich die P-Wellen offensichtlich wieder mit ihrer Normalgeschwindigkeit ausbreiteten. Es schienen Verhältnisse vorzuliegen, wie sie die sowjetischen Wissenschaftler in Tadschikistan vorgefunden hatten und wie er sie aus eigener Erfahrung kannte. Seiner Sache sicher, rief er Lynn Sykes am Lamont-Doherty Geological Observatory an. Er teilte ihm mit, man könne „innerhalb weniger Tage" mit einem Erdbeben der Stärke 2,5 rechnen. Bei der Schätzung der Magnitude ging er von der Größe des Gebietes aus, in dem sich die P-Wellen verlangsamt hatten; den ungefähren

In einem Labor in Tokio beobachten japanische Zoologen Seewölfe, deren Verhaltensweisen Rückschlüsse auf ein bevorstehendes Erdbeben zulassen. Die trägen Fische geraten vor großen Erdbeben zeitweise in Unruhe – vielleicht wegen ihrer extremen Empfindlichkeit gegenüber Erschütterungen und elektrischen Impulsen.

Zeitpunkt des Bebens konnte er auf Grund der Dauer der Zeitspanne, innerhalb derer sich die Geschwindigkeit der P-Wellen wieder normalisiert hatte, vorhersagen. Zwei Tage später wurde das Gebiet des Blue Mountain Lake genau nach Plan von einem Erdbeben der prophezeiten Stärke erschüttert. „Vor Aufregung wäre ich fast gegen einen Baum gefahren", sagte Aggarwal. Ein Besucher vom Geological Survey war zutiefst beeindruckt, aber er wußte, daß die Schlacht noch nicht gewonnen war: „Wenn Sie das dreimal machen können, sind Sie berühmt!" sagte er zu Aggarwal.

Vier Monate später wagte James H. Whitcomb vom Caltech ebenfalls eine Vorhersage. Er hatte beobachtet, daß die P-Wellen-Geschwindigkeit bei Riverside in Kalifornien 1972 abgefallen und 1973 fast durchgehend unter dem Normalwert geblieben war. Als sie im November wieder anstieg, prophezeite er ein Erdbeben der Stärke 5,5 innerhalb von drei Monaten. Als das Beben am 30. Januar einsetzte, betrug seine Stärke zwar nur 4,1, aber die Vorhersage war doch so genau, daß man wieder triumphieren konnte.

Mit dieser erfolgreichen Erprobung der Dilatationstheorie schienen vielen Wissenschaftlern die „Verbesserungen seismographischer Geräte und Methoden" erreicht, von denen G. K. Gilbert 1909 gesprochen hatte, und die Überzeugung verbreitete sich, daß endlich eine zuverlässige Erdbebenprognose möglich sei. Der Vorsitzende des Ausschusses für Erdbebenvorhersagen der National Academy of Sciences, Clarence Allen, erklärte enthusiastisch: „Wir sind alle der Meinung, daß wir da etwas sehr Vielversprechendes entdeckt haben." Im Jahr darauf wurden diese Anfangserfolge durch die Vorhersage einer überaus dramatischen und folgenreichen Katastrophe noch weit in den Schatten gestellt. Schauplatz war die Volksrepublik China.

Scheuende Pferde, wehleidige Pandabären, Mäuse, die fluchtartig die Häuser verlassen – diese und andere Bilder auf einem Plakat aus der Volksrepublik China führen die weitverbreitete Überzeugung vor Augen, daß Tiere ein nahendes Erdbeben spüren. An Hand genauester seismologischer Messungen, ergänzt durch Berichte über auffällige Erscheinungen in verschiedenen Landkommunen, konnten chinesische Wissenschaftler mehrere Erdbeben vorhersagen – darunter ein gewaltiges Beben, das im Februar 1975 die Provinz Liaoning erschütterte.

Trotz schrecklichster Zerstörungen durch Erdbeben, die China im Laufe der letzten Jahrtausende heimgesucht haben, leben die meisten der über eine Milliarde Chinesen noch immer in ziegelgedeckten Lehmsteinbauten, die bei Erschütterungen mit ziemlicher Sicherheit einstürzen. Anderes Baumaterial ist rar, und sie müssen mit dem zurechtkommen, was sie haben. Im März 1966 verwüsteten zwei große Erdbeben die etwa 300 Kilometer südwestlich von Peking liegende Hsingtai-Region und verursachten außerordentlich schwere Schäden. Premierminister Tschou En-lai, zutiefst bewegt von dem Leid und den Zerstörungen, rief einen „Volkskrieg gegen Erdbeben“ aus. Wie die Sowjets 1949 warf er alle verfügbaren Kräfte seines Landes in eine intensive Vorhersagekampagne. Bis 1974 hatten die Chinesen 17 große Observatorien und 250 regionale Erdbebenstationen eingerichtet sowie 10 000 hauptberufliche Beobachter ausgebildet, mit denen 5000 Beobachtungsposten besetzt wurden. Außerdem wurden zahllose Amateure – Bauern, Arbeiter, Studenten, Telephonisten, Rundfunksprecher, insgesamt etwa 100 000 Personen – als Beobachter angeworben und begannen mit der regelmäßigen Aufzeichnung von Bodenerschütterungen, Wasserständen und ähnlichem.

Die Chinesen hielten nach all den Warnzeichen Ausschau, die man in der Sowjetunion, den Vereinigten Staaten und anderen Ländern als typisch erkannt hatte: Geschwindigkeitsveränderungen der P- und S-Wellen, Anschwellen des Bodens, Veränderungen des elektrischen Leitvermögens und geomagnetische Abweichungen. Außerdem entdeckten sie, daß Teiche und Bewässerungskanäle vor einem Erdbeben manchmal schlammig und trübe wurden und oft ungewöhnlich rochen – möglicherweise durch vermehrtes unterirdisches Ausströmen von Gasen. Unmittelbar vor schweren Hebungen erglühte manchmal der Himmel in einer Art Wetterleuchten von unheimlichen, neonähnlichen Blitzen, und Feuerbälle stiegen vom Boden auf. Dieses seltene „Feuerwerk“ wurde bis heute nicht befriedigend erklärt: Es kann durch die ersten Erschütterungen freigesetztes, aus dem Boden strömendes Methangas gewesen sein, das sich auf irgendeine Weise entzündet hat, oder das Ergebnis elektrostatischer Aufladungen, die in bestimmten Gesteinskristallen unter Druck entstehen.

Im Gegensatz zu den meisten westlichen Beobachtern waren die Chinesen sehr beeindruckt von dem eigenartigen Verhalten mancher Tiere unmittelbar vor einem Erdbeben. Sie beobachteten heulende Hunde, Hühner, die von der Stange flohen, von panischem Schrecken ergriffene Pferde, Mäuse und Kaninchen sowie Fische, die in Teichen und Aquarien wild hin und her schossen.

Besonders genau hielten die Chinesen bei ihren Beobachtungen die mandschurische Provinz Liaoning im Auge. Seit der Katastrophe von Hsingtai hatte es eine Serie mittlerer Erdbeben geben, die immer näher an die dichtbesiedelte, hochindustrialisierte Provinz heranrückten. Nur wenige Beben wurden in Liaoning selbst registriert; seit dem großen Erdbeben im Gebiet der Hafenstadt Dairen 1856 war die Provinz ungewöhnlich lange verschont geblieben, was an sich schon bedrohlich schien.

1974 war eine große Zahl von Spezialisten damit beschäftigt, das Gebiet zu vermessen, Verwerfungslinien zu kartieren, Seismogramme aufzunehmen und geomagnetische Monitore sowie Neigungsmesser zu installieren. Dabei entdeckten sie, daß ein großer Teil des Gebietes sich gehoben und nach Nordwesten geneigt hatte. Außerdem stellten sie fest, daß die magnetische Feldstärke des Gebietes zunahm. Es gibt aber keinen Hinweis darauf, daß irgendwelche Veränderungen in der relativen Geschwindigkeit der P- und S-Wellen bemerkt wurden.

In den ersten fünf Monaten des Jahres 1974 erhöhte sich die Zahl der kleinen Erdbeben bedenklich auf das Fünffache. Das Staatliche Seismologische Büro in Peking gab eine vorläufige Vorhersage heraus: Innerhalb von zwei Jahren würde ein mittleres bis schweres Erdbeben stattfinden. Am 22. Dezember setzte eine weitere Erdbebenserie mit Stärken bis zu 4,8 auf der Richterskala ein. Die örtlichen Parteikomitees gaben der Bevölkerung Anweisungen über das Verhalten im Falle eines starken Erdbebens, und das Seismologische Büro präzisierte seine Prognose: Im Laufe des ersten Halbjahres 1975 würde es in der Gegend des großen Industriehafens Jingkou ein Erdbeben der Stärke 5,5 bis 6 geben. Ab Anfang Februar wurden die Vorzeichen täglich zahlreicher und unheimlicher. Aus Brunnen begannen Blasen aufzusteigen, Ratten und Mäuse sah man aus ihren Löchern kommen und wie betrunken herumtorkeln, Schlangen erwachten aus ihrer Winterstarre und krochen auf die vereisten Straßen, wo sie erfroren liegenblieben. Ein Schwarm kleiner Beben setzte ein; innerhalb von 72 Stunden wurden über 500 Erschütterungen registriert, die am Morgen des 4. Februar in einem heftigen Stoß von Stärke 4,8 kulminierten. Dann wurde es unheilvoll still.

Das Seismologische Büro befahl den örtlichen Parteikomitees des Gebietes, sich auf eine Katastrophe vorzubereiten. Um 14 Uhr, die Temperatur war auf eisige −20 Grad Celsius abgesunken, wandte sich ein Befehlshaber der Armee in einer Kommune bei Jingkou mit einer dringenden, von den Rundfunkanstalten ausgestrahlten Warnung an die Einwohner des Gebietes: „Heute abend wird es wahrscheinlich ein starkes Erdbeben geben. Wir fordern alle Menschen auf, ihre Häuser zu verlassen." Eine ähnliche Warnung wurde auch in Haitscheng, einer etwa 50 Kilometer landeinwärts liegenden Stadt mit 90 000 Einwohnern, gesendet und telefonisch an andere Städte und Kommunen in dem bedrohten Gebiet weitergegeben. Insgesamt waren 3 Millionen Menschen betroffen.

Ohne Panik schlossen die Bewohner im Süden der Provinz Liaoning ihre Läden, löschten die Feuer und zogen hinaus in Parks und auf Felder, wo in Erwartung des Erdbebens Strohhütten und Zelte errichtet wurden. Patienten wurden aus Krankenhäusern evakuiert und das Vieh aus den Ställen geführt. Dann saßen die Bewohner von Liaoning, zum Schutz gegen die Kälte dick eingemummt, ruhig da und warteten.

Um 19.36 Uhr setzte das Erdbeben ein. Große Flächenblitze zuckten über den Himmel, und die Erde hob und senkte sich in Übelkeit erregenden Wellenbewegungen. Straßendecken wölbten sich, Brücken wurden verdreht und brachen zusammen. Fünf Meter hohe Fontänen von Sand und Wasser schossen in die Luft. Ländliche Kommunen wurden völlig ruiniert. Fast 90 Prozent der Gebäude von Haitscheng wurden schwer beschädigt oder zerstört. Jingkou sah aus, als hätte dort ein Abrißkommando gewütet.

Als der Staub sich legte, gab es erstaunlich wenige Verunglückte. In einer Kommune von Jingkou war von 3470 Einwohnern nicht einer verletzt. Über 3000 Menschen lebten in der schlimm zugerichteten Dingjiagou-Brigade von Haitscheng, doch nur ein Kind wurde als verletzt gemeldet. So war es in der ganzen Provinz. In einem Gebiet mit drei Millionen Einwohnern, in dem man erwarten konnte, daß ein Erdbeben von dieser Gewalt Zehntausende von Todesopfern fordern würde, gab es nur etwa 300 Tote.

Die Vorwarnung hatte eine Katastrophe abgewendet, und die seismologische Fachwelt feierte diesen wegweisenden Erfolg. „Nirgends auf der Welt wurde bisher ein Erdbeben dieser Größe mit solcher Genauigkeit vorhergesagt", staunte der Geophysiker Frank

Auf diesem Plakat, das im Rahmen einer Kampagne zur allgemeinen Beteiligung an der Erdbebenvorhersage in der Volksrepublik China verteilt wurde, untersucht eine Familie in einer Kommune das Brunnenwasser. Unten sind die fünf Punkte erklärt, auf die man achten muß, weil sie Vorboten eines nahenden Erdbebens sein können: zunehmende Trübung, Wirbelbildung, veränderter Wasserstand, aufsteigende Blasen, bitterer Geschmack.

Press vom Massachusetts Institute of Technology. Der chinesische Triumph schien zu bestätigen, daß die zuverlässige Erdbebenvorhersage zum Greifen nahe war.

Angespornt durch ihren Erfolg und die weltweite Anerkennung trieben die Chinesen ihre Vorhersagekampagne weiter voran. Im Sommer 1976 glaubten sie, sichere Anzeichen eines nahenden Erdbebens in der Provinz Kwangtung erkannt zu haben, und gaben Erdbebenwarnung; zwei Monate lang mußten die Bewohner in Zelten hausen, bis die Behörden einsahen, daß ihre Vorhersage falsch war.

In den Monaten nach dem Jingkou-Haitscheng-Beben von 1975 waren Chinas Erdbebenwächter von einer Serie möglicher Alarmzeichen irritiert worden, die im Gebiet von Tangschan beobachtet wurden, einer nordchinesischen Industriestadt mit Kohlenbergbau, in der eine Million Menschen leben. Einige mittelstarke Erdbeben hatten das Gebiet 1975 erschüttert, aber niemand konnte sagen, ob es die Nachbeben von Haitscheng oder die Vorbeben eines drohenden schweren Erdbebens waren. Die chinesischen Seismologen verdoppelten ihre Wachsamkeit, entdeckten einige langfristige Veränderungen der Schwerkraft und des elektrischen Widerstandes und stellten im Januar 1976 eine deutliche Veränderung des Magnetismus fest. Eine langfristige Erdbebenvorwarnung wurde ausgegeben. Ende Juli wurden plötzliche Veränderungen des Grundwasserstandes und seltsame Verhaltensweisen von Tieren gemeldet, doch so vereinzelt und so wenig eindeutig, daß eine präzise, zu sofortigen Maßnahmen auffordernde Vorhersage nicht gerechtfertigt schien.

Am 28. Juli wurden die Bewohner Tangschans und dessen Umgebung kurz vor 4 Uhr morgens von einer Erscheinung geweckt, die sie zuerst für Tageslicht hielten: Merkwürdige weiße und rote Lichter, die man 300 Kilometer weit sehen konnte, flammten über den ganzen Himmel. Einen Augenblick später bebte die Erde so heftig, daß viele Menschen gegen die Decken ihrer Wohnungen geschleudert wurden. Abertausende von Gebäuden brachen augenblicklich wie Kartenhäuser zusammen, wie ein Überlebender berichtete; 50 Quadratkilometer des Stadtgebietes wurden total zerstört.

Eine französische Touristengruppe befand sich in einem der Hotels, das zu einem Schutthaufen zusammensank. Wie durch ein Wunder überlebten 22 ihrer 23 Mitglieder und irrten nun barfuß durch die Trümmer. „Es war entsetzlich“, erinnerte sich einer von ihnen. „Wir schienen verloren. Es war wie ein Meer – ein Meer – alles bewegte sich!“ Als nachmittags europäische Überlebende, die ausgeflogen wurden, vom Flugzeug aus auf die verwüstete Stadt hinuntersahen, war das einzige, was sie noch aufrecht stehen sahen, ein Fabrikschornstein. Auf viele Einwohner Pekings – 160 Kilometer weiter westlich gelegen – regneten Gipsstücke und Fensterglasscherben herunter. Einige ältere Gebäude brachen zusammen, und im größten Kaufhaus der Stadt öffneten sich klaffende Risse. Viele der 7,6 Millionen Menschen, die zu der Zeit in der chinesischen Hauptstadt lebten, flohen aus ihren Wohnungen und richteten sich in Straßen und Parks ein, bis die Gefahr der Nachbeben vorbei war.

Auf der ganzen Welt schlugen die Seismographen bei der Ankunft der gewaltigen seismischen Wellen heftig aus. Wissenschaftler lokalisierten das Epizentrum in Tangschan selbst und schätzten die Magnitude auf 8, den höchsten Wert, der seit dem Erdbeben von Alaska 1964 irgendwo gemessen wurde. Das betroffene Gebiet Nordchinas war seismisch aktiv und von Verwerfungszonen durchzogen; eine davon lief direkt in nordöstlich-südwestlicher Richtung unter Tangschan hindurch. Aber sie war so lange inaktiv gewesen, daß einige Seismologen sie für harmlos hielten. Der Bruch erzeugte eine an der Erdoberfläche sichtbare, acht Kilometer weit verfolgbare Verwerfung, die mitten durch die Stadt verlief und Mauern, Gebäude, Straßen und Kanäle versetzte. Der Horizontalversatz betrug stellenweise über einen Meter.

So schwer das Hauptbeben auch war, es führte nicht zur vollständigen tektonischen Entspannung des Gebiets. Genau 16 Stunden später erschütterte ein Nachbeben mit einer Magnitude von 7,4 das Gebiet, und innerhalb von 48 Stunden folgten über 125 Beben mit Magnituden von über 4. Die Forschung war sich später einig, daß das Erdbeben von Tangschan zu einer zusammenhängenden Serie von Beben gehörte, die 1976 entlang einem Bogen von Italien über Usbekistan in der Sowjetunion bis zu den Neuen Hebriden nördlich von Australien auftraten. Die Seismologen schrieben die ungewöhnlich starke Erdbebentätigkeit der Nordwärtsbewegung der Afrikanischen und der Indoaustralischen Platten zu. Doch diese Zusammenhänge waren nicht früh genug bekannt, um den Menschen von Tangschan helfen zu können.

Auf diesem seltenen Photo von 1966 glüht der Nachthimmel über Matsushiro in Japan in rötlichem Orange der „Erdbebenlichter“ – einem elektrischen Phänomen unbekannter Ursache, das manchmal als Begleiterscheinung von Erdbeben auftritt. Einige Wissenschaftler glauben, die Lichterscheinungen könnten bevorstehende Erdbeben anzeigen, und wollen dort, wo solches Leuchten aufgetreten ist, geoelektrische Messungen durchführen.

Die durch ihre großsprecherischen Vorhersageversuche in eine peinliche Lage geratene chinesische Regierung unterdrückte alle Berichte aus dem Katastrophengebiet. Besucher wurden hastig aus den betroffenen Städten abgeschoben und das Gebiet für Ausländer gesperrt. Die einzige Meldung der Staatlichen Nachrichtenagentur lautete, Tangschan hätte „schwere Personen- und Sachschäden" erlitten.

Fast ein Jahr verging ohne weitere offizielle Erwähnung der Tragödie. Verschiedenen Seismologen, die Peking in anderen Angelegenheiten besuchten, fiel auf, daß man ihren Fragen bezüglich des Bebens von Tangschan auswich. Erst ab Mai 1977 gewährten die Chinesen ausländischen Wissenschaftlern zögernd Einblick in die geologischen Aspekte des Unglücks. Einzelheiten der Auswirkungen auf die Bevölkerung blieben weiterhin geheim. Aber westliche Experten schätzten, daß etwa 750 000 Menschen starben; mit dieser Todesrate hätte das Tangschan-Erdbeben mehr Menschenleben gefordert als jedes andere der letzten 400 Jahre.

Durch das Erdbeben von Tangschan wurde die wachsende Überzeugung, daß man Erdbeben zuverlässig vorhersagen könne, abrupt und brutal ad absurdum geführt. Es war deutlich geworden, daß viele Erscheinungen, die die Chinesen und andere als sichere Zeichen einer bevorstehenden Erschütterung gewertet hatten, durchaus nicht als sicher gelten konnten; vor manchen Erdbeben waren sie zu beobachten, vor anderen nicht. In Brunnen konnten sich Gasblasen bilden, Tiere konnten merkwürdig reagieren, Radon im Grundwasser erscheinen, Vorbeben konnten auftreten – oder aber auch nicht. Sogar die Ausdehnung des Gesteins, die so schnell als entscheidendes Kriterium anerkannt worden war, erlaubte keine allgemeingültigen Vorhersagen – wie sich in Tangschan bewahrheitet hatte. Das Gebiet um den Coyote Lake südlich von San Francisco wurde 1979 von einem Erdbeben der Stärke 5,9 erschüttert, ohne daß es geringste vorherige Anzeichen einer Dehnung, einer Verringerung der Geschwindigkeit der seismischen Wellen oder einer Veränderung des Bodenniveaus gegeben hätte. Den Beweis, daß auf eine einzelne oder auf eine Kette von Erscheinungen nach dem Prinzip von Ursache und Wirkung mit Sicherheit ein Erdbeben folgt, konnten die Seismologen noch immer nicht liefern.

Wenn es außer Forschungsinteresse noch ein anderes typisches Merkmal gibt, das einen Wissenschaftler charakterisiert, so ist das seine Zielstrebigkeit. Wenn die Seismologen auf einigen Forschungsgebieten auch keine Erfolge verzeichnen konnten, gab es doch noch genügend andere Wege und interessante Fragestellungen. Ende der 60er Jahre wurde der alte Gedanke, daß der Rhythmus früherer Erdbeben Hinweise auf zukünftige Erschütterungen liefern könne, durch die auf der Vorstellung tektonischer Platten basierende Erdbebentheorie neu belebt. Nach der Theorie der Plattentektonik ist zu erwarten, daß Brüche entlang der großen Erdbebengürtel nahezu regelmäßig entstehen, da sich die Platten der Erdkruste mit ziemlich konstanter Geschwindigkeit gegeneinander und aneinander vorbei bewegen. Wo also erst kürzlich eine Verwerfung aktiviert wurde, würde es vermutlich einige Jahre lang ruhig bleiben. Aber je mehr Zeit seit dem letzten Bruch verstrichen war, desto größer wäre die Wahrscheinlichkeit, daß bald wieder ein Bruch entstehen würde. Das Gebiet einer seismisch aktiven Verwerfung, das längere Zeit ungewöhnlich ruhig gewesen war, wurde seismische Ruhezone genannt.

Im Gegensatz zu den zeitraubenden Geländeuntersuchungen zur Feststellung möglicher Erdbebenvorzeichen war das Aufspüren der seismischen Ruhezonen eher eine akademische Übung. Auf einer Karte, in der die Erdbebengürtel der Welt verzeichnet waren, markierten Forscher die Bereiche, in denen erst kürzlich Verwerfungsbewegungen stattgefunden hatten. Die unmarkierten Bereiche waren Gebiete mit vorübergehender seismischer Ruhe. Die Wissenschaftler, die sich auf diese Gebiete zu erwartender Erdbebentätigkeit konzentrierten und das Verhältnis der Länge der seismisch ruhigen Zone zu der wahrscheinlichen Magnitude des kommenden Erdbebens untersuchten, machten einige bemerkenswerte Vorhersagen. Lynn Sykes gehörte zu den Verfassern einer Studie, die 1971 auf mehrere solcher Zonen entlang der Küste Alaskas hinwies, und ein Jahr später wurde in einer von ihnen bei Sitka ein Erdbebenstoß der Stärke 7,6 registriert. In einer anderen Ruhezone bei Yakataga südöstlich von Valdez wird wahrscheinlich im Jahre 2000 ein großes Erdbeben stattfinden.

Die seismischen Ruhezonen erlauben zwar langfristige Einschätzungen des Erdbebenpotentials in einem großen Gebiet, haben bisher aber zur speziellen Vorhersage von Zeit und Ort – dem erklärten Ziel der Wissenschaftler – noch keinen Beitrag leisten können.

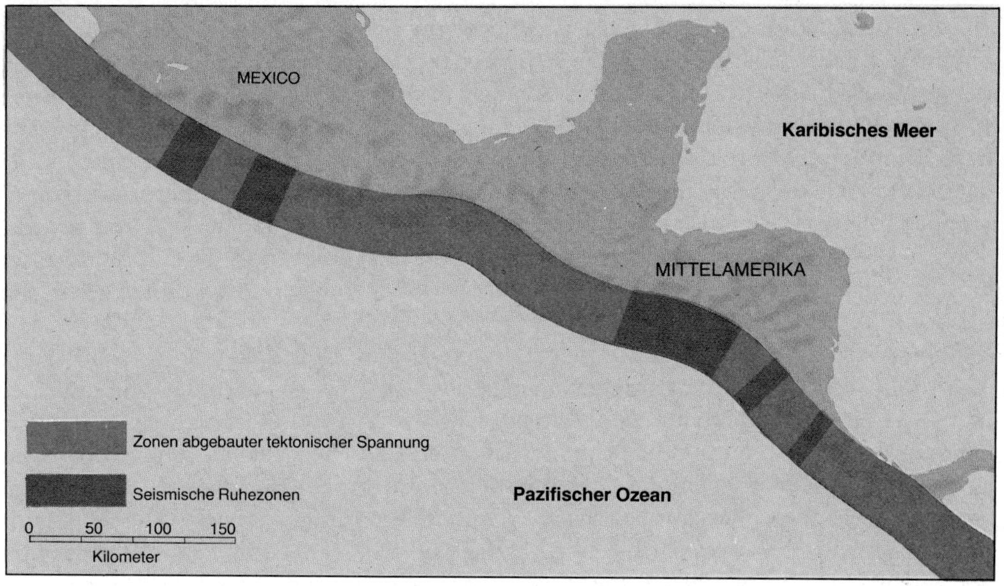

Diese schematische Darstellung veranschaulicht die Erdbebentätigkeit im Bereich der Küsten Mexikos und Mittelamerikas, wo die Cocosplatte, die Karibische und die Nordamerikanische Platte aneinanderstoßen. In den grauen Zonen sind in den letzten 30 Jahren Erdbeben aufgetreten, die zur tektonischen Entspannung der Gebiete führten; in den rötlichen Gebieten hingegen – sogenannten seismischen Ruhezonen – wurden keine größeren Beben registriert; dort bauen sich weiterhin Spannungen im Gestein auf. Durch sorgfältige Beobachtung der seismischen Ruhezonen können Wissenschaftler gelegentlich die feinen Warnsignale entdecken, die einen unmittelbar bevorstehenden Bruch ankündigen.

An manchen Stellen können die Platten lange Zeit ruhig aneinander vorbeigleiten. Selbst wenn die Verwerfung völlig stilliegt und man weiß, daß sich dort Energie zu einem großen Ereignis aufstaut, bleibt der genaue Zeitpunkt, an dem das Erdbeben erwartet werden kann, hoffnungslos vage.

Aber in den letzten Jahren hat eine brillante Weiterentwicklung des Konzepts der seismischen Ruheperioden die Hoffnung auf eine genaue Vorhersage neu belebt. Die Theorie geht von zwei Phasen aus: einer Alpha-Phase, während der es überhaupt keine seismische Aktivität gibt, und einer Beta-Phase wenige Tage oder Wochen vor dem Erdbeben, während der es häufige kleine Vorbeben gibt – dem eigentlichen Bruch unmittelbar vorausgehende Rißbildungen in der Erdkruste.

Die Möglichkeiten dieser Theorie wurden 1978 im mexikanischen Staat Oaxaca eindrucksvoll demonstriert. Entlang der Südküste Mexikos wird ein Teil des pazifischen Meeresbodens unter die Nordamerikanische Platte subduziert. 1977 stellten Forscher am Geophysics Laboratory der University of Texas in Galveston fest, daß ein 300 Kilometer langer Abschnitt des Plattenrandes entlang der Küste von Oaxaca alle Anzeichen einer vorübergehenden seismischen Ruhezone in der Alpha-Phase aufwies. Beim Überprüfen ihrer seismischen Registrierungen fanden sie, daß die mittelstarke Erdbebentätigkeit im Bereich dieser Partie der Subduktionszone Mitte 1973 völlig aufgehört hatte. Nach weiteren Untersuchungen veröffentlichten die Geophysiker aus Texas eine Arbeit, die das Phänomen als „mögliches Vorzeichen eines großen Erdbebens" wertete. Sie vermuteten, es würde den Küstenbereich in der Mitte der Ruhezone erschüttern, und sagten eine Beta-Phase mittelstarker Vorbeben als Vorläufer des Hauptbebens voraus. Die Länge des ruhenden Abschnitts der Verwerfung zeigte ihnen, daß für das Hauptbeben mit einer Magnitude zwischen 7,25 und 7,75 zu rechnen war. Aber wann das Erdbeben ausbrechen würde, konnten sie nicht vorhersagen.

Als dann im August 1978 im Seismographenraum im Keller des Geophysikalischen Instituts von Mexico City die Alarmglocken zu schrillen begannen, war zufällig eine Wissenschaftlerin vom Caltech dort zu Gast. Karen McNally folgte ihren mexikanischen Kollegen zu den Registriertrommeln. Ein mittleres Erdbeben erschütterte Oaxaca, und die Seismologen erklärten ihr, dies sei schon das zweite innerhalb von fünf Wochen in dieser Region. Die seismische Ruhezone von Oaxaca schien in Bewegung zu geraten.

Die amerikanische Forscherin sah die einmalige Gelegenheit, eine seismische Ruhezone in der Beta-Phase zu untersuchen – das einleitende, unheilverkündende Grollen eines großen Erdbebens. Aber sie mußte sich beeilen. „Wir hatten keine Zeit zu verlieren", erinnerte sie sich. „Wir können immer noch zurückkommen und die Daten auswerten und diskutieren", drängte sie die mexikanischen Wissenschaftler, „aber wir haben vielleicht nie wieder die Chance, mit den Geräten hinauszugehen."

Karen McNally schlug vor, ein Netz tragbarer Seismographen in der Nähe der potentiellen Bruchstelle zu installieren; sie wollte nach Möglichkeit sämtliche kleinen Vorbeben aufzeichnen, die einem großen Erdbeben vorausgehen. Bis zum 8. November wurde in der Wildnis von Oaxaca ein Netz von sieben funktionsbereiten Stationen errichtet. Eine Woche waren die Seismographen ruhig. Dann kam eine Serie kleiner Beben mit Richterwerten bis zu 3,2. Sie klangen nach dem 15. November ab, und weitere 13 Tage geschah nichts. Am 28. November wurde die Ruhe durch eine zweite Erdbebenserie unterbrochen. Diese Stöße mit Stärken bis zu 3,7 setzten an einem Ende der Oaxaca-Ruhezone ein und liefen auf ihre Mitte zu. Eine weitere Ruheperiode von 18 Stunden folgte. Und dann erschütterte ein mächtiges Erdbeben der Stärke 7,8 ein großes, dünn besiedeltes Gebiet Mexikos – genau wie die Seismologen in Texas vorausgesagt hatten. Niemand wurde getötet, aber bis im etwa 450 Kilometer nordwestlich gelegenen Mexico City gab es kleinere Schäden.

Zum ersten Mal hatten Wissenschaftler ein großes Erdbeben mit einem System empfindlicher Instrumente erfolgreich eingekreist. „Es war genau in der Mitte unseres Netzes – haargenau!" freute sich Karen McNally. Die von ihr registrierten Daten lieferten den Seismologen ein komplettes Bild der Vorbeben, die ein großes Erdbeben ankündigen. Die Vorbeben, die oft in Gestalt von Mikrobeben auftreten, werden von normalen Seismographen nur registriert, wenn diese in unmittelbarer Nähe aufgestellt sind. Der Erfolg von Oaxaca ließ Karen McNally hoffen, man würde zukünftig mit Hilfe der Theorie der seismischen Ruhezonen weitere Gebiete auswählen und dort gezielt Seismographen aufstellen. Dann ließen sich weitere Vorbebenmuster registrieren, die zur Grundlage für eine genaue Erdbebenvorhersage werden könnten.

Keine Region Nordamerikas hat eine zuverlässige Erdbebenvorhersage dringender nötig als das Gebiet entlang der San-Andreas-Verwerfung in Kalifornien. Dort schiebt die starke tektonische Kraft der Pazifischen Platte – die an der Ostpazifischen Schwelle entsteht und nach Nordwesten wandert, wo sie sich unter die Südküste Alaskas schiebt – einen 1100 Kilometer langen Küstenabschnitt Kaliforniens jährlich um bis zu 4 Zentimeter nach Norden und drängt dabei an den Rand des Kontinents.

Für die Einwohner von Hollister im Mittelabschnitt der Verwerfung ist diese Bewegung deutlich daran zu erkennen, daß Bordsteine und Fundamente von Häusern langsam zerbröckeln und seitwärts verschoben werden. Die Stadt wird gelegentlich von mittleren Erdbeben erschüttert, doch ein wirklich schweres gab es nie. Entlang dieser Mittelpartie bewegt sich die San-Andreas-Verwerfung in einem sogenannten Kriechprozeß, einem allgemein harmlosen Vorgang, zentimeterweise voran.

Weit mehr beunruhigen die Seismologen zwei Abschnitte, in deren Bereich sich die Verwerfung nicht bewegt. In der Nähe ihres nördlichen Endes bei San Francisco hat sich die San-Andreas-Verwerfung seit vielen Jahrzehnten nicht verändert. Mittelstarke Erdbeben treten dort mit gewisser Häufigkeit auf, doch sie sind die Folge von Brüchen entlang entfernterer Verwerfungszonen. Die San-Andreas-Verwerfung selbst hat sich bei San Francisco seit der Katastrophe von 1906 nicht geregt. Die Spannung ist seither gleichmäßig angewachsen und wird an der Hauptverwerfung über kurz oder lang unweigerlich wieder zum Bruch führen.

550 Kilometer weiter im Süden bei Los Angeles ist die Situation ähnlich. Es gab zwar einige spürbare Erdbeben in diesem Gebiet, aber auch sie wurden von Bewegungen entlang verschiedener Seitenverwerfungen ausgelöst. Das letzte Mal – im Jahre 1857 – brach die San-Andreas-Verwerfung an ihrem Südende, und beim nächsten Mal werden die Auswirkungen wahrscheinlich nicht weniger erschreckend sein.

Das Erdbeben von 1857, das stärkste seit Menschengedenken in Kalifornien und vergleichbar mit dem Erdbeben von San Francisco 1906, setzte am Morgen des 9. Januar um 8.33 Uhr ein. Volle drei Minuten lang bebte der Boden, als die San-Andreas-Verwerfung auf 350 Kilometer Länge brach. Bäume wurden so heftig hin und her geschüttelt, daß ihre Zweige über den Boden fegten, und Kühe gingen brüllend in die Knie. Bei Fort Tejon, einem Militärstützpunkt 100 Kilometer nördlich von Los Angeles, stürzte der Kommandeur gerade noch rechtzeitig ins Freie, um zu sehen, wie der ganze Außenposten zu Schutt zusammensank. 1857 war Südkalifornien noch schwach besiedelt; anscheinend starben nur zwei Menschen durch das Erdbeben, und es gab noch nicht viele Bauten, die beschädigt werden konnten. Doch der Landschaft fügte das Erdbeben unauslöschliche Narben zu, ließ die Erde aufreißen und versetzte Flußbetten um bis zu zehn Meter. Der südliche Abschnitt der San-Andreas-Verwerfung ist seither ziemlich stabil geblieben, doch auch hier baut sich weiterhin Spannung auf.

Ein kleines Labor auf dem Meeresboden

Die meisten großen Erdbeben, die Japan heimsuchen, werden im Bereich der Tiefseerinnen vor der pazifischen Küste ausgelöst – dort, wo die Philippinische und die Pazifische Platte sich unter die Eurasische Platte schieben. Doch bis vor kurzem befanden sich alle Beobachtungsstationen des ausgedehnten japanischen Erdbebenvorhersagenetzes auf dem Festland, weitab vom Meeresgrund, wo kleinste Spannungen und Verformungen im Gestein des Untergrunds wichtige Warnsignale für den nächsten großen Bruch geben könnten.

Um das untermeerische Grollen meßtechnisch erfassen zu können, haben japanische Wissenschaftler eine Reihe neuartiger Instrumente entwickelt, die in großer Tiefe auf dem Meeresgrund arbeiten können. Besonders praktisch und ökonomisch ist eine Kapsel *(rechts)* von 75 Zentimeter Durchmesser aus einer hochgradig dehnfesten Aluminiumlegierung, die empfindliche Registriergeräte enthält: Seismographen, Neigungsmesser, Geomagnetometer und Gravimeter. Die Kapsel ist so widerstandsfähig und leistungsstark, daß sie in einer Wassertiefe von 6000 Metern 40 Tage lang ohne Wartung arbeiten kann.

Einzeln oder zu mehreren zusammengefaßt werden die 120 Kilogramm schweren Kapseln von einem Schiff aus auf den Meeresboden hinuntergelassen. Mit ihren 80 Kilogramm Ballast sinkt die Kapsel langsam hinab und landet ähnlich wie ein Raumschiff auf dem Mond sanft auf ihren starren Stützen. Auf ein Ultraschallkommando vom Mutterschiff hin beginnen die seismologischen Messungen.

Hat die Kapsel ihre Aufgaben erfüllt – sie registriert seismische Wellen, Versetzungen der Erdkruste sowie Veränderungen der Wassertemperatur, des magnetischen Feldes und der Neigung des Meeresbodens –, erhält sie vom eingebauten Zeitmesser oder vom Schiff oder einer Festlandstation über Funk das Kommando, den Ballast abzuwerfen, und die unter Druck stehende Kapsel steigt wieder an die Oberfläche. Mit ihrem Funkgerät und Blinklicht sendet sie Signale ans Mutterschiff, wird an Bord genommen, neu ausgerüstet und zu weiteren Aufgaben wieder hinuntergeschickt.

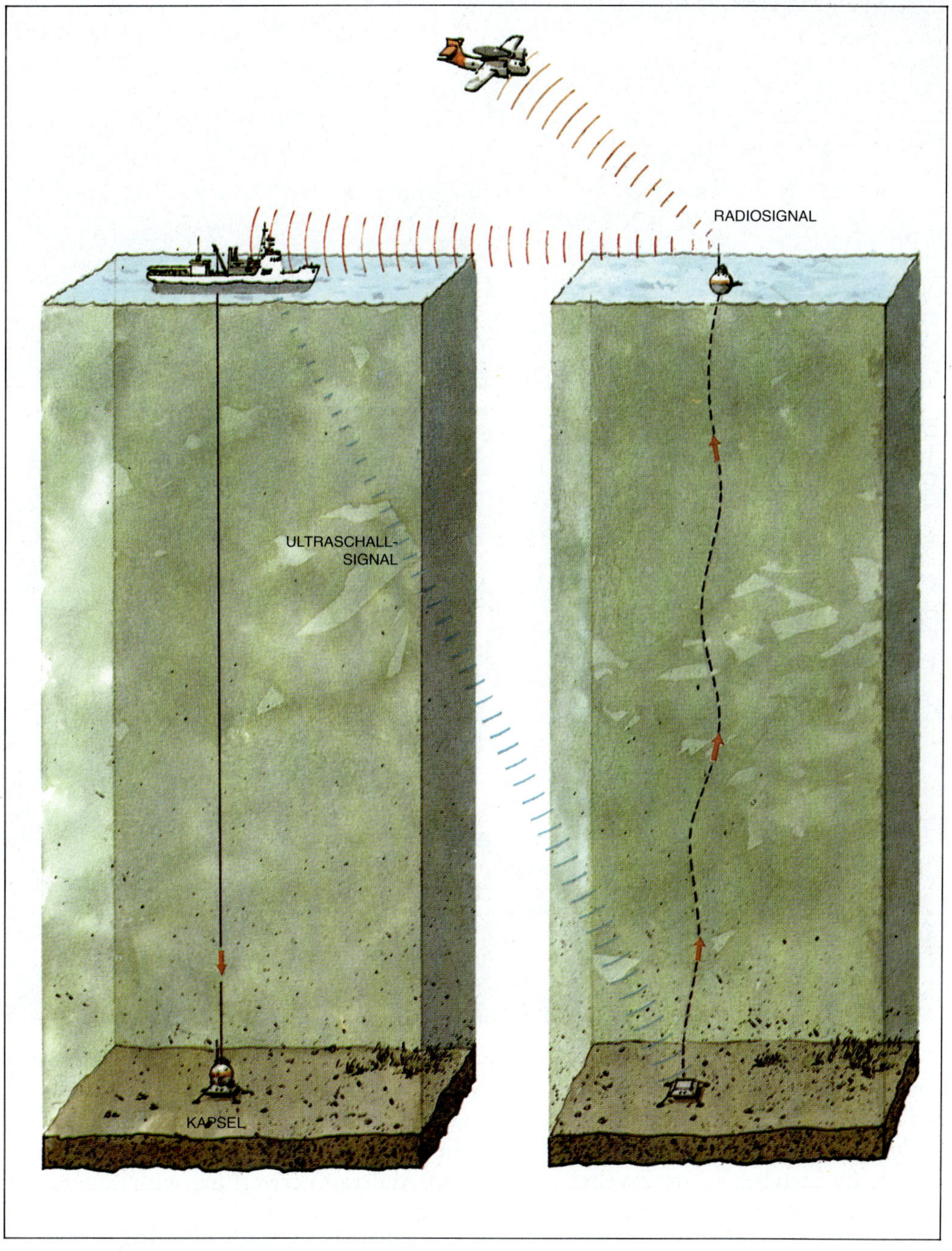

Diese ferngesteuerte japanische Seismographenkapsel – ein Meisterwerk der Fernmeßtechnik – führt ihre Funktionen zur Erdbebenüberwachung auf dem Meeresboden völlig automatisch aus. Auf ein Kommando des Mutterschiffs, einer Festlandstation oder des eingebauten Zeitmessers steigt die Kapsel wieder an die Oberfläche auf. Radiosignal und Blinklicht leiten das Schiff zu ihr hin. Auch vom Suchflugzeug aus kann man sie entdecken.

Durch Ausheben von Gräben will der Geologe Kerry Sieh versuchen, aus den früheren Versetzungen an der San-Andreas-Verwerfung in Kalifornien ihr zukünftiges Verhalten zu erschließen. Untersuchungen des 5 Meter tiefen Grabens oben lieferten Sieh Hinweise auf neun schwere Erdbeben, die das Gebiet zwischen dem 6. Jahrhundert und 1857 in Zeitabständen von durchschnittlich 160 Jahren erschütterten. Auf dem unteren Photo weist Sieh auf eine von mehreren Torfschichten, die jeweils etwa um die angegebene Zeit versetzt wurden.

Eine Wiederholung des Erdbebens von Los Angeles 1857 oder von San Francisco 1906 könnte bei der heutigen Ausdehnung der Stadtgebiete die schlimmste Naturkatastrophe bedeuten, die die Vereinigten Staaten je erlebt haben; man schätzt, daß das Beben 23 000 Todesopfer fordern und Sachschäden in Höhe von 70 Millionen Dollar verursachen würde. Es bestehen kaum Zweifel, daß die San-Andreas-Verwerfung wieder brechen wird – die Frage ist nur wann.

Auf der Suche nach einer brauchbaren Antwort halten die Geowissenschaftler die San-Andreas-Verwerfung unter genauester Beobachtung. Mit Spannungsmessern, Kriechmessern, Seismographen, Galvanometern, Gravimetern, Neigungsmessern und Laserstrahlen beobachten, messen und erforschen sie absolut alles, was Hinweise auf eine drohende Katastrophe geben könnte. Sie haben eine Anzahl merkwürdiger Erscheinungen festgestellt, können aber noch nicht mit Sicherheit sagen, was sie bedeuten.

Nördlich von Los Angeles in der Gegend von Palmdale haben die Geräte eine beunruhigende Veränderung in der Erde festgestellt. Zwischen 1959 und 1975 hat sich ein Gebiet von 83 000 Quadratkilometern wie ein Soufflé im Ofen um bis zu 45 Zentimeter gehoben; dann begannen Teile davon sich wieder zu senken. „Die Aufwölbung ist in einem ungeheuren Tempo in sich zusammengefallen", sagte ein Wissenschaftler vom U.S. Geological Survey 1980 – und der Prozeß dauerte noch an.

Andere Messungen ließen erkennen, daß der Untergrund beiderseits der San-Andreas-Verwerfung östlich von Los Angeles zwischen 1972 und 1979 wie von einem riesigen Schraubstock zusammengepreßt wurde. Dann schien der Schraubstock sich zu lockern, und das Gebiet beiderseits der Verwerfung begann sich auszudehnen. Währenddessen änderten die Spannungen plötzlich ihre Richtung und verliefen nun parallel zur Verwerfungslinie. Komplizierte Messungen mit modernsten Lasern, Satelliten und auf entfernte Quasare gerichteten riesigen Radioteleskopen lieferten über die Plattenbewegung im Gebiet der Verwerfung Daten von bisher ungekannter Präzision und Ausführlichkeit; doch es wird Jahre dauern, bis die Wissenschaftler genügend Daten haben, um Schlüsse aus den gegenwärtigen Vorgängen ziehen zu können – ganz zu schweigen von Voraussagen zukünftiger Ereignisse.

1975 beschloß Kerry Sieh, ein junger Wissenschaftler der Stanford University in Kalifornien, sich im wahrsten Sinne des Wortes in die Geschichte der San-Andreas-Verwerfung hineinzugraben. Wenn all die komplizierten Geräte nur verwirrende und unzulängliche Hinweise gaben, mußte man vielleicht ganz handfest mit Hacke und Schaufel vorgehen. Das Gebiet war erst vor so kurzer Zeit besiedelt worden, daß die Berichte der letzten hundert Jahre über Bewegungen entlang der Verwerfung wissenschaftlich völlig unzureichend waren. „Wir haben immer vermutet, daß die San-Andreas-Verwerfung ganz erhebliche periodische Beben durchgemacht hat", sagte er, „aber es gibt keine konkreten Anhaltspunkte, das zu beweisen." Sieh hoffte herauszufinden, wie oft die San-Andreas-Verwerfung sich in der Vergangenheit bewegt hatte, um so den Zeitpunkt des nächsten Bruches abschätzen zu können.

Er begann damit, daß er an der Verwerfung entlangfuhr und nach Flußbetten suchte, die von früheren Beben versetzt worden waren und deren jahrhundertealte Sedimentablagerungen vielleicht geologisch aufschlußreiche Spuren bewahrt hatten. Am Wallace Creek, etwa 300 Kilometer nordöstlich von Los Angeles, fand er einen Wasserlauf, der um fast 400 Meter verschoben war – eine Versetzung, die, wie er schätzte, durch etwa 42 Erdbeben entstanden sein könnte. In einem alten Torfmoor, das sich bei Pallett Creek gut 50 Kilometer nordöstlich von Los Angeles quer über die Verwerfung hinzieht, grub er in Ablagerungen von Schlamm, Kies und inkohlten organischen Stoffen einen fast 5 Meter tiefen Graben. Dabei entdeckte er nach und nach Spuren von acht verschiedenen Versetzungen an der Verwerfung, die er mittels der Radiokarbonmethode datierte. Sieh stellte fest, daß die Erdbeben in Intervallen von 55 bis 275 Jahren stattgefunden hatten, beginnend mit dem Jahr 565 n. Chr.; der durchschnittliche Zeitabstand betrug 160 Jahre. Er fand seine Zahlen bei anschließenden Ausgrabungen an einer anderen Stelle der Verwerfung bestätigt, an der er durch sorgfältiges Abtragen der abgelagerten Schichten 6000 Jahre seismischer Geschichte freilegte.

Wenn Siehs Forschungen auch auf einen weitgehend konstanten zeitlichen Abstand zwischen den großen Erdbeben in diesem Gebiet schließen ließen, zeigten sie doch auch, daß sich seismische Ereignisse nicht an Zeitpläne halten und um 50 Prozent vom Durchschnittswert abweichen können. Im Hinblick auf die Zukunft äußerte Sieh sich daher sehr vage: „Das nächste große Erdbeben in Südkalifornien würde nicht mit einer tausendjährigen Tradition brechen", sagte er 1981, „wenn es innerhalb der nächsten 10 Jahre einträte. Doch die prähistorischen Zeugnisse lassen es ebenso möglich erscheinen, daß wir es nicht mehr erleben werden." Obwohl Sieh das Erdbeben noch nicht für überfällig hielt, glaubte er, daß „der Prozeß schon weit fortgeschritten ist – schon viel zu lange, um nicht ernsthafte Vorkehrungen für den Eventualfall zu treffen".

Die genaueste Prognose, zu der Sieh sich herbeiließ, war: „Ich glaube, daß die Chancen für ein großes Erdbeben in Südkalifornien in den nächsten 40 Jahren mit ziemlicher Sicherheit bei über 50 Prozent liegen." Das ist keine Vorhersage, die es erlaubt, schon jetzt Einsatzpläne für Bergungshelfer aufzustellen. Sie erinnert an G. K. Gilberts Zweifel aus dem Jahre 1909, als er sich fragte, ob auf Grund der Komplexität der Vorgänge bei einem Erdbeben wohl jemals genaue Vorhersagen möglich seien. „Die Hypothese, daß sich Erdbeben aufgrund natürlicher Gesetzmäßigkeiten regelmäßig wiederholen", sagte er damals, „wird durch keine Beobachtungen sicher gestützt und ist praktisch nicht brauchbar." Und seine allgemeine Einschätzung der Aussichten für eine Erdbebenvorhersage trifft auf die letzten Jahre des 20. Jahrhunderts ebenso zu wie auf die ersten: „Die genaue Ermittlung von Gefahrenzeitpunkten liegt noch weit in der Zukunft. Sie bewegt sich irgendwo zwischen beharrlicher Arbeit und Gottvertrauen."

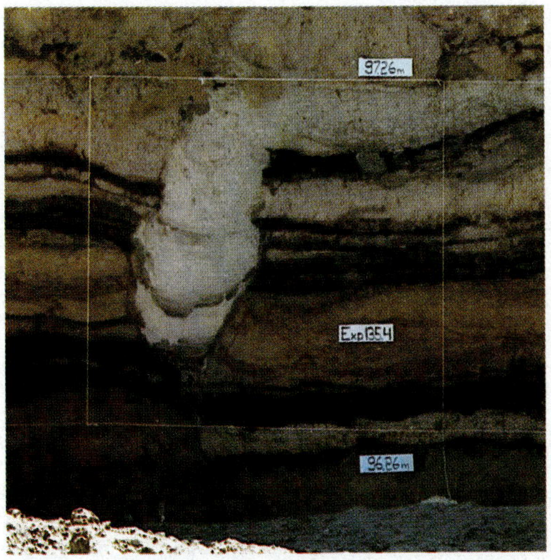

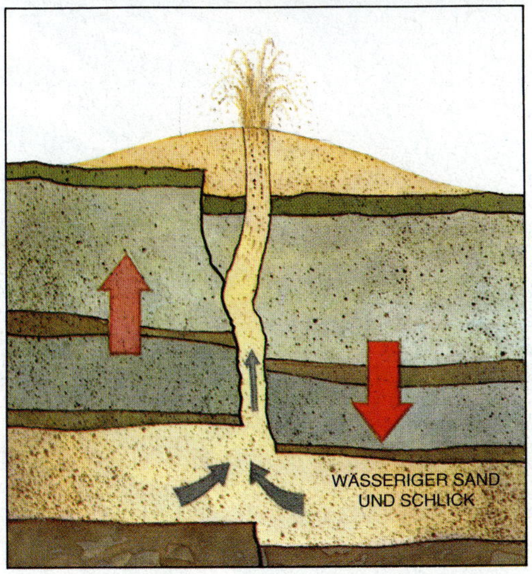

Auf dieser Aufnahme eines Querschnitts eines alten kalifornischen Flußbetts *(Photo oben)*, das um 1700 von einem Erdbeben erschüttert wurde, sieht man Überreste einer Sandfontäne – eines Wasser-Sand-Gemisches, das als Folge von mittelstarken bis schweren Erdbeben hochgeschleudert wird. Sandfontänen treten auf, wenn eine der den Boden unterlagernden Schichten während eines Erdbebens die Eigenschaften einer Flüssigkeit annimmt und unter Druck nach oben getrieben wird; dort bildet sich ein Sedimenthügel *(Zeichnung darunter)*.

DIE PRÄZISEN INSTRUMENTE DER SEISMOLOGIE

In den meisten erdbebenverdächtigen Gebieten der Welt sind die Gefahren mit bloßem Auge weitgehend unsichtbar. Die großen Verwerfungslinien und Bruchzonen liegen tief in den Gesteinsmassen, und nur empfindliche seismologische Instrumente können ihre genaue Lage feststellen. Aber entlang der San-Andreas-Verwerfung in Kalifornien stellen Erdbeben eine ständige Bedrohung dar, und die durch sie verursachten Landschaftsveränderungen sind an vielen Stellen deutlich sichtbar.

Hier reicht die Bruchzone bis an die Oberfläche und erstreckt sich 1100 Kilometer weit von Mexiko bis nach Cape Mendocino nördlich von San Francisco, wo sie in den Pazifischen Ozean taucht. Die San-Andreas-Verwerfung zieht sich über Wüsten und Felder hin, läuft unter Dämmen und Staubecken hindurch und führt durch kleine Ortschaften und große Städte eines der dichtestbesiedelten Gebiete der Vereinigten Staaten. Über 18 Millionen Menschen leben im Bereich der San-Andreas-Verwerfung und der sie begleitenden kleineren Bruchzonen.

Die Verwerfung gibt den unerbittlichen tektonischen Kräften nach, die zu beiden Seiten wirken, und greift damit ständig in das Leben der Menschen dort ein. An Tausenden von Stellen entlang der Verwerfungsfläche kann man ihre langsame, unaufhaltsame Bewegung an versetzten Flußbetten und Obstfeldern oder an Brücken und Gebäuden, die langsam auseinandergerissen werden, erkennen. Geowissenschaftler schätzen, daß um das Jahr 2000 irgendwo im Bereich der San-Andreas-Verwerfung ein schweres Erdbeben stattfinden wird.

Dennoch betrachten die meisten Kalifornier die San-Andreas-Verwerfung mit einer Art fatalistischem Gleichmut und dem festen Glauben an ihre Chancen. Auch weiterhin lassen sie Schnellstraßen, Aquädukte, Starkstromleitungen und Pipelines die Verwerfung kreuzen. Jährlich entstehen etwa 50 neue Wohngebiete im Bereich des Störungssystems. Wichtige Industriebetriebe und Universitäten liegen in unmittelbarer Nähe der Verwerfung.

Trotz dieses Schreckenspotentials betrachten viele Kalifornier, die in der Nähe der San-Andreas-Verwerfung wohnen, Erdbeben als annehmbares Risiko, wenn man das gesunde Klima und die ökonomischen Möglichkeiten der Pazifikküste dagegen aufwiegt. „Jede Gegend hat ihre Probleme", sagt ein Kalifornier. Und eine Frau, deren Haus wenige Meter von der Verwerfung entfernt steht, fügt hinzu: „Ich habe täglich genug Sorgen. Wenn ich mich auch davon noch verrückt machen ließe, würde ich gar nichts mehr schaffen."

In der Carrizo-Ebene in Zentralkalifornien heben sich von der San-Andreas-Verwerfung aufgeworfene Wälle plastisch von der umliegenden Landschaft ab. Die Spuren der Verwerfung lassen sich über viele hundert Kilometer verfolgen, doch in dieser öden Prärielandschaft wird die gewaltige Narbe am deutlichsten sichtbar.

In der Nähe von Palmdale in Kalifornien unweit der San-Andreas-Verwerfung kann man an der tief eingeschnittenen Trasse einer Schnellstraße sehen, wie gewaltig die Gesteinsschichten durch tektonische Einengung aufgewölbt und zusammengefaltet wurden. Zwei gigantische tektonische Platten – die Pazifische und die Nordamerikanische – reiben mit solcher Kraft aneinander entlang, daß sie Kalifornien mit einem Netz von Brüchen überzogen haben. Die Karte unten zeigt die San-Andreas-Verwerfung *(rot)* und begleitende Verwerfungen *(gelb)*.

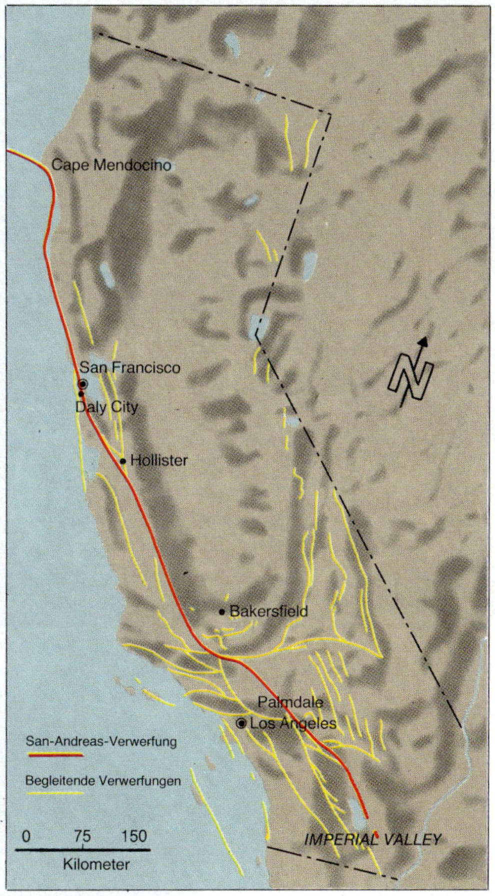

Dieses Photo zeigt am Beispiel eines Nebenastes des San-Andreas-Systems im Imperial Valley eine typische Seitwärtsverschiebung: Baumreihen eines Orangenhains, der von der Verwerfung durchschnitten wird, wurden um etwa drei Meter versetzt. Die Verstellung erfolgte 1940, als ein starkes Erdbeben die Gegend erschütterte.

Verschiebungen des Untergrunds entlang einer die San-Andreas-Verwerfung begleitenden Bruchlinie bei Hollister versetzen diese Entwässerungsrinne eines Weinbergs jährlich um knapp 1,5 Zentimeter. Ein Lagerhaus auf demselben Gelände wird langsam auseinandergezogen: Im Betonboden und in den Wänden öffnen sich Risse.

Auf dieser Farm bei Bakersfield bildet die Kante des angehobenen Flügels entlang der Verwerfung einen Hang, der zum Bestellen zu steil ist. Die Senke in der Mitte wird *sag pond* – übersetzt etwa „abgesackter Teich" – genannt; er entstand dadurch, daß durch Veränderungen der Oberfläche entlang der Verwerfung die Entwässerungskanäle abgeschnitten wurden.

Häuser der küstennahen Siedlung Daly City stehen auf instabilen Kliffen, unter denen die San-Andreas-Verwerfung verläuft. Sie sind ständig in Gefahr, bei einem stärkeren Erdbeben in den Pazifik zu stürzen. Schon jetzt haben Erdrutsche, die zum Teil von kleineren Erdbeben verursacht wurden, die sich am Fuße des Kliffs entlangwindende alte Küstenstraße unpassierbar gemacht.

Erdrutsche haben schon über 25 Meter Boden vor diesen Häusern in Daly City weggerissen. Eine Frau, deren Haus jetzt direkt über dem Abgrund steht, sagt: „Ich hoffe, es hat sich stabilisiert, aber wer weiß ... Ich kann es mir nicht leisten, von hier wegzuziehen."

Kapitel 6

RÜCKSCHLÄGE UND FORTSCHRITTE

Bei einer Erdbebenübung in Matsushiro hocken japanische Schulkinder unter den Tischen, die Köpfe durch Sitzpolster geschützt. Die Japaner, die in einer der am stärksten durch Erdbeben gefährdeten Zonen der Welt leben, haben ein aufwendiges Erdbebenvorhersage-System aufgebaut und einen landesweit gültigen Katastrophenschutzplan erarbeitet, um Personen- und Sachschäden so niedrig wie irgend möglich zu halten.

Kaum etwas bedroht Menschen und ihren Besitz so nachhaltig und unausweichlich wie die ungeheure, lauernde Gefahr, die vom Boden des Pazifischen Ozeans ausgeht. Vom Ort ihrer Entstehung im zentralen Graben der mittelozeanischen Schwelle westlich von Mittel- und Südamerika aus schiebt sich die große Pazifische Platte an den Vereinigten Staaten entlang nach Nordwesten, reibt dabei gefährlich an Kalifornien und schiebt sich schließlich unter die Südküste Alaskas. Dort, an der Aleutenrinne, löst sie Katastrophen vom Ausmaß des Karfreitagsbebens von 1964 mit seinen erschreckenden Bodendeformationen und riesigen Tsunamis aus. Doch auf der anderen Seite des Pazifischen Ozeans, über 12000 Kilometer westlich ihres Entstehungsortes, stellt die Pazifische Platte die größte Bedrohung dar. Dort, wo sie sich entlang der Japanrinne unter den asiatischen Kontinent schiebt, bringt sie eines der größten Ballungsgebiete der Welt in unmittelbare tödliche Gefahr.

Die Gesamtfläche der japanischen Inseln entspricht etwa der von Kalifornien, doch es leben dort fast fünfmal so viele Menschen – 116 Millionen, davon fast 20 Millionen im Großraum Tokio. Gemessen an Japans Anfälligkeit für Erdbeben ist Kalifornien vergleichsweise sicher, denn auf die felsigen, dichtbevölkerten Inseln entfallen etwa 15 Prozent der gesamten Erdbebenenergie der Welt.

Jedes Jahr werden die japanischen Inseln von über 1000 spürbaren Erdbeben erschüttert; die meisten davon verursachen wenige oder überhaupt keine ernsten Schäden. Aber alle paar Jahre richten Erdbeben irgendwo in Japan großes Unheil an. In dem halben Jahrhundert seit 1930 haben neun große Erdbeben über 12000 Menschen getötet und etwa 80000 Gebäude zerstört. Keines der Beben traf das dichtbesiedelte Gebiet von Tokio, und obwohl man dafür immer sehr dankbar war, gibt diese Tatsache heute auch Anlaß zu schweren Befürchtungen.

1970 führte eine Untersuchung der seismischen Geschichte Tokios seit 818 n. Chr. einen Forscher zu dem Schluß, daß die Stadt durchschnittlich alle 69 Jahre – mit einem Spielraum von 13 Jahren – einem Erdbeben der Magnitude 8 oder mehr ausgesetzt war. Da es in Tokio seit 1923 keine solche Katastrophe mehr gegeben hat, werde die Gefahr eines neuen großen Erdbebens immer größer. Die Quelle dieser ständigen Bedrohung ist wahrscheinlich eine Verwerfungszone, die durch die Sagami-Bucht nach Südwesten verläuft und etwa 80 Kilometer von der Stadt entfernt endet. Das Gebiet steht unter sorgfältigster seismologischer Beobachtung, besonders seit 1964, als die japanische Regierung die Vorhersage schwerer Erdbeben zur vordringlichen Aufgabe der Nation erklärte. Doch während die Wissenschaftler zahlreiche Mikrobeben und unterschiedlich starke Krustendeformationen nahe der Verwerfung registrierten, haben sie noch nichts gefunden, was Anlaß zu akuter Besorgnis gäbe.

Weiter südlich an der Küste aber haben die Seismologen im dichtbevölkerten, stark industrialisierten Gebiet von Tokai etwas sehr Beunruhigendes entdeckt. Obwohl Tokai von Zeit zu Zeit von kleineren Erdstößen erschüttert wird, hat es seit dem 24. Dezember 1854 kein schweres Erdbeben erlebt; damals wurde die friedliche Gegend mit ihren

Reisfeldern, Obstgärten und Fischerdörfern von einem Erdbeben verwüstet, dessen Magnitude nach heutigen Schätzungen 8,4 auf der Richterskala betrug. Dutzende von Dörfern wurden dem Erdboden gleichgemacht und die Trümmer von den folgenden Tsunamis aufs offene Meer hinausgeschwemmt. Insgesamt wurden 3000 Menschen getötet und 25 000 Häuser zerstört.

Der Bruch trat in einer großen Verwerfungszone auf, die parallel zum Rand der Pazifischen Platte südlich von Tokai verläuft. Jüngste Analysen zeigen, daß sich seit jenem Erdbeben von 1854 kontinuierlich tektonische Kräfte angesammelt und das angrenzende Land unerbittlich deformiert haben; ein Küstenabschnitt ist um mindestens 30 Zentimeter abgesunken. 1977 setzte die Regierung einen Sonderausschuß zur Untersuchung der Gefährdung Tokais ein, und 1979 wurden in diesem Gebiet umfangreiche Katastrophenschutzmaßnahmen getroffen. Die Seismologen konnten bis jetzt nichts Genaues vorhersagen, aber sie waren zunehmend der Überzeugung, daß der Moment des Bruches für Tokai bald erreicht war.

Das frühere Erdbeben von Tokai 1854 mag den Japanern eine Vorstellung vom Ablauf und der Stärke des drohenden Erdbebens geben, doch die möglichen Folgen der Katastrophe für die Menschen sind damit nicht zu erfassen. Wenn das Erdbeben einsetzt, trifft es ein ehemals dünnbesiedeltes ländliches Gebiet, das heute von fast sechs Millionen Menschen bevölkert wird, die in 170 Städten und Ortschaften leben und in Hunderten großer Fabriken, Chemiewerke und Ölraffinerien arbeiten. Wenn sie ohne Vorwarnung vom Beben überrascht werden, sagen Experten über 10 000 Todesopfer voraus, und etwa eine halbe Million Gebäude werden durch Erschütterungen, Tsunamis und Feuer zerstört. Nur ein Ereignis, an das die ganze japanische Nation noch heute mit Trauer zurückdenkt, ist nach Ansicht der Regierung entfernt damit zu vergleichen: das große Erdbeben von Kanto, das am 1. September 1923 Tokio und Yokohama traf.

Es war Sonnabend, und in Tokio wie in der Hafenstadt Yokohama 27 Kilometer weiter im Süden schlossen gegen Mittag Geschäfte und Büros. Das neue Imperial Hotel in Tokio, eine besonders erdbebensichere Konstruktion Frank Lloyd Wrights *(S. 153–155)*, sollte mit einem festlichen Gala-Lunch offiziell eröffnet werden. Im Vergnügungsviertel der Stadt und in den Badeorten an der See drängte sich das Wochenendpublikum.

Kurz vor 12 Uhr mittags brach 80 Kilometer südlich von Tokio entlang der Sagami-Bucht-Verwerfung die Erdkruste. Das darauffolgende Beben erschütterte fast fünf Minuten lang einen breiten Streifen der Kanto-Ebene einschließlich Tokios und Jokohamas. Kurz darauf überflutete ein mörderischer, 10 Meter hoher Tsunami die Küste.

Von einem Schiff aus, das im Hafen von Yokohama ankerte und von den Wellen hin und her geworfen wurde, sah ein Passagier „eine gelbe Wolke" über der Stadt aufsteigen. „Erst war sie ganz schmal, doch mit jeder Sekunde wurde sie größer." Er schrieb, daß sie „sich in einem Streifen um die ganze Bucht herumzog, der immer größer und dunkler wurde und sich mit großer Geschwindigkeit nach Norden ausbreitete." Es handelte sich um Staub, der beim Einsturz Tausender von Gebäuden aufstieg.

Holz war – wie überall in Japan – das hauptsächliche Baumaterial in Yokohama, und obwohl Holzkonstruktionen die meisten Erdbeben relativ gut überstehen, wurden bei dem Beben vom 1. September über 12 000 Häuser zerstört. Der Amerikaner Henry W. Kinney, Herausgeber der Tokioter Zeitschrift *The Trans-Pacific,* beschrieb die Zerstörung: „Die meist einstöckigen Häuser, zerbrechliche Holzbauten mit Papierfenstern und schweren Ziegeldächern, waren nicht einfach zerschmettert, sondern auseinandergerissen worden; die zersplitterten Balken lagen zwischen zerfaserten Bruchstücken von Brettern, als hätte jemand mit einem riesigen Dreschflegel auf sie eingeschlagen. Sie waren in alle Richtungen geschleudert worden – rückwärts, gegeneinander und auf die Straßen. Entsetzt erkannte ich, daß man nirgendwo in Sicherheit war."

Die Holztrümmer bildeten für die Überlebenden des Erdbebens bald eine neue Gefahr. Aus umgestürzten Herden und Kohlenbecken war die Glut durch die hölzernen Wohnungen verstreut worden und hatte Papierwände und Tatamis, aus Binsen hergestellte Bodenmatten, in Brand gesetzt. Unzählige Häuser gingen in Flammen auf. Die Feuer breiteten sich beängstigend schnell aus, vereinigten sich und hüllten schließlich die ganze Stadt in ein einziges tosendes Flammenmeer.

Tokio überstand die Erdbebenstöße besser als Yokohama. Die im Westen auf hohem, felsigem Untergrund gebauten neueren Wohngebiete wurden kaum davon berührt. Die

Dieses gespenstisch wirkende Kinoplakat, das für einen Film über eine Erdbebenkatastrophe wirbt, zeigt Tokio als flammendes Inferno. Die Stadtverwaltung der japanischen Hauptstadt nutzte das breite Interesse der Bevölkerung an diesem Film: Sie ließ unten auf den Plakaten eine Sicherheitsmahnung aufdrucken („Lösch das Feuer, wenn du ein Erdbeben spürst!") und sorgte dafür, daß die Plakate in der ganzen Stadt verteilt wurden.

フィクションのままでありたい地震列島
9月1日は
防災の日
グラッときたら火の始末
地震列島
東宝映画作品

meisten Schäden entstanden in den älteren Vierteln der Innenstadt, die in der Schwemmebene des Sumidas standen, wo der morastige Untergrund die Wirkung der seismischen Wellen noch verstärkte. Etwa 5000 Gebäude brachen zusammen, etwa ein Prozent aller Bauten der Stadt. Im Vergnügungsviertel des Zentrums schwankte Tokios höchstes Bauwerk, der zwölfstöckige Ryōunkaku oder „Turm, der über die Wolken ragt", hin und her, „schien sich dann höflich zu verbeugen", wie ein Beobachter sagte, und brach in der Höhe des achten Stockwerks durch. Das Imperial Hotel erfüllte zumindest einen Teil der in seine erdbebensichere Konstruktion gesetzten Erwartungen und kam mit geringfügigen Schäden davon, wie auch eine Anzahl weiterer moderner Bauten der Innenstadt.

In Tokio waren es ebenso wie in Yokohama nicht die Erdbebenstöße, die die Stadt am schlimmsten zerstörten, sondern die Ausbreitung der kleinen Feuer, die in den eingestürzten Häusern aufloderten. Die Flammen fraßen sich durch die Innenstadtbezirke, nährten sich vom Holz der eng ineinander verschachtelten Häuser, verschmolzen miteinander, führten zur Entstehung von Aufwinden und überzogen den Himmel mit ihrem Chrysanthemenrot und -orange. In kurzer Zeit bildeten sie zwei breite Fronten, die sich dem Sumida näherten.

In den engen Straßen hatten sich zwei große Scharen von Flüchtlingen mit Schubkarren voller Nahrungsmittel, Bettzeug und Wertsachen gesammelt. Auf der Suche nach einem sicheren Ort trafen sie an den Ufern des Flusses aufeinander und drängten von beiden Seiten auf die hölzernen Brücken, wo sie in der Mitte aufeinanderstießen. Als sich die hohen Feuerwände von beiden Ufern her näherten, brach eine allgemeine Panik aus. Über 250 Brücken fingen im Aschenregen Feuer, und Tausende von Menschen kamen in den lodernden Flammen ums Leben.

Der Feuersturm wütete die ganze Nacht hindurch; das Licht war so gleißend hell, daß man in 15 Kilometer Entfernung von der Stadt noch lesen konnte. Bis zum Sonntagmorgen waren 300 000 Gebäude bis auf den Grund niedergebrannt und über 18 Quadratkilometer – zwei Drittel der japanischen Hauptstadt – waren zu rauchender schwarzer Asche zusammengesunken. Immer noch erschütterten Nachbeben den Untergrund; am Sonnabendnachmittag und -abend insgesamt 237, am Sonntag weitere 92. Im Morgengrauen des Montags begannen die trauernden Einwohner wie benommen den Schutt nach den verkohlten Überresten vermißter Familienangehöriger zu durchsuchen.

In einem Bezirk Tokios, der damals niederbrannte, gibt es heute einen kleinen Park mit einem Erdbebenmuseum und einem Gedenktempel. An jedem Jahrestag des Unglücks findet hier eine Trauerfeier zur Erinnerung an die 140 000 Menschen statt, die bei dem Beben vom 1. September 1923 ihr Leben verloren.

Japan, beunruhigt durch die Schrecken von Kanto und die Gefahr, die Tokai bedroht, ist führend bei den Bemühungen, mit Erdbeben leben zu lernen und deren Wirkungen abzuschwächen. Ohne Zweifel sind auch große, dichtbevölkerte Gebiete Kaliforniens entlang der San-Andreas-Verwerfung ständiger Erdbebengefahr ausgesetzt. Aber für Japan ist die Bedrohung schwerwiegender und unmittelbarer. Grundsätzlich sind Erdbeben in hochaktiven Subduktionszonen wie der vor Japan fast immer schwerer als solche im Bereich von Transform-Störungen wie der San-Andreas-Verwerfung. Und es scheint, daß auch die Zeit schneller gegen die Japaner arbeitet. Während den Kaliforniern in 50 Jahren vielleicht ein Erdbeben bevorsteht, „ist Japans zeitliches Risiko ganz anders; für sie heißt es: hier und jetzt", wie ein Experte sagte.

Nach der Katastrophe von 1923 sah die japanische Regierung die einmalige Gelegenheit, beim Wiederaufbau Tokios die Fehler zu vermeiden, die zu seiner Zerstörung beigetragen hatten. Shimpei Goto, der früher Bürgermeister von Tokio gewesen und gerade als Innenminister ins Kabinett eingetreten war, versammelte alles, was Rang und Namen hatte, um einen Gesamtentwurf für eine sichere neue Stadt zu erarbeiten. Das Durcheinander zerbrechlicher, leicht entflammbarer Holzhäuser sollte durch Blocks gedrungener Wohn- und Geschäftsbauten ersetzt werden, stabilen Betonbauten von begrenzter Höhe, die widerstandsfähiger gegen Erschütterungen waren. Die engen, gewundenen Straßen sollten breiten Alleen weichen, die nicht von Trümmern blockiert werden konnten und als Feuerschneisen dienen würden.

Doch die Verwirklichung der Pläne scheiterte an den unmittelbaren Bedürfnissen der notleidenden Einwohner. Während die Planer ihre Entwürfe zeichneten, Vorschriften ausarbeiteten und über die Finanzierung debattierten, ging es für 1,5 Millionen Tokioter

MR. WRIGHTS ERDBEBENSICHERES HOTEL

Der Architekt Frank Lloyd Wright

Das mit Terrassen und Gartenanlagen ausgestattete und mit Steinmetzarbeiten verzierte Imperial Hotel von Tokio verbindet westliche Architektur mit japanischen Motiven. In vielen Bauelementen verbargen sich Vorbeugungsmaßnahmen gegen Erdbeben: Das Wasserbecken zum Beispiel diente auch als Feuerlöschteich – eine kluge Maßnahme, die das Hotel vor den während des Kanto-Erdbebens 1923 entfachten Bränden schützte.

Das Imperial Hotel in Tokio, das 1915 in Auftrag gegeben wurde, war mit seinen 250 Zimmern als prächtiges Gästehaus des Kaisers geplant. Der von dem amerikanischen Architekten Frank Lloyd Wright entworfene, sehr dekorative Bau ist noch heute „als eine Art Zauberpalast" in Erinnerung, wie ein japanischer Architekt sagt. Doch berühmt wurde das Hotel weniger durch die Ästhetik seiner Architektur als durch seine neuartige erdbebensichere Konstruktion.

Das Erdbeben-Risiko am Bauplatz des Hotels war groß. Zweieinhalb Meter Bodenbedekkung lagen über 18 Metern tückischem alluvialem Schlamm. Doch Wright, obwohl ein Neuling auf seismologischem Gebiet, vertrat unorthodoxe Ansichten. „Tiefe Fundamente", theoretisierte er, „würden schwingen und den Bau ins Wanken bringen. Der Schlamm scheint eine günstige Voraussetzung zu sein – ein gutes Polster, das die schlimmen Stöße abfangen wird." Er konzipierte das Hotel als „großes Schlachtschiff, das auf dem Schlamm wie auf Salzwasser schwimmt".

Als sie am 1. September 1923 die 200 Gäste zur feierlichen Eröffnung des Hotels versammelt hatten, wurde diese Theorie einer harten Prüfung unterzogen. Um 11.58 Uhr wurde Tokio von einem Erdbeben der Magnitude 8,3 auf der Richterskala erschüttert. 5000 Gebäude brachen zusammen, hunderttausend weitere fielen den Flammen zum Opfer.

In den USA lauschte Wright unruhig den fragmentarischen Nachrichten. Fast zwei Wochen nach dem Erdbeben erhielt er endlich ein Telegramm von dem japanischen Bauherrn, Baron Kihachiro Okura: HOTEL STEHT UNBESCHÄDIGT ALS DENKMAL IHRES GENIES GLÜCKWÜNSCHE. Wright überließ das Telegramm den Journalisten, und ein Mythos war geboren: Inmitten von Tokios Ruinen stand nach dem Kanto-Erdbeben einzig und allein das Imperial Hotel.

Das Urteil der Geschichte fiel nicht ganz so einhellig positiv aus: Das Experiment mit dem Fundament war ein Fehlschlag gewesen. Die Mittelpartie des Hotels hatte sich bei dem Beben um etwa 60 Zentimeter gesenkt, einige Fußböden waren aufgeworfen worden, und in den Jahren danach sank der Bau immer tiefer in den Schlamm, bis er im Jahre 1968 abgerissen werden mußte.

Andere bautechnische Neuerungen Wrights hingegen *(nächste Seite)* bewährten sich gut; das Wichtigste aber war, daß sich das Hotel im wesentlichen als erdbebensichere Konstruktion erwies: Es blieb stehen. „Die Furcht vor den Erdbeben ließ mich während der ganzen Planung des Gebäudes nicht los", schrieb Frank Lloyd Wright, der während der Bauzeit des Hotels in Tokio wohnte. „Man kann sie gar nicht vergessen – nachts wird man manchmal durch merkwürdige Erscheinungen geweckt, als wäre man auf hoher See, und man hört ein befremdendes Grollen der Erde."

Wrights wichtigste Maßnahme gegen die Erdbebenbedrohung war ein unkonventionelles flaches Fundament; es ruhte auf breiten Mauersockeln, die von kräftigen, 2,40 Meter langen Betonpfählen gestützt wurden, die in Abständen von 60 Zentimetern entlang der Grundmauer angeordnet waren. Nach Wrights Theorie sollte dieses „Nadelkissen" die Mauersockel verstärken und das Hotel dennoch auf dem Schlamm schwimmen lassen.

Leider muß ihm die moderne Ingenieurseismologie in beiden Punkten widersprechen: Die Betonpfähle waren zu kurz, um das Gebäude wirksam zu stützen; sie konnten nicht verhindern, daß es langsam in den Schlamm einsank. Und ein weicher Untergrund wie der unter dem Imperial Hotel tendiert dazu, die seismischen Stöße zu verstärken; solche Böden schwingen viel stärker als Gestein und erzeugen schlingernde Bodenbewegungen. Aus diesen beiden Gründen überstanden in Tokio solide gebaute Häuser mit tiefreichender Verpfählung das Erdbeben von 1923 besser als Wrights Hotel.

An den Übergängen zwischen den Böden und Wänden des Imperial Hotel zeigte sich eine weitere Wrightsche Überlegung: Böden und Wände werden häufig durch Stahl und Gußbeton verbunden; Wright aber fürchtete, ein Erdbeben würde die Wände verschieben und die Böden einstürzen lassen. Deshalb ließ er die Fußböden an vielen Stellen durch die Außenwände des Hauses hinausragen, wodurch sich Balkone und Terrassen ergaben. Entlang einem zentralen Korridor wurden die Böden von Betonsäulen getragen.

Für Ingenieure beruht dieses – einen Laien überzeugende – Konzept allerdings auf demselben mechanischen Prinzip wie die konventionellen Entwürfe auch. „Das Hotel hatte an einem Ende viele vorspringende Träger, an denen der Laie die Konstruktion erkennen konnte", schrieb Wrights Bauingenieur Julius Floto, „sonst aber unterschied es sich in keiner Weise" von konventionellen Gebäuden.

Andere Neuerungen Wrights dagegen erwiesen sich als überraschend weitsichtig. In einer Zeit, in der Wände meist aus einfachen Ziegelsteinen gebaut wurden, erhielt das Imperial mehrschalige Außenwände; zwei Ziegelsteinschichten schlossen einen stahlverstärkten Betonkern ein. Die Außenwände des Erdgeschosses, die bei einem Erdbeben die stärkste Belastung aushalten müssen, waren besonders dick. Sie waren stärker und hatten weniger Fenster als die Wände im oberen Bereich.

Damit beim Erdbeben die beiden 150 Meter langen Seitenflügel des Hotels nicht wegbrachen, baute Wright erstmalig seismische Trennungsfugen ein. In jedem Flügel unterteilten alle 18 Meter durch Wände, Fußboden und Mauersockel verlaufende Bleischichten das Gebäude in kleinere Einheiten und bildeten einen „gegliederten Monolithen", wie Wright sagte. Dank dieser Bleischichten konnte sich jeder Abschnitt des Gebäudes unabhängig bewegen und rutschte, statt wegzubrechen, an benachbarten Abschnitten entlang.

Die Baupläne für das Imperial Hotel berücksichtigten auch das Risiko nur lose befestigter Verzierungen wie dekorativer Simse und Brüstungen, die bei einem Erdbeben auf Passanten herunterfallen können. „Dachziegel von japanischen Häusern haben Abertausende von Japanern bei Erdbeben erschlagen", sagte Wright, „deshalb haben wir ein leichtes, handgeschmiedetes grünes Kupferdach entworfen." Außerdem wurde jedes der unzähligen dekorativen Bauelemente ausgehöhlt, mit Kupfer verstärkt und am Bau festbetoniert.

Wright erkannte als einer der ersten, daß Schäden am Versorgungssystem eines Gebäudes – an Heizung, Wasserleitungen und Stromkabeln – genauso gefährlich sind wie bautechnische Mängel. „Rohrleitungen und Kabel, die durch Bauelemente hindurchliefen, sind bei Erdbeben immer zerrissen worden", bemerkte er. Deshalb wurden die Rohre und Kabel des Hotels nicht fest einbetoniert, sondern liefen durch niedrige Gänge oder wurden frei verlegt, und zwar nicht mit üblichen rechtwinkligen Verbindungsstutzen, sondern mit weich gebogenen. „Blickt man in den Installationsschacht des Imperial Hotel, meint man, eine Masse sich windender Eingeweide in einem Tierbauch zu sehen", schrieb der Architekt. „Erschütterungen können die Rohre und Drähte verbiegen und schütteln, aber nicht zerreißen."

Diese wohldurchdachten bautechnischen Vorbeugungsmaßnahmen machten die Schwäche der Fundamente durchaus wett. Von den Verzierungen fielen nur vier Teile herunter, und die Installationen hielten den Erschütterungen stand. Die meisten von Wrights Bauprinzipien haben sich auch langfristig behauptet: dicke Außenwände im untersten Stockwerk, Trennungsfugen, wenig störanfällige Versorgungsleitungen und fest verankerte dekorative Elemente sind in der modernen Ingenieurseismologie selbstverständlich.

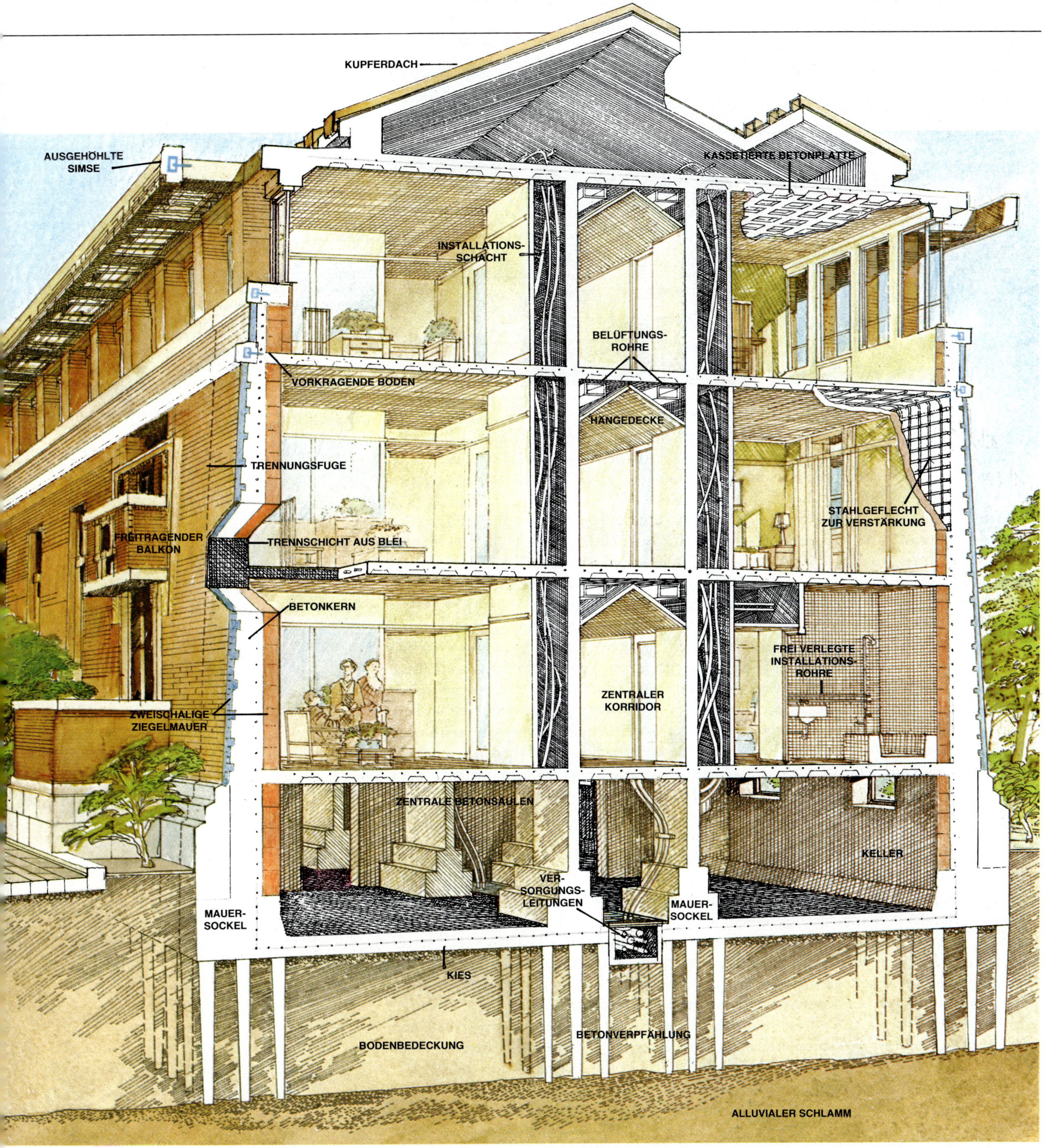

KUPFERDACH
AUSGEHÖHLTE SIMSE
KASSETIERTE BETONPLATTE
INSTALLATIONS-SCHACHT
BELÜFTUNGS-ROHRE
VORKRAGENDE BODEN
HÄNGEDECKE
TRENNUNGSFUGE
STAHLGEFLECHT ZUR VERSTÄRKUNG
FREITRAGENDER BALKON
TRENNSCHICHT AUS BLEI
BETONKERN
FREI VERLEGTE INSTALLATIONS-ROHRE
ZENTRALER KORRIDOR
ZWEISCHALIGE ZIEGELMAUER
ZENTRALE BETONSÄULEN
KELLER
VER-SORGUNGS-LEITUNGEN
MAUER-SOCKEL
MAUER-SOCKEL
KIES
BODENBEDECKUNG
BETONVERPFÄHLUNG
ALLUVIALER SCHLAMM

Auf dieser zeitgenössischen Lithographie fliehen die Einwohner Tokios in Panik vor dem durch das Erdbeben ausgelösten Feuerzyklon, der auf dem Höhepunkt des Bebens von 1923 durch die Straßen fegt. Feuerstürme dieser Art entstehen, wenn viele Feuer sich zu einer einzigen gewaltigen Feuersbrunst vereinigen. Die mit orkanartiger Geschwindigkeit aufsteigenden Winde reißen Menschen und Gegenstände in die Flammen.

um viel Dringenderes: um ein Dach über dem Kopf. Wer konnte, ging sofort an die Arbeit und reparierte sein Haus notdürftig mit Kisten, Fichtenbrettern und Blechdächern; bei wem es nichts mehr zu retten gab, wer wegen seiner Verletzungen oder seines Kummers zur Selbsthilfe nicht imstande war, verließ die Stadt: Hunderttausende zogen zu Verwandten oder Bekannten aufs Land.

So entstanden fast über Nacht die verstopften und feuergefährdeten Viertel wieder neu; zudem hatte die Abwanderung so vieler Flüchtlinge einen ganz erheblichen Mangel an Arbeitskräften zur Folge, und die großen Wiederaufbauprojekte waren praktisch nicht mehr zu realisieren. Alles, was von Gotos Traum übrigblieb, war ein neues Gesetz, das die Höhe aller Bauten in Tokio auf sechs Stockwerke begrenzte.

Selbst wenn die Planer genügend Zeit und Geld gehabt hätten, ihre Ideen zu verwirklichen, wäre das Ergebnis noch lange keine erdbebensichere Stadt gewesen. Sie wußten einfach noch nicht, welche Konstruktionen einem Beben wirklich standhalten, was auch darin deutlich wurde, daß sie sich nach dem Erdbeben von 1923 vornehmlich auf zwei Vorbeugemaßnahmen konzentrierten: die Verwendung von Stahlbeton und die Beschränkung der Bauhöhe. In einem Bericht der Kaiserlichen Universität Tokio über die durch das Erdbeben von San Francisco 1906 verursachten Bauschäden war nachdrücklich darauf hingewiesen worden, daß viele kalifornische Stahlbetonkonstruktionen die Erschütterung überstanden hatten, und deshalb hatten erdbebenbewußte japanische Bauherren mehr und mehr dieses Material verwendet. Doch viele dieser Bauten aus den Jahren 1906 bis 1923 stürzten bei dem Erdbeben von Tokio 1923 ein; und viele der nach 1924 nach der neuen Höhenbeschränkung entstandenen Gebäude fielen den Erdbeben der späten 20er und 30er Jahre zum Opfer.

Der Durchbruch, der das neue Fach der Ingenieurseismologie auf eine wissenschaftlichere Grundlage stellte, gelang 1940. Wissenschaftler des California Institute of Technology, darunter ein japanischer Seismologe, hatten inzwischen ein verbessertes Instrument zur Messung zerstörerischer Bodenbewegungen entwickelt. Es wurde Starkstoß-Akzelerograph genannt und zeichnete nur die Schwingungen auf, die so stark waren, daß sie ein gewöhnlicher Seismograph nicht mehr messen konnte. Bis 1932 hatten die Wissenschaftler vom Caltech sechs Starkstoß-Akzelerographen an verschiedenen Orten in Südkalifornien stationiert, an denen sie starke Erdbeben erwarteten. Einer davon stand in der Nähe der kleinen kalifornischen Stadt El Centro, als dort am 18. Mai 1940 ein Erdbeben der Magnitude 7,1 einsetzte.

Trotz seiner Stärke forderte das Erdbeben nur wenige Opfer und verursachte kaum Schäden, so daß die Öffentlichkeit es bald vergaß; unter Erdbebeningenieuren aber wurde es sehr bekannt, weil es ihnen eine der ersten genauen Registrierungen der heftigen horizontalen und vertikalen Bodenbewegungen lieferte, die Gebäude zum Einsturz bringen. Die neuen Daten ermöglichten den Ingenieuren, die von einem starken Erdbeben auf ein Bauwerk ausgeübten Kräfte präzise zu berechnen und Bauten zu entwerfen, die diesen standhalten konnten. Jahrzehntelang bezogen sich die Bauingenieure auf die Starkstoß-Akzelerogramme von El Centro als Standardwerte.

Die genaue Kenntnis der Bodenbewegungen erlaubte jetzt auch, die Stabilität eines Gebäudes zu testen, ohne ein Erdbeben abwarten zu müssen. Die Ingenieure konnten die Bewegungen mechanisch durch einen sogenannten Schütteltisch simulieren, auf dem sie maßstabgetreue Modelle ihrer Entwürfe künstlichen Erdbeben aussetzten. Ein primitiver, von einer Dampfmaschine betriebener Schütteltisch der Japaner aus den 20er Jahren, der Erdbebenerschütterungen imitierte, wurde nach 1940 von Modellen abgelöst, die die Bewegungen des El-Centro-Bebens und späterer Beben, von denen man ebenfalls Starkstoß-Akzelerogramme besaß, reproduzierten.

Die neuen Geräte vermittelten eine Vorstellung von der beunruhigenden Komplexität der Kräfte, die bei einem starken Erdbeben auf jedes Bauwerk einwirken. Eine vertikale Aufwärtsbewegung kann die Wirkung der Schwerkraft mehr als verdoppeln und damit die gesamte Stützkonstruktion zusammenbrechen lassen, die das Doppelte des üblichen Gewichtes nicht tragen kann.

Doch dies ist noch das geringste Problem, denn vertikale Stabilität ist bei einem Bauwerk am einfachsten zu verwirklichen. Was Bauingenieuren hingegen Alpträume verursacht, sind die horizontalen Bodenbewegungen, die das Fundament eines Gebäudes sozusagen in alle Richtungen gleichzeitig verschieben und verdrehen.

In Verbindung mit simultanen Vertikalbewegungen kann die Horizontalbewegung unglaubliche Zerstörungen verursachen. Frühen Schätzungen nach erreichten die bei einem starken Erdbeben auf ein Gebäude wirkenden Horizontalkräfte Größenordnungen von bis zu 40 Prozent von dessen Eigengewicht; spätere Untersuchungen ergaben, daß sie unter Umständen sogar 100 Prozent erreichten, was bedeutet, daß ein Äquivalent der Schwerkraft in horizontaler Richtung auf das Gebäude einwirkt. Die verheerenden Auswirkungen horizontaler Bewegungen können durch Resonanz weiter verstärkt werden. Wenn ein hohes Gebäude mit derselben Frequenz wie die Erdbebenwellen schwingt, kann die dadurch entstehende Resonanz das Schwanken und die Spannungsbelastung des Bauwerks vervielfachen.

Die Wissenschaftler erkannten, daß viele Trends der modernen Architektur für die Bewohner von Erdbebengebieten extrem gefährlich waren. Spiegelglasverkleidete Hochhäuser zum Beispiel waren zwar optisch überaus effektvoll, widersprachen aber jedem Sicherheitsdenken, denn bei Erdbeben bildeten die herunterregnenden Glassplitter eine

Bei einer Erdbebenübung in Tokio, die am 1. September 1980 in Erinnerung an die Erdbebenkatastrophe von 1923 abgehalten wurde, wird ein Verletzter auf einer Trage von Bergungshelfern abtransportiert. Um in Zukunft auf jeden Fall besser vorbereitet zu sein, bildet die Stadt Tokio Freiwilligengruppen für den Katastrophenschutz aus, lagert einen Zehntagesbedarf an Wasser in erdbebensicheren Tanks und hält Nahrungsmittel und Wolldecken für ihre 12 Millionen Einwohner bereit.

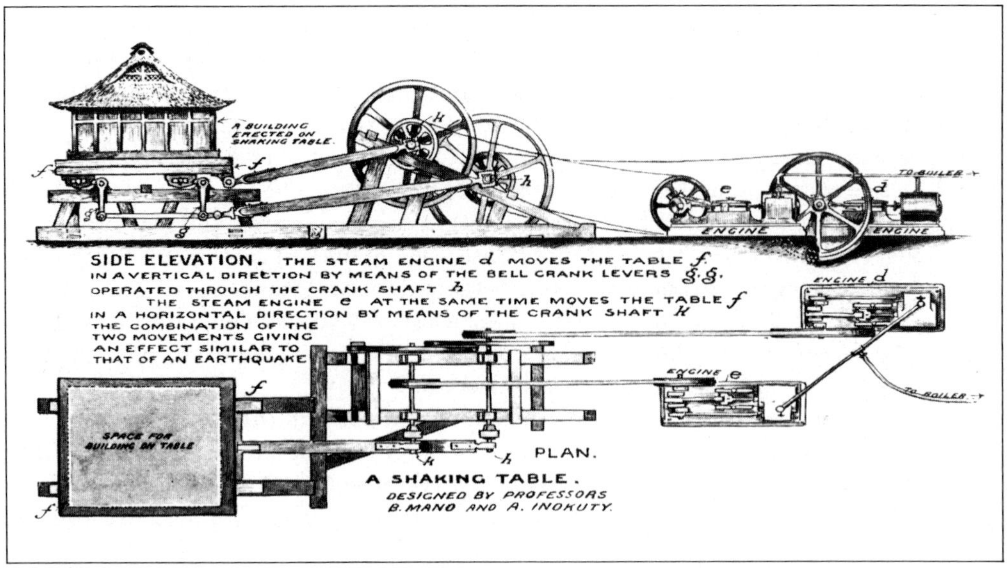

Ein von japanischen Architekten häufig benutztes Gerät ist der Schütteltisch; mit ihm kann man die Widerstandsfähigkeit eines Bauwerks gegen erdbebenähnliche Erschütterungen ermitteln. Frühe Versionen wie die hier abgebildete aus einer Londoner Zeitung von 1923 konnten nur maßstabgetreue Nachbildungen von Gebäuden testen, die heute benutzten Anlagen aber sind mit bis zu 1000 Tonnen schweren Bauelementen belastbar.

zusätzliche Gefahr. Auf Säulen gebaute Bürohochhäuser, die dadurch ansprechend und schwerelos wirken sollten, hatten den Nachteil, daß der untere Teil des Gebäudes unter den wirren Bewegungen der seismischen Wellen schnell nachgab. Überladene Fassaden gehörten zu den Gebäudeteilen, die bei einem Beben als erste hinabstürzten, was für die Passanten auf der Straße darunter tödliche Folgen haben konnte – wie am Beispiel des J.-C.-Penney-Kaufhauses in Anchorage 1964 tragisch demonstriert wurde *(S. 23)*.

So wertvoll diese Erkenntnisse auch waren – die Forschung kam wegen der geringen Anzahl der Starkstoß-Akzelerogramme und der schwierigen Bedingungen bei ihrer Registrierung nur sehr langsam voran. Um Aufzeichnungen machen zu können, mußten die komplizierten Geräte in unmittelbarer Nähe eines von einem starken Erdbeben betroffenen Gebietes stehen. Außerdem gab ein Akzelerogramm nur über die Bodenbewegungen eines bestimmten Erdbebens an einem bestimmten Ort genaue Aufschlüsse. Da aber jede Kombination seismischer Wellen das Ergebnis einer Vielzahl verschiedener tektonischer Kräfte und geologischer Bedingungen ist, ist ein Akzelerogramm so einmalig und charakteristisch wie ein menschlicher Fingerabdruck. Ein Bauwerk, das den Einwirkungen eines Erdbebens an einem Ort standhält, braucht an einem anderen durchaus nicht sicher zu sein.

1974 warfen die Universitäten von Tokio und Kalifornien ihre Mittel in einen gemeinsamen Topf, tauschten Spezialisten aus und nahmen das Problem in Angriff. Innerhalb eines Jahres hatten sie ein Computerprogramm erarbeitet, das unter Einbeziehung bekannter tektonischer Kräfte, seismischer Registrierungen und der verschiedensten Aspekte geologischer Gegebenheiten ein Starkstoß-Akzelerogramm der Auswirkungen eines hypothetischen Erdbebens an einem konkreten Bauplatz erstellen konnte. Mit diesen Akzelerogrammen konnten Ingenieure und Architekten bei ihren Entwürfen die wahrscheinliche Gefährdung berücksichtigen.

Gleichzeitig wurden immer kompliziertere und größere Schütteltische für bessere Tests gebaut. 1971 entwickelte die Universität von Kalifornien in Berkeley ein Modell, das gleichzeitig horizontale und vertikale Bewegungen simulieren konnte; und 1981 stellten die Japaner ein 125 Millionen US-Dollar teures, monströses Gerät fertig, das die stärksten Erdbebenbewegungen sowohl tatsächlich registrierter wie hypothetischer Ereignisse erzeugen und auf Modellbauten oder echte Konstruktionselemente von bis zu 1000 Tonnen Gewicht einwirken lassen konnte.

Je mehr man darüber wußte, was mit einem Bauwerk bei einem Erdbeben geschieht, desto einfallsreicher wurden die Gegenmaßnahmen, die sich die Ingenieure ausdachten. Sie entwarfen einen Scherwand genannten Stoßdämpfer von Gebäudegröße; in einer Version handelte es sich dabei um eine dicke Wand aus dreieckigen Stahl- oder Betonelementen in einem rechteckigen Rahmen. Wird eine solche Wand starken, in horizontaler Richtung wirkenden Kräften ausgesetzt, bricht sie nicht, sondern verzieht sich durch die Seitwärtsverschiebung der Elemente im Rahmen zu einem Parallelogramm. Die Reibung zwischen den Elementen verbraucht große Energiemengen, die sonst die Gebäudeschwingungen verstärken würden. Ein verbesserter Entwurf einer

Scherwand aus Japan wurde beim Bau des sechzehnstöckigen Sitzes einer Baufirma in Los Angeles verwendet; bei dem Erdbeben von 1971 schwankte das Gebäude, wurde aber nicht beschädigt. Bauingenieure arbeiten an computergesteuerten Seilzugsystemen für bestimmte Bauten, bei denen Kabel, die durch die ganze Konstruktion laufen, sofort nachgespannt oder gelockert werden, um den von eingebauten Sensoren registrierten Bodenbewegungen entgegenzuwirken.

Erdbeben bedrohen nicht nur Gebäude, sondern auch die Transport-, Versorgungs- und Kommunikationssysteme. Dem Schutz dieser Lebensadern der Städte wurde seit 1960 immer mehr Aufmerksamkeit gewidmet. Ihre Beschädigung mag zwar „nicht unbedingt für Todesopfer verantwortlich sein wie die Zerstörung von Bauwerken", schrieb Keizaburo Kubo von der Universität Tokio 1977, „aber sie führt zu chaotischen Zuständen in der Stadt, die wiederum weitere Katastrophen zur Folge haben können." Wasserrohrbrüche machen die Feuerbekämpfung unmöglich, unterbrochene Telephonverbindungen verhindern die Koordinierung von Rettungs- und Hilfsmaßnahmen, und wenn Brücken und Verkehrsadern beschädigt oder blockiert sind, können die Helfer nicht in ein zerstörtes Gebiet hinein und die gefährdeten Bewohner nicht hinaus.

Bei dem Erdbeben von Alaska 1964 hatten sich gewisse Schutzmaßnahmen für das Versorgungssystem bereits ausgezahlt. Da die wichtigsten Stromgeneratoren mit einer erdbebenempfindlichen Stillegungsautomatik ausgerüstet waren und die Hauptgasleitungen durch den plötzlichen Druckabfall in beschädigten Rohren automatisch gesperrt wurden, brachen nach dem Erdbeben erheblich weniger Feuer aus. Kalifornien hat viel für den Schutz seines Wassernetzes getan, damit es für Reparaturen gut zugänglich ist und im Notfall verschiedene Wasserquellen zur Verfügung stehen; aber die Hauptleitung des Netzes bleibt gefährdet, weil sie die San-Andreas-Verwerfung viermal kreuzt. In Tokio haben die Japaner in unterirdischen Zisternen und erdbebensicheren Lagerhäusern mit einem Vorrat von 360 000 Tonnen Trinkwasser – dem Bedarf von zehn Tagen – für Wasserrohrbrüche infolge eines Erdbebens vorgesorgt, und sie haben keine Mühe gescheut, ihre Versorgungsleitungen unter die Erde zu verlegen, wo die zerstörerische Wirkung der Erdbeben erheblich geringer ist.

Die japanische Regierung beteiligt sich auch sonst aktiv an Schutzmaßnahmen für die Bevölkerung, sowohl zu Hause als auch am Arbeitsplatz. In Tokio zum Beispiel werden alljährlich Tausende von Holzhäusern durch erdbebenresistentere Wohnblocks aus Beton ersetzt, und seit 1963 muß jeder Plan für ein über 44 Meter hohes Gebäude einer Sonderkommission von Erdbebenexperten vorgelegt werden, obwohl die Beschränkung der Bauhöhe in der Stadt aufgehoben wurde.

1978 verabschiedete das japanische Parlament das „Gesetz über umfangreiche Vorbeugungsmaßnahmen gegen Erdbeben", das gründlichste, detaillierteste und kostspieligste Erdbebengesetz, das je erlassen wurde. Jährlich werden drei Milliarden US-Dollar zur Verfügung gestellt, mit denen das Land vor Zerstörungen durch künftige Erdbeben geschützt werden soll, besonders die gefährdete Region Tokai. Ein großer Teil des Geldes wird für die Vorbereitung und den Ausbau von Evakuierungsmöglichkeiten sowie für die die Verstärkung von Brücken, Hafenanlagen und öffentlichen Gebäuden aufgewandt. In Tokio hat die Stadtverwaltung weitere 6,6 Milliarden Dollar für ähnliche Maßnahmen in der Hauptstadt im Rahmen eines Fünfjahresplans zur Eindämmung von Erdbebenschäden zur Verfügung gestellt.

Das Gesetz sieht vor, daß die Menschen darüber aufgeklärt werden, wie man sich auf ein Erdbeben vorbereitet und wie man sich verhält, wenn es eintritt. Erdbebenübungen sind in den Schulen und Büros der gefährdeten Gebiete so selbstverständlich wie Feueralarmübungen. Klingeln schrillen, Sirenen heulen, und Tausende von Schulkindern heben ein Schutzpolster über den Kopf und kauern sich unter die Tische oder sammeln sich auf vorbestimmten Evakuierungsplätzen. Jede Stadt und jedes Dorf hat einen eigenen Katastrophenschutzplan, und viele Leute haben sich zu Zivilschutzgruppen zusammengeschlossen. Die Feuerwehren halten nicht angekündigte Erdbebenübungen für ihre Mitglieder ab. An jedem 1. September, dem Tag, der in Erinnerung an das Erdbeben von 1923 zum Nationalen Tag der Katastrophenverhütung erklärt wurde, nimmt ganz Japan an einer einheitlichen Übung teil.

Durch dieses Training und einen ständigen Strom von Informationen – Merkblätter, Plakate, Radiosendungen und Vorträge – sind die Japaner durchweg gut vorbereitet. Viele Familienoberhäupter haben einen Erste-Hilfe-Kursus mitgemacht und lagern

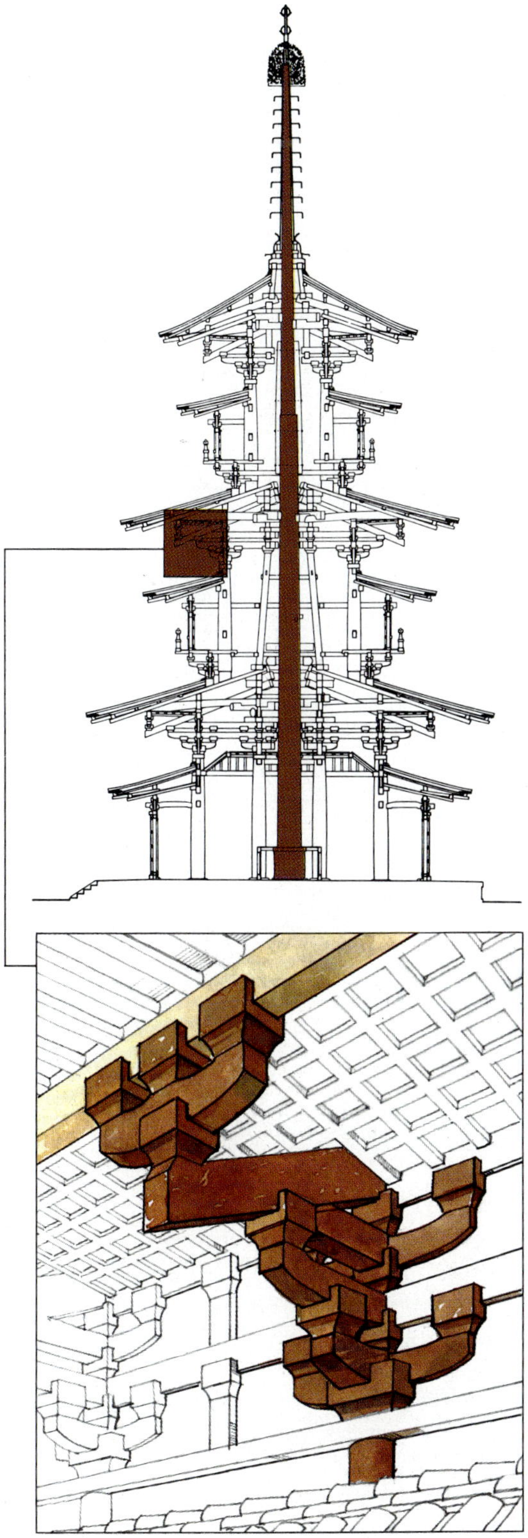

Japans alte buddhistische Pagoden wurden nach Prinzipien der Erdbebensicherheit gebaut. Die schematische Darstellung oben zeigt das Herz der Pagode: eine starke Mittelsäule, die meist in hochgelegenem, festem Untergrund verankert wurde. Die gestaffelten Dächer sind mit Hilfe von Gelenkverbindungen (vergrößerter Bildausschnitt), die so elastisch sind, daß sie starke Schwingungen abfangen können, an der Mittelsäule aufgehängt.

Nahrungsmittel- und Wasservorräte zu Hause. Sie haben Erdbeben-Überlebensausrüstungen angeschafft, zu denen unter anderem Feuerlöscher, Taschenlampe, Medikamente, elastische Binden und ein Transistorradio gehören. Auch große Firmen haben Vorbereitungen getroffen; die Matsushita Electric Industrial Company Ltd. zum Beispiel hält alljährlich Übungen für ihre Angestellten ab, und die Toyota Motor Company lagert Reis- und Wasservorräte für 20 000 Arbeiter.

Auf dem Dach eines Gebäudes in Tokio sind 40 Wasserwerfer montiert, mit denen im Ernstfall die heranrückenden Flammen bekämpft werden sollen. Überall in der Stadt gibt es Vorratslager mit Nahrungsmitteln, Wolldecken und Babyflaschen. 121 Parks und öffentliche Plätze wurden zu Evakuierungszonen erklärt und die Zufahrtsstraßen dorthin deutlich als solche gekennzeichnet. Die meisten der 28 000 Taxis in Tokio sind mit Feuerlöschern ausgerüstet, und darüber hinaus hat die Stadt in Kästen am Straßenrand weitere Löscher aufgestellt.

Die Wirksamkeit dieser Vorbereitungen wird davon abhängen, wie früh die Einwohner vor einem bevorstehenden Erdbeben gewarnt werden können. Trotz der unvollkommenen Ergebnisse der weltweiten Bemühungen um eine Erdbebenvorhersage sind die Japaner zuversichtlich, daß einem großen Beben genügend warnende Vorzeichen vorausgehen werden. Sie haben eines der aufwendigsten Erdbebenwarnsysteme der Welt eingerichtet, um ein paar kostbare Stunden oder Tage der Vorbereitung zu gewinnen. Neben periodischen Messungen von Veränderungen der Erdkruste, Grundwasserständen und anderen möglichen Alarmzeichen hält das Japanische Meteorologische Institut in Tokio ständig die Aufzeichnungen eines Netzes von 70 Seismographen unter Beobachtung, das in der Tokai-Region am dichtesten ist. Rund um die Uhr hat ein Techniker Dienst, und wenn er auf den Registriertrommeln etwas Verdächtiges sieht, setzt er ein genau ausgearbeitetes Computerprogramm zur Einschätzung der Gefahr in Gang und löst notfalls Alarm aus.

Der Techniker wendet sich über Funk an den verantwortlichen Seismologen des Vorhersageausschusses, der ständig ein kleines Funkgerät bei sich hat. Der Seismologe benachrichtigt die anderen fünf Mitglieder des Ausschusses, und anschließend werten sie die Beobachtungen gemeinsam aus. Sollten sie den Eindruck haben, daß ein großes Erdbeben bevorsteht, alarmieren sie den Premierminister. Das Kabinett tritt zusammen, und die Nachrichtenmedien werden informiert; außerdem wird eine offizielle Warnung ausgegeben. All das soll nur etwas über zwei Stunden dauern.

Die Warnung wird in jedem gefährdeten Gebiet über Radio, Fernsehen und Lautsprecherwagen durchgegeben, zusätzlich wird mit Sirenen und Alarmglocken auf die Gefahr aufmerksam gemacht. Polizei, Feuerwehr, Einheiten des Militärs und Helfer des Roten Kreuzes begeben sich sofort auf ihre vorbestimmten Posten, um ihre Aufgabe gemäß des Katastrophenschutzplans zu erfüllen. Fabrikarbeiter legen die Maschinen still, und Büroangestellte sichern Möbel und Aktenschränke, bevor sie in ihren erdbebenfesten Gebäuden einen sicheren Platz aufsuchen. Im Plan ist weiterhin vorgesehen, daß Hausbesitzer Strom und Gas abdrehen, ihre Erdbebenausrüstung ergreifen und festgelegte Schutzräume aufsuchen.

Ihre Erfahrungen bei einer Erdbebenwarnung, die 1978 kurz vor Inkrafttreten des Gesetzes zu den Vorbeugungsmaßnahmen durchgegeben wurde, ließen die Planer ihre Vorkehrungen zur Verhütung von Verwirrung und Panik noch einmal überdenken. Am 14. Januar traf ein mittleres Beben der Magnitude 7 das Izu-Oshima-Kinkai-Gebiet mitten in der bedrohten Tokai-Region, forderte 25 Todesopfer, führte bei über 200 Personen zu Verletzungen und zerstörte fast 5000 Gebäude. Drei Tage danach kündigte die japanische Zentrale für Katastrophenkontrolle nach mehreren Nachbeben eine fortgesetzte und potentiell gefährliche Nachbebentätigkeit an.

Am Nachmittag des 18. Januar beschloß der Präfekt des betroffenen Bezirks, die Warnung an die Öffentlichkeit weiterzugeben. Zur großen Beunruhigung der Zivilschutzbeamten war allgemeine Konfusion und Panik die Folge.

Spätere Untersuchungen ergaben, daß viele Menschen trotz der sorgfältigen Planung von der überlangen Ansprache im Bürokratenjargon verwirrt worden waren, da nicht genau daraus hervorging, was wann zu erwarten war. Die Konfusion hatte weiter zugenommen, als über den sogenannten „Propanweg" falsche Informationen verbreitet wurden. Die Propangasgroß- und -einzelhändler der Region hatten ihr eigenes Kommunikationssystem, um schnell von einem drohenden Erdbeben zu erfahren und sich darauf

Das auffällige, pyramidenförmige Transamerica Building in San Francisco ist ein eindrucksvolles Beispiel moderner erdbebensicherer Architektur. Die Dreiecksträger und vorfabrizierten betonverkleideten Stahlsäulen an der Basis des 260 Meter hohen Gebäudes können das Doppelte der in den Bauvorschriften der Stadt veranschlagten Erdbebenbelastung aushalten. Bei einem schweren Erdbeben wird dieses Gebäude wahrscheinlich nur 60 Zentimeter weit ausschwingen – statt der bei einem gewöhnlichen Bau dieser Höhe zu erwartenden 90 Zentimeter.

vorbereiten zu können, und zufällig war ein Propangashändler gerade im Büro des Handelsverbandes der Propangroßhändler, als die Nachbebenwarnung durchgegeben wurde. Seine eigenmächtigen Anrufe bei Freunden und Kunden führten zur Entstehung von Gerüchten, die schließlich als bis zur Unkenntlichkeit veränderte Versionen der offiziellen Warnung in der ganzen Präfektur kursierten. Viele Leute glaubten, sie würden vor einem unmittelbar bevorstehenden schweren Beben gewarnt und ließen sich zu Hamsterkäufen verleiten oder ergriffen verzweifelt die Flucht.

Nach dieser schlechten Erfahrung entwarfen die japanischen Planer Standardformulierungen für Erdbebenwarnungen, und in Vorträgen und Merkblättern wurde sorgfältig erklärt, welche Durchsagen zu erwarten sind und was sie genau bedeuten. Mit dieser klaren und eindeutigen offiziellen Warnung hofft man Gerüchten wie dem über den „Propanweg“ verbreiteten entgegenzuwirken.

Auf der ganzen Welt lernen die Menschen und Regierungen der erdbebengefährdeten Länder, die Erdbeben immer weniger zu fürchten, dafür aber die Instabilität und leichte Brennbarkeit ihrer Häuser immer mehr. Bei seinen Kampagnen für sicherere Bauweisen in seismisch gefährdeten Gebieten kommt Charles Richter, der Nestor der Seismologie, immer wieder auf dasselbe Thema zurück: „Die meisten Verluste an Menschenleben und Sachwerten entstanden durch den Zusammenbruch überalterter und unsicherer Bauten. In jedem erdbebengefährdeten Gebiet der Welt gibt es noch immer viele Gebäude dieser Art; der Kampf gegen diese Zustände ist entmutigend.“

Auf der Suche nach Sicherheit vor Erdbeben ist Richters Heimatstaat Kalifornien den Japanern am dichtesten auf den Fersen. Bei der vielschichtigen politischen Struktur des Staates war die Lösung der Aufgabe nicht einfach, doch seit 1971 haben viele kalifornische Verwaltungsbezirke vor Erteilung von Baugenehmigungen häufig auf einer geologischen Untersuchung des Erdbebenrisikos bestanden; sie verlangen auch erdbebensichere Bautechniken und umfangreichere Sicherheitsvorkehrungen für den Ernstfall. Doch Widersprüche in den Gesetzen und in ihrer Anwendung, allzu kleinliche Bewilligung von Geldern für Katastrophenschutzmaßnahmen und die Apathie der Öffentlichkeit lassen noch viel zu tun übrig.

Viele andere Länder in seismisch aktiven Gebieten haben es mit den Vorbeugungsmaßnahmen gegen Erdbeben noch schwerer. Im Iran werden die traditionellen Flachdachhäuser aus Lehm, die schon bei der geringsten Erschütterung zerbröckeln, allmählich durch stabilere Ziegelbauten ersetzt. In Rumänien zahlte es sich aus, daß man während der angeregten Bauphase in Bukarest während der 50er und 60er Jahre großen Wert auf eine erdbebensichere Architektur gelegt hatte: Am 4. März 1977 brachte ein Erdbeben der Stärke 7,2 35 ältere Gebäude aus Ziegeln und Natursteinen zum Einsturz, aber nur drei der modernen Bauten. Im erdbebenverwüsteten Taschkent haben die Sowjets auf Grund der jüngsten ingenieurseismologischen Erkenntnisse die durch ein Erdbeben 1966 völlig zerstörten Lehmsteinbauten durch moderne Wohnbauten ersetzt und eine neue Untergrundbahn mit elastischen, erdbebensicheren Verbindungsstücken zwischen den einzelnen Tunnelabschnitten gebaut. Sowohl Wohnhäuser wie U-Bahn überstanden 1977 ein Erdbeben praktisch unbeschädigt.

Solche bautechnischen Verbesserungen, die von den Millionen gefährdeter Menschen vielleicht ein paar tausend schützen, mögen angesichts der unermeßlich großen Bedrohung wie ein Tropfen auf den heißen Stein erscheinen. Und doch werden dadurch Jahr für Jahr mehr Menschenleben und Gebäude vor Erdbeben gerettet, und die Wissenschaft nähert sich ganz allmählich einem Sieg über eine der Geißeln der Menschheit. „Laßt uns ein Bild für die Zukunft entwerfen“, sagt Bruce Bolt, der Direktor des Seismologischen Instituts der University of California in Berkeley mit einem auf den ersten Blick unerhörten Optimismus. Er stellt sich eine futuristische Stadt vor, „vernünftig geplant und solide gebaut“, die von einem schweren Erdbeben der Richterstärke 8 oder mehr erschüttert wird, vergleichbar etwa dem Kanto-Beben von 1923. „Jeder bleibt zu Hause, in absoluter Sicherheit“, sagt Bolt. „Und wenn sich die letzten Erschütterungen gelegt haben, gehen wir alle hinaus und sehen uns um. Es wird einige Tote und Verletzte geben, aber nicht viele, und ein Minimum an Zerstörung. Dies ist nicht Science Fiction – es könnte Wirklichkeit werden.“ Allerdings, noch sieht die Wirklichkeit anders aus. Doch solche Aussichten ermutigen die Wissenschaftler, trotz aller Rückschläge weiterzuforschen. Die todbringenden Erdbeben zu begreifen, sie vorherzusagen und zu überleben – darum geht der Kampf, und er ist in vollem Gange.

DER TAG, AN DEM FUKUI ZUM ZWEITEN MAL STARB

Am 28. Juni 1948 kam der *Life*-Photograph Carl Mydans nach Fukui, um die aus der Asche des Krieges zu neuer Blüte wiedererstandene japanische Textilstadt zu photographieren. 1945 hatten Brandbomben 97 Prozent der Stadt vernichtet; doch jetzt, kaum drei Jahre später, war Fukui weitgehend wieder aufgebaut, hatte 85 000 Einwohner und gehörte wieder zu den Spitzenproduzenten der Seidenindustrie.

Was Mydans dann wirklich photographierte, hatte allerdings nichts mit der Reportage zu tun, wie er sie sich ursprünglich vorgestellt hatte. Kurz nach seiner Ankunft in Fukui wurde die Stadt von einem schweren Erdbeben erschüttert, und Mydans – am Brennpunkt des Geschehens – hielt in einzigartigen Aufnahmen das Drama und Elend der Katastrophe fest.

Die ersten Stöße trafen die Stadt um 17.14 Uhr, als Mydans im Hauptquartier der amerikanischen Militärregierung beim Essen saß. „Der Zementboden schien zu explodieren", erzählte er. „Tische und Teller flogen uns entgegen. Wir wurden alle wie wild geschüttelt und hin und her geworfen."

Als Mydans ins Freie gelangt war, fielen ihm plötzlich seine Kameras ein, und er lief noch einmal zurück, um sie zu holen. Er schlug sich durch die noch immer von Erdstößen erschütterte Stadt und photographierte Szenen der Verzweiflung, wie sie auf dieser und den folgenden Seiten zu sehen sind.

Fünfzehn Stunden lang blieb er in Fukui und machte Aufnahmen; dann fuhr er nach Tokio zurück. Später hörte er, daß das Erdbeben mit Stärke 7,3 auf der Richterskala eines der schwersten des Jahrzehnts in Japan war. Die Stadt Fukui lag in Schutt und Asche, und über 3500 Menschen waren umgekommen – die meisten davon nach Ansicht Mydans in den Flammen, die die Trümmer verschlangen. „Sie waren von heruntergefallenen Dächern und Balken in ihren Häusern eingeklemmt worden, und andere versuchten mit bloßen Händen, sie zu retten. Schreiend liefen ihre Verwandten und Freunde herum und suchten eine Säge, Axt oder sonstiges Werkzeug, um sie zu befreien, bis das Feuer sie schließlich erreichte und jede weitere Hilfe unmöglich machte."

In Tokio startete Mydans eine Kampagne zur Verbreitung einer besonderen Erdbebenausrüstung – bestehend aus Axt, Brecheisen und Drahtschere –, die jeder Japaner außen an seinem Haus aufbewahren sollte; und für den Rest seines Aufenthaltes in Tokio hing eine Rettungsausrüstung draußen an seiner Tür.

Einwohner der japanischen Stadt Fukui fliehen vor dem großen Erdbeben von 1948. Eine Frau rollt wie besessen einen Korb vor sich her, eine andere springt über Spalten in der aufgebrochenen Straße. „Über einen Meter breite, tiefe Gräben öffneten sich in den Straßen", berichtete der Photograph Carl Mydans, der diese und die auf den folgenden Seiten abgebildeten Aufnahmen machte.

第十一回宝くじ

Das sechsstöckige Daiwa-Kaufhaus im Zentrum von Fukui neigt sich gefährlich, als heftige Erschütterungen das Fundament verdrehen. „Als ich das Bild machte, bewegte es sich unter laut knirschenden Geräuschen, blieb aber dennoch stehen“, erinnerte sich Mydans.

Ein in Fukui stationierter amerikanischer GI leistet einem Erdbebenopfer Erste Hilfe, während in der Nähe die Häuser einstürzen. In den Stunden nach dem Erdbeben versorgten GIs über 1000 verletzte Überlebende.

Ein Treibstoffdepot geht nach dem Erdbeben in Flammen auf; Benzinfässer werden in die Luft geschleudert, und, wo sie niederfallen, entzünden sich neue Brände. Von seinem Standort aus konnte Mydans sehen, daß auch Dörfer am Horizont in Flammen standen; erst dadurch wurde ihm das Ausmaß der Katastrophe bewußt.

Voller Angst raffen Überlebende ein paar Habseligkeiten zusammen und laufen davon, während die Feuerfront immer näher rückt. „Manche krochen furchtsam in ihre eingestürzten Häuser, um noch irgend etwas zu retten", sagte Mydans. „Niemand bekämpfte das Feuer. Es gab kein Wasser, und alles war hoffnungslos."

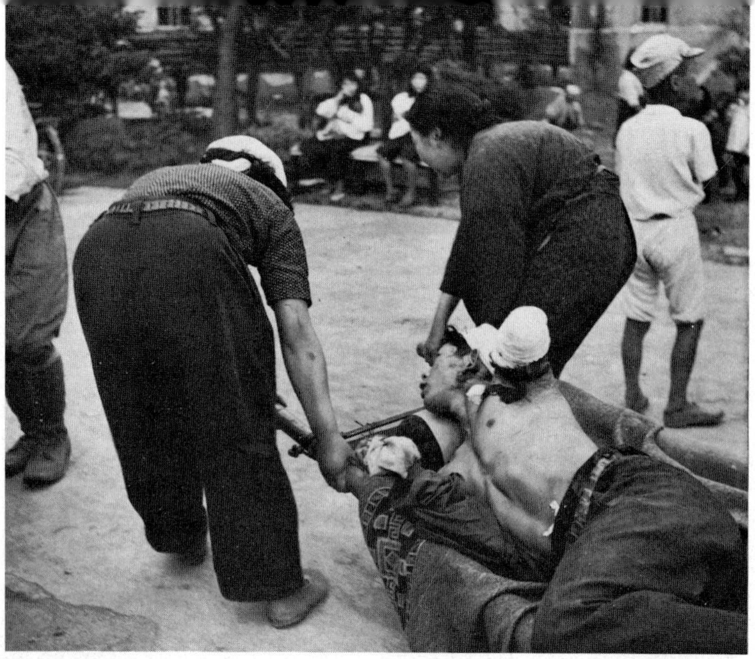

Auf einer provisorischen Trage schleppen zwei Überlebende einen Mann fort, der mit dem Arm in einem brennenden Haus eingeklemmt gewesen war. „Es gab keine Wahl, kein Zögern und keine Diskussion", sagte Mydans. „Wortlos sägten die Retter den Arm ab."

Ein Mann trägt seine tödlich verletzte Frau auf dem Rücken, der Sohn klammert sich an die über sie gebreitete Decke. „Ich fragte, wie es der Frau ginge", erinnerte sich Mydans. „Zu spät", antwortete der Mann flüsternd, damit der Junge ihn nicht hören konnte.

Erschüttert blicken die Umstehenden auf einen Mann, der mit schweren Verbrennungen auf einem als Trage dienenden Reklameschild liegt. Als Mydans ihn photographierte, sagte der Mann mit traditioneller japanischer Höflichkeit: „Danke." Kurz darauf starb er.

Am Morgen nach dem Erdbeben kehren einige Überlebende zurück, um in dem, was von ihren Häusern übriggeblieben war, herumzustochern. Mydans erinnerte sich: „Der Boden war noch ganz heiß, als sie nach Dingen suchten, die man noch brauchen konnte."

Ein Durcheinander von Dachziegeln, die wie kaum etwas sonst den Flammen widerstanden, ist praktisch alles, was von diesem Viertel von Fukui übrigblieb. Mydans überlegte sich später, daß wahrscheinlich die Holzkohlenherde, die kurz vor dem Abendessen in allen Häusern brannten, für das Inferno verantwortlich waren.

QUELLENNACHWEIS DER ABBILDUNGEN

Die Nachweise sind bei Abbildungen von links nach rechts durch Semikolons, von oben nach unten durch Gedankenstriche getrennt.

Einband: Fotograf, Padua. 6, 7: Vittoriano Rastelli, Rom. 8, 9: Mauro Galligani, Mailand. 10, 11: Asahi Shimbun Photo Service, Tokio. 12, 13: J. Eyerman von Black Star. 14, 15: Fotograf, Padua. 16, 17: Elt Davis © National Geographic Society 1959. 18: Stan Wayman für *Life*. 20: Karte von Walter Roberts. 23: Wide World. 24: UPI. 25: Earthquake Engineering Research Library, California Institute of Technology. 27: Richard Schlecht – Steve McCutcheon. 28: U.S. Army Corps of Engineers Photo. 29: Stan Wayman für *Life*. 31: Museum of the American Indian, Heye Foundation. 32: Karte von Walter Roberts. 33, 34: U.S. Geological Survey. 36–41: Das Erdbebenforschungsinstitut der Universität Tokio. 42: Jean-Loup Charmet, mit freundlicher Genehmigung der Collections Historiques, I.N.R.P., Paris. 44: Wilco C. Poortman, Zeist, Niederlande. 46: Los Angeles County Museum of Art: Stiftung von Mrs. Louisa S. Janvier. 47: Scala, Florenz. 49: Universitätsbibliothek Erlangen-Nürnberg. 50: aus dem Bildarchiv der Öst. Nationalbibliothek, Wien. 51: mit freundlicher Genehmigung der British Library, London. 52: Estudio M. Novais, mit freundlicher Genehmigung des Museu da Cidade, Lissabon. 53: Photo Bulloz, mit freundlicher Genehmigung des Musée Carnavalet, Paris. 54: Nationalmuseum für Geschichte der Wissenschaft und Medizin, Leiden. 55: Rare Books and Manuscripts Division, The New York Public Library, Astor, Lenox and Tilden Foundations. 56, 57: mit freundlicher Genehmigung der Trustees of the British Museum, London. 58, 59: U.S. Geological Survey. 60: Library of Congress – Syndication International, London. 61: Karte von Walter Roberts. 62, 63: © J. Richard Monaco, San Francisco. 64: mit Genehmigung der Fine Arts Museums of San Francisco. 65: California Historical Society, San Francisco. 66: mit freundlicher Genehmigung der Bancroft Library. 67: © J. Richard Monaco, San Francisco – California Historical Society, San Francisco. 68, 69: California Historical Society, San Francisco. 70: mit freundlicher Genehmigung der Bancroft Library – Department of Special Collections, Stanford University Libraries. 71: California Historical Society, San Francisco. 72, 73: National Maritime Museum, San Francisco. 74: Chuck O'Rear. 76: Ben Benschneider, mit freundlicher Genehmigung des National Earthquake Information Service. 77: Zeichnung von Richard Schlecht. 78: mit freundlicher Genehmigung von Jim Mori, Lamont-Doherty Geological Observatory der Columbia University. 79: Zeichnung von Richard Schlecht. 81: Paulus Leeser, mit freundlicher Genehmigung der Peking Arts and Handicrafts Corporation. 82, 83: Hintergrundillustration Ullstein Bilderdienst, West-Berlin; Joseph Natanson, mit freundlicher Genehmigung des Osservatorio Sismico Andrea Bina, Perugia – Joseph Natanson, mit freundlicher Genehmigung des Ufficio Centrale di Ecologia Agraria, Rom; Derek Bayes, mit freundlicher Genehmigung des Science Museum, London (5). 84: Rizzoli, Mailand. 86: Chuck O'Rear – nach Bruce Bolt. 89: The Bettmann Archive. 90, 91: Zeichnungen von Richard Schlecht. 92, 93: Karte von Walter Roberts, mit freundlicher Genehmigung des National Geographical and Solar Terrestrial Data Center of NOAA. 94–101: Zeichnungen von Ken Townsend. 102: Lauros-Giraudon, mit freundlicher Genehmigung der Bibliothèque Nationale, Paris. 104: Historical Picture Service, Chicago. 107: Karte von Walter Roberts – Zeichnung von Richard Schlecht. 108, 109: Water Resources Engineering Library, University of California, Berkeley. 112: mit freundlicher Genehmigung der State Historical Society of Missouri, Columbia. 113: U.S. Geological Survey; J. K. Hillers, No. 11a, U.S. Geological Survey. 114: N. R. Farbman für *Life*. 117: Zeichnung von Richard Schlecht. 118, 119: Osamu Murai, Tokio; Zeichnung von Richard Schlecht. 120: Brian Lanker – Chuck O'Rear; Zeichnungen von Richard Schlecht (2). 121: Zeichnungen von Richard Schlecht (2); U.S. Geological Survey (2). 122, 123: Chuck O'Rear, außer unten links, Zeichnung von Richard Schlecht. 124: NASA – Zeichnung von Richard Schlecht. 125: Brian Lanker – Zeichnung von Richard Schlecht. 126: U.S. Geological Survey. 130: Kaku Kurita, Funabashi, Japan. 131: Tom Tracy, mit freundlicher Genehmigung des U.S. Geological Survey. 132, 133: Tom Tracy, mit freundlicher Genehmigung des U.S. Geological Survey – mit freundlicher Genehmigung von John Derr, U.S. Geological Survey. 135: Karte von Walter Roberts. 137: Zeichnung von Richard Schlecht. 138: mit freundlicher Genehmigung von Kerry Sieh, California Institute of Technology – Brian Lanker. 139: mit freundlicher Genehmigung von Kerry Sieh, California Institute of Technology – Zeichnung von Richard Schlecht. 140, 141: U.S. Geological Survey. 142, 143: Van Bucher für Photo Researchers; Karte von Walter Roberts. 144: Clarence R. Allen – Rob Lewine von Transworld Feature Syndicate, Inc. 145: William Garnett für *Life*. 146, 147: Brian Lanker; William Garnett. 148: Osamu Murai, Tokio. 151: mit freundlicher Genehmigung der Toho Co., Ltd., Tokyo Fire Department and the Fire Chiefs Association of Japan, Tokio. 153: mit freundlicher Genehmigung der Frank Lloyd Wright Memorial Foundation; Yukio Futagawa, Tokio. 154, 155: Zeichnung von Victor Lazarro. 156: Library of Congress. 157: *Yomiuri Shimbun*, Tokio. 158: *Illustrated London News*. 159: Henry Beville, mit freundlicher Genehmigung der Freer Gallery of Art, von *Yakushi-ji*, Iwanami Shoten, Tokio – Zeichnung von Richard Schlecht. 161: Chuck O'Rear. 162–171: Carl Mydans für *Life*.

DANKSAGUNGEN

Die Herausgeber sind folgenden Personen für ihre freundliche Hilfe bei der Vorbereitung dieses Buches zu Dank verpflichtet: **In Belgien:** Brüssel – Professor François Lechat, Forschungszentrum für Katastrophenepidemiologie; Jean-Marie Van Gils, Observatoire Royal de Bruxelles. **In der Bundesrepublik Deutschland:** West-Berlin – Heidi Klein und Dr. Ronald Klemig, Bildarchiv Preußischer Kulturbesitz; Axel Schulz, Ullstein Bilderdienst; Bochum – Dieter Knippschild, Ruhr-Universität, Sektion für Publizistik und Kommunikation; Erlangen-Nürnberg – Dr. Alice Rössler, Universitätsbibliothek Erlangen-Nürnberg; Köln – Professor Dr. L. Ahorner, Geologisches Institut der Universität zu Köln; Dr. Hella Robels, Wallraf-Richartz-Museum; München – Christine Hoffmann, Bayerische Staatsgemäldesammlung; Rudolph Heinrich, Deutsches Museum. **In Frankreich:** Chantilly – Margarethe Mayeux, Les Fontaines; Orléans – Pierre Cheron, B.R.G.M.; Paris – Gérard Baschet, Éditions de l'Illustration; Marie Montambault, Musée du Louvre; Haroun Tazieff; Villebon-sur-Yvette – François Le Guern. **In Großbritannien:** Cambridge – Dr. Geoffrey King, Department of Earth Sciences, University of Cambridge; Dublin – Dr. Ronnie Cox, Trinity College; London – Marjorie Willis, BBC Hulton Picture Library; R. T. Williams, Department of Prints and Drawings, British Museum; Elisabeth Moore, *Illustrated London News;* Professor Nicholas Ambraseys, Imperial College of Science and Technology; B. W. Robinson; Major Peter Verney; Newbury, Berkshire – Dr. Robin Adams, International Seismological Centre; Newport, Isle of Wight – Leslie Herbert-Gustar; Patrick Nott. **In Italien:** Florenz – Fr. Filippo Parenti, Collegio „Alla Querce"; Fr. Dino Bravieri, Osservatorio Ximeniano; Neapel – Antonio Nazzaro, Osservatorio Vesuviano; Fr. Ermanno Giardino und Fr. Gerardo Passio, Santuario Madonna Dell'Arco; Perugia – Fr. Martino Siciliani, Osservatorio Sismico Andrea Bina; Pesaro – Brunello Bedosti, Osservatorio Meteorologico Sismico Valerio; Rom – Vittorio Cagnetti, Comitato Nazionale Energia Nucleare; Professor Franco Barberi, Direktor, Forschungsprojekt Geodynamik, Consiglio Nazionale Ricerche; Calvino Gasparini, Istituto Nazionale Geofisica. **In Japan:** Himeji – Manpei Hashimoto; Präfektur Ibareki – Makoto Watabe, Building Research Institute, Ministry of Construction; Hitoshi Haruyama und Koichi Tsukahara, Geographical Survey Institute; Ichiro Takeyama, Kakioka Magnetic Observatory, Japan Meteorological Agency; Tatsuto Iimura, Japan Meteorological Research Institute; Yukio Fujinawa, Dr. Kazuo Hamada und Keiichi Otani, National Research Center for Disaster Prevention; Kiritappu, Hokkaido – Teruo Imada, Hamanakacho Public Office; Präfektur Shizuoka – Nobumasa Kawabata, Shizuoka Broadcasting System; Tokio – Keiji Oshida, Center for Academic Publications, Japan; Dr. Toshi Asada, Vorsitzender des Coordinating Committee for Earthquake Prediction; Yuji Wada, Institute for Future Technology; Dr. Kiyoo Wadati, Präsident, The Japan Academy; Michimasa Numata, Japan International Cooperation Agency; Shinichi Nihei und Dr. Shigeji Suyehiro, Japan Meteorological Agency; Teruo Nirei, The Mainichi Newspapers; Takeshi Hashimoto und Masakazu Nakagawa, Earthquake Countermeasures Department, National Land Agency; Omori Toshiji, Nuclear Power Engineering Test Center; Toshiji Kitamura, Research Coordination Bureau, Science and Technology Agency; Kay Tateishi; Mitsuo Sakamoto, Tokyo Fire Department; Masao Matsuda, Disaster Countermeasures Department, Tokyo Metropolitan Government; Dr. Hisashi Miyoshi, Tokyo University of Fisheries; Ryoichi Kazama, Tokyo University of Foreign Studies; Sozai Koyano, The Center for the Compilation of the Centennial History of the University of Tokyo; Takayuki Iwata und Dr. Toshikatsu Yoshii, Earthquake Research Institute, University of Tokyo; Dr. Takahiro Hagiwara, Dr. Yorihiko Ohsaki, Dr. Keizo Okabe, Dr. Tsuneji Rikitake und Dr. Yasuo Suyehiro, University of Tokyo; Toyonaka – Osamu Asai, Asai Collection. **In Mexico:** Margarita Armendariz de Lares, Anthropologisches Museum; Professor Leonardo Manriquez; Ruben Javier Zamora. **In den Niederlanden:** De Bilt – Dr. A. R. Ritsema, Königlich-Niederländisches Meteorologisches Institut; Leiden – Dr. H. J. W. G. Schalke, Universität Leiden; Utrecht – Dr. J. I. S. Zonneveld; Zeist – Wilco C. Poortman. **In der Schweiz:** Basel – Peter Jung, John B. Saunders, Felix Weidenmayer, Wissenschaftsmuseum Basel. **In den Vereinigten Staaten:** Alaska – (Anchorage) Douglas M. Clure, Anchorage Civil Defence; Mike Evans, U.S. Corps of Engineers; Dr. Perry Mead; Tay Thomas; Colonel and Mrs. Lyman Woodman; (Juneau) Bill Pelto, Department of Commerce and Economic Development; (Seward) E. G. Skinner; Arizona – (Scottsdale) Charles Montooth, Bruce Pfeiffer, The Frank Lloyd Wright Memorial Foundation; Kalifornien – (Berkeley) Rick Clymer, Roy Miller, William M. Roberts und Russell Sell, University of California at Berkeley; (Half Moon Bay) Arthur Zich; (Los Angeles) Ralph Wright, American Red Cross; Peter Malin, University of Southern California; (Menlo Park) Dr. Henry C. Berg, Tom Burdette, Dr. John Derr, Jacquelyn Freeberg, Dr. J. H. Healy, Dr. Reuben Kachadoorian, Edna King, John Langbein, Dr. David McCulloch, Dr. Carl Mortensen, Dr. Robert Page, Dr. George Plafker, Dr. Barry Raleigh und Dr. Robert Wallace, United States Geological Survey; (Oakland) Thomas E. Curran, Oakland Museum; (Pasadena) Dr. Clarence Allen, Dr. Don L. Anderson, Dr. John Davidson, Ken Graham, Dr. George Housner, Dr. Kate Hutton, Dr. Hiroo Kanamori, Peter McDoran, Dr. Karen McNally, Dr. Dennis Meredith und Dr. Kerry Sieh, California Institute of Technology; (Redwood City) Robert Reitherman, Scientific Service, Inc.; (Sacramento) Dr. Roger Sherburne und Dr. Tousson Toppazada, California Division of Mines and Geology; (San Francisco) Martha Kennedy und Waverly Lowell, California Historical Society; J. Richard Monaco, Monaco Labs; John Maounis, National Maritime Museum; (San Mateo) Christopher Arnold, President, Building Systems Development, Inc.; (Stanford) Roxanne Nilan und Dr. Amos Nur, Stanford University; Colorado – (Boulder) Dr. Herbert Meyers und Dr. Carl von Hake, National Geophysical and Solar-Terrestrial Data Center, EDS-NOAA; Dr. Carl Kisslinger und Susan Tubbesing, University of Colorado; (Denver) Marge Dalechek, United States Geological Survey; (Golden) Waverly Person, Earthquake Information Center, United States Geological Survey; Washington, D. C. – Robert N. Sockwell, AIA Research Corporation; Elizabeth Hooks, American Red Cross; Dr. Charles Thiel, Federal Emergency Management Agency; Dr. Yoshiaki Shimizu, Freer Gallery of

Art; Dr. William Melson, Department of Mineral Sciences, Museum of Natural History; William Petrie, National Academy of Sciences; Tom Callen, The Smithsonian Institution; Idaho – (American Falls) Elt Davis; Maryland – (Greenbelt) Dr. David E. Smith, Goddard Space Flight Center; (Silver Spring) Dr. Charles A. Whitten; Massachusetts – (Cambridge) Dr. William Brace, Massachusetts Institute of Technology; Dr. Richard J. O'Connell, Harvard University; (Westboro) Ed Levine, Weston Geophysical Research Inc.; Missouri – (St. Louis) Dr. Otto Nuttli, St. Louis University; New Mexico – Harold Clark, Albuquerque Seismological Laboratory; New Jersey – Dr. F. A. Dahlen, Princeton University; New York – (Mount Vernon) Steve Burgard, *The Daily Argus;* (Palisades) Dr. Larry Burdick, Ellyn Schlesinger-Miller, Dr. David Simpson und Dr. Lynn Sykes, Lamont-Doherty Geological Observatory; Ohio – (Columbus) Dr. Shunji Mikami, Ohio State University; South Carolina – (Charleston) Jack Rutland, Gibbes Art Gallery; Virginia – (Fort Belvoir) Dr. Frederick Camfield, Department of the Army Coastal Engineering Research Center; (Reston) Kurt Dowd, Dr. Gregory Gohn, Dr. Robert M. Hamilton, Dr. Walter Hays und Dr. Mark Zoback, United States Geological Survey; Washington – (Tacoma) Austin Post, United States Geological Survey. **In der Volksrepublik China:** Peking – Zhao Fang, New China Picture Co.; Liusheung Shing.

Die Herausgeber danken ferner: Fareed Trabulsi, Algier; Mirka Gondicas, Athen; Enid Farmer, Boston; Nina Lindley, Buenos Aires; Ann Shakespeare, Caracas; JoAnne Reid, Chicago; Dorothy Slater, Denver; Larry Altman, Detroit; Bing Wong, Hongkong; Tom Kaser, Honolulu; Marlin Levin, Robert Slater, Jerusalem; Tom Loayza, Lima; Cheryl Crooks, Los Angeles; Marcia Gauger, K. K. Sharma, Neu-Delhi; Paul Taylor, Philadelphia; Cal Abraham, Santiago; Traudl Lessing, Wien.

Das Register für dieses Buch wurde von Nicholas J. Anthony erstellt.

BIBLIOGRAPHIE

Bücher

Birkeland, Peter, und Larson, Edwin: *Putnam's Geology.* Oxford University Press, 1978

Bolt, Bruce A.: *Earthquakes: A Primer.* W. H. Freeman, 1978

Bolt, Bruce A. (Hrsg.): *Earthquakes and Volcanoes.* W. H. Freeman, 1980

Bronson, William: *The Earth Shook, The Sky Burned.* Doubleday, 1959

Clark, Sydney P., jr.: *Structure of the Earth.* Prentice-Hall, 1971

Committee on the Alaska Earthquake of the Division of Earth Sciences, National Research Council: *The Great Alaska Earthquake of 1964,* Bd. 1–8. National Academy of Sciences, 1973

Cox, Allan (Hrsg.): *Plate Tectonics and Geomagnetic Reversals.* W. H. Freeman, 1973

Davison, Charles: *The Founders of Seismology.* Arno Press, 1978

Dutton, Clarence Edward: *The Charleston Earthquake.* Government Printing Office, 1890

Eiby, G. A.: *Earthquakes.* Van Nostrand Reinhold, 1980

Engle, Eloise: *Earthquake! The Story of Alaska's Good Friday Disaster.* John Day, 1966

Fried, John J.: *Life along the San Andreas Fault.* Saturday Review Press, 1973

Fuller, Myron: *The New Madrid Earthquake.* Government Printing Office, 1912

Gelman, Woody: *Disaster Illustrated.* Harmony Books, 1976

Grantz, Arthur, u. a.: *Alaska's Good Friday Earthquake, March 27, 1964, A Preliminary Geologic Evaluation.* Government Printing Office, 1964

Halacy, D. S. jr.: *Earthquakes, A Natural History.* Bobbs-Merrill, 1974

Hallam, A.: *A Revolution in the Earth Sciences.* Clarendon Press, Oxford 1973

Herbert-Gustar, A. L., und Nott, P. A.: *John Milne: Father of Modern Seismology.* Paul Norbury Pub. Ltd., Tenterden 1980

Hodgson, John H.: *Earthquakes and Earth Structure.* Prentice-Hall, 1964

Iacopi, Robert: *Earthquake Country.* Lane Publishing, 1971

Jacobs, J. A., u. a.: *Physics and Geology.* McGraw-Hill, 1974

Kendrick, T. D.: *The Lisbon Earthquake.* Methuen & Co. Ltd., London 1956

Lane, Frank W.: *The Elements Rage.* Chilton Books, 1965

Leet, L. D.: *Earth Waves.* Harvard University Press, 1950

Mallet, Robert: *Great Neapolitan Earthquake of 1857.* Chapman and Hall, London 1862

Marx, Robert F.: *Port Royal Rediscovered.* Doubleday, 1973

Motz, Lloyd (Hrsg.): *The Rediscovery of the Earth.* Van Nostrand Reinhold, 1975

Mydans, Carl: *More Than Meets the Eye.* Harper, 1959

Oakeshott, Gordon B.: *Volcanoes & Earthquakes / Geologic Violence.* McGraw-Hill, 1976

Ouwehand, Cornelis: *Namazu-e and Their Themes.* E. J. Brill, Leiden 1964

Pawson, Michael, und Buisseret, David: *Port Royal, Jamaica.* Clarendon Press, Oxford 1975

Penick, James, jr.: *The New Madrid Earthquakes of 1811–1812.* University of Missouri Press, 1976

Phinney, Robert A. (Hrsg.): *The History of the Earth's Crust.* Princeton University Press, 1968

Press, Frank, und Siever, Raymond: *Earth.* W. H. Freeman, 1978

Richter, Charles F.: *Elementary Seismology.* W. H. Freeman, 1958

Rikitake, Tsuneji: *Earthquake Prediction.* Elsevier Scientific Pub. Co., Amsterdam 1976

Sawkins, F. J.: *The Evolving Earth: A Text in Physical Geology.* Macmillan, 1978

Sullivan, Walter: *Continents in Motion.* McGraw-Hill, 1974

Tazieff, Haroun: *When the Earth Trembles.* Harcourt, Brace & World, 1964

Thomas, Gordon, und Witts, M. M.: *The San Francisco Earthquake.* Stein and Day, 1971

Uyeda, Seiya: *The New View of the Earth.* W. H. Freeman, 1971

Verney, Peter: *The Earthquake Handbook.* Paddington Press, 1979

Vitaliano, Dorothy B.: *Legends of the Earth.* Indiana University Press, 1973

Wilson, J. Tuzo (Hrsg.): *Continents Adrift and Continents Aground.* W. H. Freeman, 1976

Wood, Fergus (Hrsg.): *The Prince William Sound, Alaska Earthquake of 1964 and Aftershocks.* Government Printing Office, 1966

Wright, Frank Lloyd: *An Autobiography.* Horizon Press, 1932

Zeitschriften

Agnew, Duncan, und Sieh, Kerry E.: „A Documentary Study of Felt Effects of the Great California Earthquake of 1857", *Bulletin of the Seismological Society of America,* Dezember 1978

Aki, Keiiti: „Progress in Japanese Earthquake Prediction Research", *Earthquake Information Bulletin,* November/Dezember 1978

Benioff, Hugo: „Earthquake Source Mechanisms", *Science,* 27. März 1964

Bingham, Roger: „Explorers of the Earth Within", *Science 80,* September/Oktober 1980

Byerly, Perry: „Earthquake Mechanism", *Science,* 20. Mai 1960

„China Discloses 1976 Quake Deadliest in Four Centuries", *The New York Times,* 2. Juni 1977

„China, in Effort to Modernize, Puts New Stress on Science and Technology", *The New York Times,* 14. Juli 1977

„China Predicts a Major Earthquake", *UNESCO Courier,* Mai 1976

„China's Killer Quake", *Newsweek,* 9. August 1976

„China's Secret Earthquake", *New Scientist,* 4. Oktober 1979

Derr, John S.: „Earthquake Lights: A Review of Observations and Present Theories", *Bulletin of the Seismological Society of America,* Dezember 1973

Dewey, James, und Byerly, Perry: „The Early History of Seismometry (to 1900)", *Bulletin of the Seismological Society of America,* Februar 1969

„Do Earthquakes Give Advance Warning Signals?" *Physics Today,* Juli 1973

Douglas, John H.: „Earthquake Research: Rethinking Prediction", *Science News,* 3. und 10. Februar 1979

„Earthquake", *National Geographic,* Juli 1964

„Earthquake Disaster Drill Staged in 10 Prefectures", *The Daily Yomiuri,* 2. September 1980

Earthquake Information Bulletin, März 1970 bis Dezember 1980

„Earthquake Prediction Studies in China", *Physics Today,* April 1974

„Earthquakes: An Evacuation in China, a Warning in California", *Science,* 7. Mai 1976

Emmons, F. T.: „Native Accounts of the Meeting Between LaPeruse and the Tlingit", *American Anthropologist,* 1911

Evans, David M.: „The Denver Area Earthquakes and the Rocky Mountain Arsenal Disposal Well", *Mountain Geologist,* Januar 1966

„Exploring the Drowned City of Port Royal", *National Geographic,* Februar 1960

„Foul Gas Preceding China Quake Called Sign of Methane Reserve", *The New York Times,* 29. Mai 1978

„4.3 Million in Kanto, Chubu Regions Join in Disaster Readiness Drill", *Japan Times,* 2. September 1980

Gilber, G. K.: „Earthquake Forecast", *Science,* 22. Januar 1909

Gorshkov, G. S.: „Gigantic Eruption of the Volcano Bezymianny", *Bulletina Volcanalogique,* 1959

Hagiwara, T., und Rikitake, T.: „Japanese Program on Earthquake Prediction", *Science,* 18. August 1967

Hamilton, Robert M.: „Quakes along the Mississippi", *Natural History,* August 1980

Hanson, Richard: „Tokyo's Programmed Earthquake", *Financial Times,* 30. August 1980

Hillmar, K. E.: „The Hand That Rocks the Earth", *Oceans,* Juli 1978

„How a Stricken State Met Chaos", *Saturday Evening Post,* 9. Mai 1964

„Japanese Cope with Quakes", *The New York Times,* 17. August 1976

Kirishiki, Shinjiro: „The Story of the Imperial Hotel", *Japan Architect,* Januar/Februar 1968

McKendrick, Neil: „The End of Optimism", *Horizon,* Frühjahr 1974

Mathews, Samuel W.: „The Night the Mountains Moved", *National Geographic,* März 1960

Mooney, Michael: „Tsunami Coming", *Oceans,* September 1975

„New Tools for Predicting Quakes", *The New York Times,* 22. März 1979

Nuttli, Otto: „The Mississippi Valley Earthquakes of 1811 and 1812", *Bulletin of the Seismological Society of America,* Februar 1973

„Prospects for Earthquake Prediction Wane", *Science,* 2. November 1979

„Quakes in Search of a Theory", *Mosaic,* Juli/August 1976

Raleigh, C. B., u. a.: „An Experiment in Earthquake Control at Rangely, Colorado", *Science,* 26. März 1976

„Recurrent Intraplate Tectonism in the New Madrid Seismic Zone", *Science,* 29. August 1980

Reid, Harry Fielding: „The Lisbon Earthquake of Nov. 1, 1755", *Bulletin of the Seismological Society of America,* Juni 1914

Reithermann, Robert: „The Seismic Legend of the Imperial Hotel", *AIA Journal,* Juni 1980

Richter, Charles: „Earthquakes", *Natural History,* Dezember 1969

Rikitake, Tsuneji: „The Large-Scale Earthquake Countermeasures Act and the Earthquake Prediction Council in Japan", *EOS,* August 1979

Sieh, Kerry E.: „Prehistoric Large Earthquakes Produced by Slip on the San Andreas Fault at Pallett Creek, California", *Journal of Geophysical Research,* 10. August 1978

Smith, Robert E., und Christiansen, Robert L.: „Yellowstone Park as a Window on the Earth's Interior", *Scientific American,* Februar 1980

Stokes, Henry Scott: „Earths Tremors in Tokyo Stir Fear That Big Quake is Due", *The New York Times,* 20. Oktober 1980

„Tangshan Quake; a Chinese Report", *Science News,* 1. September 1979
Thomas, Tay: „An Alaskan Family", *National Geographic,* Juli 1964
„Tracking Down Ancient Tremors", *San Francisco Chronicle,* 17. April 1980
„Tracking Tremblors", *Wall Street Journal,* 26. September 1974
„Tracking Tremors", *Wall Street Journal,* 18. April 1979
„When Do Earthquakes Occur?", *New Scientist,* 12. Februar 1976
Wright, Frank Lloyd: „In the Cause of Architecture", *Western Architect,* April und November 1923, Februar 1924
Wood, Harry O.: „The 1857 Earthquake in California", *Bulletin of the Seismological Society of America,* 1955
„WWNSS: Seismology's Global Network", *Science,* 15. Oktober 1971

Andere Publikationen

„Earthquake Prediction Research in Japan", Coordinating Committee for Earthquake Prediction, Japan, 1. November 1975
Ganse, Robert A., und Nelson, John B.: „Significant Earthquake File", National Geophysical and Solar-Terrestrial Data Center; National Oceanic and Atmospheric Administration, Boulder, Colorado, 1979
„Prediction of the Haicheng Earthquake", American Geophysical Union: Transactions, 1977 (Haicheng Earthquake Delegation Report)
„Protecting Yourself in an Earthquake", Planning Section, Disaster Prevention Division, Tokyo Metropolitan Government, März 1981
Sieh, Kerry E.: „A Search for Great Prehistoric Earthquakes along the San Andreas Fault, California", California Institute of Technology, 1980
„Some Recent Earthquake Engineering Research and Practice in Japan", The Japanese National Committee of the International Association for Earthquake Engineering, Tokio, Juli 1980
Wallace, Robert: „Gilbert's Studies of Faults, Scarps, and Earthquakes", U. S. Geological Survey

REGISTER

Kursiv gedruckte Seitenzahlen verweisen auf eine Abbildung zum betreffenden Stichwort.

A

B

C

D

E

F

G

Reprosatz: Utesch Satztechnik GmbH, Hamburg
Druck: Arnoldo Mondadori, Verona, Italien